国家科学技术学术著作出版基金资助出版

电阻率各向异性介质地球电磁场自适应有限元方法

李予国　著

科学出版社
北　京

内 容 简 介

自然界中的岩石都具有不同程度的各向异性。然而，由于认识局限和技术条件限制，早期电磁勘探方法研究中，电阻率各向异性没有受到足够重视。随着电磁地球物理学研究的不断发展，人们发现许多电磁现象无法用各向同性地电模型进行合理解释，电阻率各向异性研究也因此成为国内外电磁地球物理学领域的研究热点和前沿方向。本书系统总结了二十多年来作者在电导率各向异性介质地球电磁场有限元数值模拟方法方面的研究成果，重点阐述了电导率各向异性介质电磁场边值问题和有限元方程的推导过程，详细分析了电导率各向异性介质大地电磁场和海洋可控源电磁场以及直流电场的响应特征。本书不仅是对复杂介质电磁场数值模拟方法的重要补充和发展，而且对于深入认识电导率各向异性介质电磁场分布规律、研究电导率各向异性电磁数据解释方法、推动电磁勘探方法的发展等也具有重要的参考价值。

本书可供从事应用地球物理学研究的科研、教学人员阅读，也可作为高等院校应用地球物理专业研究生教材。

图书在版编目（CIP）数据

电阻率各向异性介质地球电磁场自适应有限元方法 / 李予国著. —北京：科学出版社，2022.11

ISBN 978-7-03-073752-6

Ⅰ. ①电… Ⅱ. ①李… Ⅲ. ①各向异性-地球物理勘探-电磁法勘探-电阻率法勘探-自适应性-有限元法 Ⅳ. ①P631

中国版本图书馆 CIP 数据核字（2022）第 210932 号

责任编辑：韩 鹏 崔 妍 / 责任校对：王 瑞
责任印制：吴兆东 / 封面设计：图阅盛世

科 学 出 版 社 出版
北京东黄城根北街 16 号
邮政编码：100717
http://www.sciencep.com

北京中科印刷有限公司 印刷
科学出版社发行 各地新华书店经销
*
2022 年 11 月第 一 版 开本：787×1092 1/16
2022 年 11 月第一次印刷 印张：11 1/4
字数：266 000

定价：158.00 元

（如有印装质量问题，我社负责调换）

前　言

电阻率各向异性通常是指介质的电阻率随着方向的不同而异。自然界中的岩石都具有不同程度的电阻率各向异性。实验室研究表明片麻岩和许多其他类型的岩石具有很强且固有的电阻率各向异性。在断层破碎带和裂隙发育带上，呈脉状或条带状分布的岩体常常呈现出强烈的宏观电阻率各向异性。长周期大地电磁测深研究表明，上地幔特别是软流圈具有显著的电阻率各向异性。然而，由于认识局限和技术条件限制，早期电磁地球物理学研究中，电阻率各向异性没有受到足够重视。由于电磁资料反演的不适定性，在大多数情况下，即使忽略了电阻率的各向异性，仍然有可能找到与实测数据拟合的地电模型，尽管这样的模型显示的地电信息有可能是错误的。随着电磁地球物理学研究的不断发展，人们发现许多电磁现象无法用各向同性地电模型进行合理解释。电导率各向异性也因此成为国内外电磁地球物理学研究领域的热点和前沿方向。

数值模拟是地球电磁学研究不可或缺的手段之一，它不仅用于电磁场在地下介质特别是复杂各向异性介质中分布规律的研究，而且直接或间接用于电磁法资料处理、反演和解释中。有限差分法和有限单元法是目前地球电磁学中最常用的数值模拟方法，它们在电阻率各向异性研究中发挥着重要作用。有限差分法和有限单元法都有其自身的优势，并且两种方法可以进行相互交叉检验。此外，有限单元法可以模拟各种几何形状复杂的各向异性地电结构，并能够给出高精度数值解。

数值模拟结果的精度在很大程度上取决于模型的离散化网格，合理可靠的离散化网格设计是获得高精度数值模拟结果的关键。对于简单的地电模型，基于经验可以得到较优化的离散网格，而对于复杂模型，仅凭研究经验难以得到优化网格。计算数学中新近发展起来的自适应有限元方法能够自动细化网格和自动调整算法，并能够在不显著增加计算时间的条件下提供可靠的计算结果。

本书针对电阻率各向异性研究中急需解决的二维和三维任意各向异性介质电磁场高精度数值模拟难题，较系统地总结了二十多年来作者在电阻率各向异性介质地球电磁场有限元正演算法研究方面取得的研究成果，重点阐述了电阻率各向异性介质电磁场偏微分方程和边界条件以及有限元方程的推导过程，并详细分析了电导率各向异性介质大地电磁场和海洋可控源电磁场以及直流电场的响应特征。全书共8章，第1章介绍电阻率各向异性的成因、数学描述（电导率张量）及其几何表示方法；第2章简要介绍有限单元法的基本原理和方法；第3～5章分别讨论一维、二维和三维电阻率各向异性介质大地电磁场正演算法；第6和7章讨论二维和三维电阻率各向异性介质海洋可控源电磁场自适应有限元数值模拟方法；第8章阐述二维和三维电阻率各向异性介质直流电场有限元正演算法。

在过去20多年的研究工作中，笔者得到了许多国内外同行的大力支持和鼓励。笔者首先要衷心感谢已故的我的导师、著名地球物理学家徐世浙院士和电磁测深研究的先驱德国哥廷根大学乌尔里希·施穆克尔（Ulrich Schmucker）教授对我的鼓励、支持、指导和帮助。谨以此书纪念他们，并深深地感谢他们的厚爱。我还要感谢捷克科学院地球物理所约瑟夫·佩克（Josef Pek）博士、德国弗莱贝格工业大学克劳斯·施皮策（Klaus Spitzer）教授和柏林自由大学海因里希·布拉塞（Heinrich Brasse）博士，与他们的合作非常愉快。非常感谢中国科学院地质与地球物理研究所孔祥儒研究员一直以来对我的关心、支持、鼓励和肯定。衷心感谢中国地震局地质研究所赵国泽研究员、北京大学黄清华教授、中国地质大学（武汉）胡祥云教授和中国科学技术大学吴小平教授等提供的支持和帮助。实验室同事和研究生，包括裴建新、韩波、刘颖、李建凯、罗鸣、段双敏、吉芙蓉、封常青、刘浩、杨雯、乔荷、李卓轩、孙公毅、严波、吴晓婷等，参与了部分模型计算、文字录入和图件清绘工作，在此一并表示感谢。最后，我也要感谢我的家人对我一如既往的支持和辛勤付出。

本书的出版得到了国家科学技术学术著作出版基金的资助。前期科研工作以及书稿撰写过程中，得到以下基金和资金的部分支持：国家自然科学基金重点项目（91958210，41130420）、国家自然科学基金面上项目（41774080）、德国学术交流中心（DAAD）博士生奖学金和德国研究联合会（DFG）项目（Ja590/18-1）。

李予国

2022年8月于青岛

目　　录

第 1 章 电阻率各向异性

1.1 微观和宏观电阻率各向异性

电阻率各向异性是指介质的电阻率随观测方向的变化而变化，可分为微观各向异性和宏观各向异性。微观各向异性是由岩石组分的固有性质和自身微观结构的不均匀性引起的。岩石内部微观颗粒的排列方式、结构、分选、胶结程度的不同，孔隙的非均匀分布以及矿物晶轴的定向排列等都会导致微观各向异性的产生。如薄层黏土、碳质页岩、板岩、层状砂岩等，其沿层理方向的纵向电阻率一般比垂直于层理方向的横向电阻率要低。造成宏观各向异性的原因有：不同电阻率的薄互层，可以是有限厚度的均匀各向同性薄层组合，如砂泥岩薄互层，也可以是一系列微观各向异性的不同岩层组合，如碳酸盐岩和砂质页岩薄互层等，这些薄互层宏观上表现为电阻率各向异性；定向排列的构造裂隙和岩层宏观结构面（如节理、断层、破碎带、含水层等）的非均匀性。

针对微观和宏观各向异性，诸多学者从不同角度进行了分析。如 Eisel 和 Haak（1999）指出物质是由各向异性导电晶体单元组成的。一方面，晶体单元内不同组分的微小颗粒和定向排列的裂缝通常会导致晶体单元表现出微观各向异性；另一方面，各向异性晶体单元的排列组合导致了所谓的宏观各向异性。电导率各向异性本质上是一种尺度效应，即使介质的电导率在微观尺度上是各向同性的，但如果在平均体积中存在优选方向（如层理），则在更大尺度上电导率就会呈现出各向异性。对此，我们以图 1.1 所示为例加以直观说明（Weidelt，1996）。在两个电导率各向同性薄层内，电场强度矢量 $\boldsymbol{E}$ 和电流密度矢量 $\boldsymbol{J}$ 的方向是一致的。在它们的分界面上，电场的切向分量和电流密度的法向分量均连续。然而，当两个具有不同电阻率的相邻薄层受到外加电场的影响时，这两个薄层上的平均电场的方向和平均电流密度的方向不再一致，平均电流密度相对于平均电场向“走向”方向倾斜，即从更大尺度上来看呈现出结构各向异性，又称为宏观各向异性。

微观各向异性和宏观各向异性是相对概念，与探测尺度有关。目前，常见的电磁测量方法（如大地电磁测深法、海洋可控源电磁法、航空电磁法、感应测井等）的分辨尺度尚无法解析尺度较小的结构（如薄互层），因而需要用一些综合参数（如宏观电阻率各向异性）来描述不均匀岩石的整体特性。

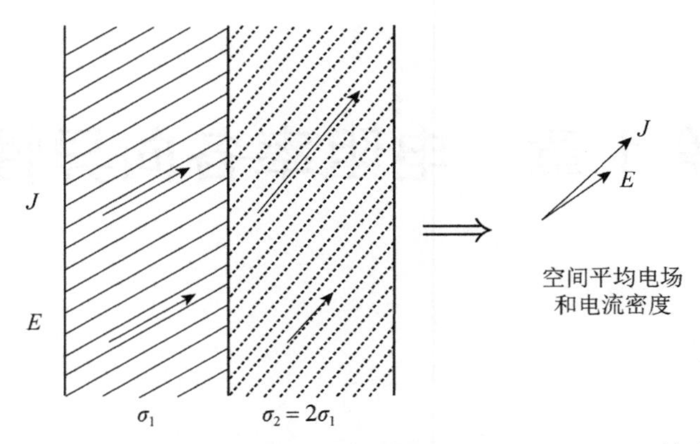

图 1.1 宏观电阻率各向异性起因示例[据 Weidelt（1999）修改]

在两个电阻率各向同性薄层中，电场和电流密度方向一致，但经过空间平均后，它们的方向不再一致，平均电流密度向“优选方向”倾斜。

1.2 电导率张量

在各向同性介质中，电流密度矢量 $\boldsymbol{J}$ 与电场强度矢量 $\boldsymbol{E}$ 的方向保持一致，且两者呈线性关系，即

$$\boldsymbol{J}=\sigma\boldsymbol{E} \tag{1.1}$$

式中，比例常数 σ 是介质的电导率，它是标量。

在笛卡儿直角坐标系（x, y, z）中，z 轴正向指向地下，式（1.1）可以写成

$$J_x=\sigma E_x,\quad J_y=\sigma E_y,\quad J_z=\sigma E_z \tag{1.2}$$

其中 J_x、J_y 和 J_z 分别为 x、y 和 z 方向的电流密度分量，E_x、E_y 和 E_z 为相应方向的电场分量。

在各向异性介质中，电流密度矢量 $\boldsymbol{J}$ 的方向与电场强度矢量 $\boldsymbol{E}$ 的方向通常不一致。因此，电流密度矢量 $\boldsymbol{J}$ 在三个坐标轴上的分量都与电场强度 $\boldsymbol{E}$ 的三个分量相关。它们间的线性关系可以表示为

$$\begin{cases}J_x=\sigma_{xx}E_x+\sigma_{xy}E_y+\sigma_{xz}E_z\\ J_y=\sigma_{yx}E_x+\sigma_{yy}E_y+\sigma_{yz}E_z\\ J_z=\sigma_{zx}E_x+\sigma_{zy}E_y+\sigma_{zz}E_z\end{cases} \tag{1.3}$$

上式可写成矩阵形式

$$\begin{pmatrix}J_x\\J_y\\J_z\end{pmatrix}=\begin{pmatrix}\sigma_{xx}&\sigma_{xy}&\sigma_{xz}\\\sigma_{yx}&\sigma_{yy}&\sigma_{yz}\\\sigma_{zx}&\sigma_{zy}&\sigma_{zz}\end{pmatrix}\begin{pmatrix}E_x\\E_y\\E_z\end{pmatrix}.$$

或者

$$\boldsymbol{J}=\underline{\underline{\sigma}}\boldsymbol{E} \tag{1.4}$$

其中，电导率张量

$$\underline{\underline{\sigma}} = [\sigma_{ij}] = \begin{bmatrix} \sigma_{xx} & \sigma_{xy} & \sigma_{xz} \\ \sigma_{yx} & \sigma_{yy} & \sigma_{yz} \\ \sigma_{zx} & \sigma_{zy} & \sigma_{zz} \end{bmatrix}$$

是一个二阶张量。它有 9 个分量，每一个分量都与两个方向相关。例如，σ_{xy} 表示在 x 方向上加电场 E_y 与在 x 方向上产生的电流密度 J_x 之间的比例系数；σ_{yz} 表示在 y 方向上加电场 E_z 与在 y 方向上产生的电流密度 J_y 之间的比例系数；其他以此类推。

如果用综合下标 i、j，关系式（1.3）可以表示为

$$J_i = \sum_j \sigma_{ij} E_j \qquad (i, j = x, y, z) \tag{1.5}$$

关系式（1.5）通常去掉求和号并采用如下求和约定：如果在一单项式中有一个字母下标重复出现，则表示此下标遍历所有三个坐标，并对所得的 3 项求和。因此，上式可表示为

$$J_i = \sigma_{ij} E_j \qquad (i = x, y, z) \tag{1.6}$$

式中，i 为自由下标，j 为求和下标。

电导率张量 $\underline{\underline{\sigma}}$ 是表征岩石各向异性电学性质的一个重要物理参数，不仅可以用来表征地下介质的微观各向异性，也可以表示由两种或两种以上电导率不同的介质在优选方向混合而导致的宏观各向异性。

在大地介质中，电导率张量总是对称的，即用它的 6 个分量$(\sigma_{xx},\sigma_{xy},\sigma_{xz},\sigma_{yy},\sigma_{yz},\sigma_{zz})$可以完全描述各向异性介质的导电特性。因此，大地介质的电导率张量 $\underline{\underline{\sigma}}$ 为二阶对称张量。

由于单位体积内时间平均能耗 $\frac{1}{2}\boldsymbol{E}^*\cdot\boldsymbol{J} = \frac{1}{2}\boldsymbol{E}^*\cdot\underline{\underline{\sigma}}\boldsymbol{E}$ 是非负的，这里 $\boldsymbol{E}^*$ 表示电场强度 $\boldsymbol{E}$ 的复共轭，于是电导率张量 $\underline{\underline{\sigma}}$ 是半正定的。在空气中（$z<0$），电导率张量为零。在导电大地介质中（$z>0$），电导率张量是正定的。

任意各向异性介质的电导率张量可以由三个主轴电导率和三个角度完全确定。对于特殊情形的各向异性介质，其电导率张量含有一定的零元素。

借助于欧拉坐标旋转，电导率张量 $\underline{\underline{\sigma}}$ 可以转换到主轴坐标系（x',y',z'）。在主轴坐标系中，电导率张量取如下形式

$$\underline{\underline{\sigma}}' = \begin{pmatrix} \sigma_{x'} & 0 & 0 \\ 0 & \sigma_{y'} & 0 \\ 0 & 0 & \sigma_{z'} \end{pmatrix} \tag{1.7}$$

式中，$\sigma_{x'}$、$\sigma_{y'}$、$\sigma_{z'}$ 分别为各向异性主轴方向 x'、y' 和 z' 上的电导率。

欧拉坐标旋转是通过三次连续的坐标旋转实现的（图 1.2）。首先，绕坐标系（x,y,z）的 z 轴逆时针旋转一个角度 α_s，得到新坐标系（$\xi,\eta,\zeta=z$），如图 1.2（a）。再将坐标系（ξ,η,ζ）绕 ξ 轴逆时针旋转一个角度 α_d，得到新坐标系（$\xi'=\xi,\eta',\zeta'$），如图 1.2（b）。最后，再将坐标系（ξ',η',ζ'）绕 ζ' 逆时针旋转一个角度 α_l，形成新坐标系

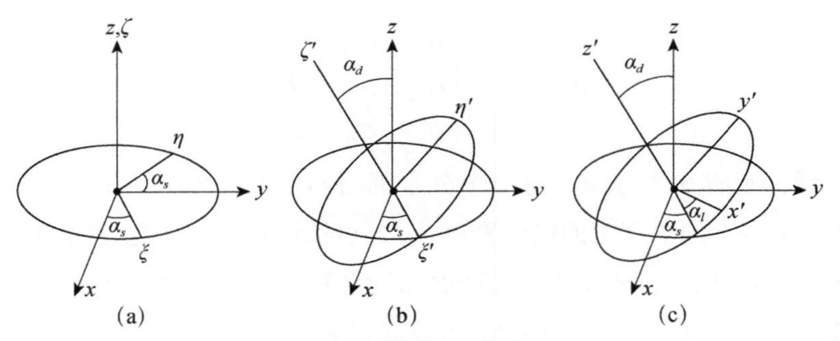

图 1.2 欧拉坐标旋转

（$x',y',z'=\zeta'$），如图 1.2（c）（Goldstein，1985）。欧拉角 α_s,α_d 和 α_l 分别称为各向异性方位角（对于二维地电模型，有时称为各向异性走向角），各向异性倾角和各向异性偏角（Pek and Toh，1997；Li，2002）。

坐标转换矩阵 $\boldsymbol{R}$ 可以看作为三个坐标旋转矩阵的积，即

$$\boldsymbol{R}=\boldsymbol{R}_z(\alpha_s)\boldsymbol{R}_x(\alpha_d)\boldsymbol{R}_z(\alpha_l) \tag{1.8}$$

这里，矩阵 $\boldsymbol{R}_z(\alpha_s)$ 描述第一次绕 z 轴的旋转，$\boldsymbol{R}_x(\alpha_d)$ 表示从坐标系（ξ,η,ζ）到坐标系（ξ',η',ζ'）的坐标转换，$\boldsymbol{R}_z(\alpha_l)$ 表示最后一次坐标旋转，这些旋转矩阵具体定义如下：

$$\boldsymbol{R}_z(\alpha_s)=\begin{pmatrix}\cos\alpha_s & -\sin\alpha_s & 0\\ \sin\alpha_s & \cos\alpha_s & 0\\ 0 & 0 & 1\end{pmatrix}$$

$$\boldsymbol{R}_x(\alpha_d)=\begin{pmatrix}1 & 0 & 0\\ 0 & \cos\alpha_d & -\sin\alpha_d\\ 0 & \sin\alpha_d & \cos\alpha_d\end{pmatrix}$$

$$\boldsymbol{R}_z(\alpha_l)=\begin{pmatrix}\cos\alpha_l & -\sin\alpha_l & 0\\ \sin\alpha_l & \cos\alpha_l & 0\\ 0 & 0 & 1\end{pmatrix}$$

借助于旋转矩阵 $\boldsymbol{R}$ 和它的转置，可以求得电导率张量 $\underline{\underline{\sigma}}=\boldsymbol{R}\underline{\underline{\sigma}}'\boldsymbol{R}^{\mathrm{T}}$ 的各元素

$$\begin{aligned}\sigma_{xx}&=(\sigma_{x'}\cos^2\alpha_l+\sigma_{y'}\sin^2\alpha_l)\cos^2\alpha_s-\frac{1}{2}(\sigma_{x'}-\sigma_{y'})\sin 2\alpha_s\sin 2\alpha_l\cos\alpha_d\\&\quad+(\sigma_{x'}\sin^2\alpha_l+\sigma_{y'}\cos^2\alpha_l)\sin^2\alpha_s\cos^2\alpha_d+\sigma_{z'}\sin^2\alpha_s\sin^2\alpha_d\end{aligned}$$

$$\begin{aligned}\sigma_{xy}&=\frac{1}{2}(\sigma_{x'}\cos^2\alpha_l+\sigma_{y'}\sin^2\alpha_l)\sin 2\alpha_s-(\sigma_{x'}\sin^2\alpha_l+\sigma_{y'}\cos^2\alpha_l)\sin\alpha_s\cos\alpha_s\cos^2\alpha_d\\&\quad+\frac{1}{2}(\sigma_{x'}-\sigma_{y'})\cos 2\alpha_s\cos\alpha_d\sin 2\alpha_l-\frac{1}{2}\sigma_{z'}\sin 2\alpha_s\sin^2\alpha_d\end{aligned}$$

$$\begin{aligned}\sigma_{xz}&=\frac{1}{2}(\sigma_{x'}-\sigma_{y'})\cos\alpha_s\sin\alpha_d\sin 2\alpha_l-\frac{1}{2}(\sigma_{x'}\sin^2\alpha_l+\sigma_{y'}\cos^2\alpha_l)\sin\alpha_s\sin 2\alpha_d\\&\quad+\frac{1}{2}\sigma_{z'}\sin\alpha_s\sin 2\alpha_d\end{aligned}$$

$$\sigma_{yy} = (\sigma_{x'}\cos^2\alpha_l + \sigma_{y'}\sin^2\alpha_l)\sin^2\alpha_s + (\sigma_{x'}\sin^2\alpha_l + \sigma_{y'}\cos^2\alpha_l)\cos^2\alpha_s\cos^2\alpha_d$$
$$+\frac{1}{2}(\sigma_{x'} - \sigma_{y'})\sin 2\alpha_s\cos\alpha_d\sin 2\alpha_l + \sigma_{z'}\sin^2\alpha_d\cos^2\alpha_s$$
$$\sigma_{yz} = \frac{1}{2}(\sigma_{x'} - \sigma_{y'})\sin\alpha_s\sin\alpha_d\sin 2\alpha_l + \frac{1}{2}(\sigma_{x'}\sin^2\alpha_l + \sigma_{y'}\cos^2\alpha_l)\cos\alpha_s\sin 2\alpha_d$$
$$-\frac{1}{2}\sigma_{z'}\cos\alpha_s\sin 2\alpha_d$$
$$\sigma_{zz} = (\sigma_{x'}\sin^2\alpha_l + \sigma_{y'}\cos^2\alpha_l)\sin^2\alpha_d + \sigma_{z'}\cos^2\alpha_d$$
$$\sigma_{xy} = \sigma_{yx}, \quad \sigma_{xz} = \sigma_{zx}, \quad \sigma_{yz} = \sigma_{zy}$$

1.3 电导率张量的几何表示法

1.3.1 电导率张量的变换规律

假定电流密度矢量 $\boldsymbol{J}$ 在旧坐标系（x, y, z）中有三个分量 J_x、J_y、J_z，在新坐标系（x', y', z'）中，电流密度矢量 $\boldsymbol{J}'$ 的三个分量为 J'_x、J'_y、J'_z。$J'_i(i = x, y, z)$ 是 J_i 在新坐标轴上的投影之和：

$$J'_i = a_{ix}J_x + a_{iy}J_y + a_{iz}J_z \qquad (i = x, y, z) \tag{1.9}$$

式中 a_{ix}、a_{iy}、a_{iz} 为新旧坐标轴之间夹角的方向余弦。

如果用综合下标表示法，式（1.9）可写成为

$$J'_i = a_{ik}J_k \qquad (i, k = x, y, z) \tag{1.10}$$

类似地，在新坐标系（x', y', z'）中，电场强度矢量各分量可写成为

$$E'_i = a_{ik}E_k \qquad (i, k = x, y, z) \tag{1.11}$$

如果用新坐标系中的电场强度分量表示旧坐标系中的电场分量，则有

$$E_l = a_{jl}E'_j \qquad (j, l = x, y, z) \tag{1.12}$$

将式（1.6）和式（1.12）代入式（1.10），可得

$$J'_i = a_{ik}\sigma_{kl}E_l = a_{ik}a_{jl}\sigma_{kl}E'_j \tag{1.13}$$

在新坐标系(x', y', z')中，欧姆定律表达式为

$$J'_i = \sigma'_{ij}E'_j \qquad (i, j = x, y, z) \tag{1.14}$$

比较式（1.13）和式（1.14），可得

$$\sigma'_{ij} = a_{ik}a_{jl}\sigma_{kl} \tag{1.15}$$

上式称为二阶电导率张量的正变换定律。同样地，可以推导出二阶电导率张量的逆变换定律：

$$\sigma_{ij} = a_{ki}a_{lj}\sigma'_{kl} \tag{1.16}$$

1.3.2 电导率张量椭球面

由前面的讨论可知，用电导率张量可以描述大地介质的电导率各向异性。实际上，也可以用几何图形的形式形象地描绘电导率各向异性。

由解析几何学可知，以坐标原点为中心的二次曲面方程的表达式为

$$C_{11}x^2 + C_{22}y^2 + C_{33}z^2 + 2C_{12}xy + 2C_{13}xz + 2C_{23}yz = 1 \tag{1.17}$$

式中，系数 $C_{ij}(i, j = 1,2,3)$ 确定二次曲面的大小和形状。

用综合下标法，方程（1.17）可简写成为

$$C_{ij}x_i x_j = 1 \tag{1.18}$$

上述方程的系数是对称的，即 $C_{ij} = C_{ji}$ 。

如果将方程（1.18）变换到新坐标系（x', y', z'）中，则有

$$C'_{ij}x'_i x'_j = 1 \quad (i,\ j=1, 2, 3) \tag{1.19}$$

式中

$$C'_{ij} = a_{ik}a_{jl}C_{kl} \tag{1.20}$$

上式与二阶对称张量的正变换定律完全一致。这意味着，二次曲面的系数具有二阶对称张量的特征。因此，二阶张量在几何上都可以用二次曲面形象地表示出来。

二次曲面的一个重要特征是有三个相互垂直的主轴和三个主值。如果将三个主轴选为（x', y', z'），则方程（1.17）可简化成为

$$C_{11}x'^2 + C_{22}y'^2 + C_{33}z'^2 = 1 \tag{1.21}$$

如果用主轴电导率张量代替上式中的系数，则有

$$\begin{cases} a_{xx} = \cos\alpha, \quad a_{yy} = \cos\alpha\cos\beta, \quad a_{zz} = \cos\beta, \quad a_{xy} = \sin\alpha, \quad a_{xz} = 0 \\ a_{yx} = -\sin\alpha\cos\beta, \quad a_{yz} = \sin\beta, \quad a_{zx} = \sin\alpha\sin\beta, \quad a_{zy} = -\cos\alpha\sin\beta \end{cases} \tag{1.22}$$

上式表明，在主轴坐标系(x', y', z')中，电导率张量的几何图形为以坐标原点为中心的椭球面，在 x', y', z' 轴上，半轴长分别为$1/\sqrt{\sigma_{x'}}$ 、$1/\sqrt{\sigma_{y'}}$ 和 $1/\sqrt{\sigma_{z'}}$ ，如图 1.3 所示。

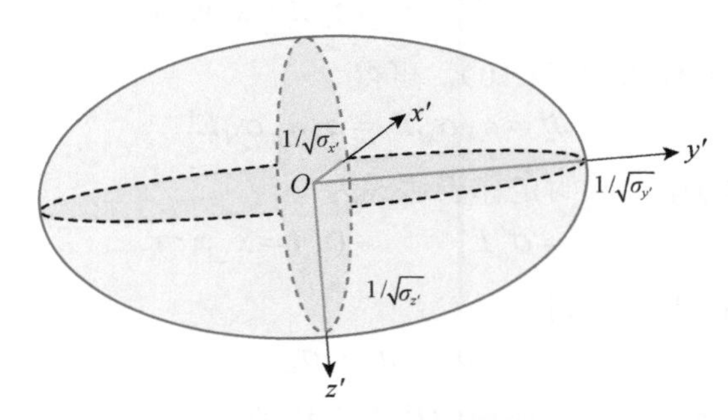

图 1.3 电导率张量椭球面

1.3.3 电导率张量的莫尔圆图示

莫尔圆（Mohr circle）将大地电磁法阻抗张量及其不变量有机地结合在一起，是研究

大地电磁张量性质一种直观、清晰且有效的方法。杨长福等（Yang et al.，2020）提出用莫尔圆表示电导率张量，可以帮助人们直观地理解电导率各向异性。下面，我们介绍电导率张量的莫尔圆表示方法。

在主轴坐标系（x',y',z'）中，主轴电导率张量的数学表达式如式（1.7）所示。假设绕z'轴顺时针旋转角度α，得到新坐标系（$x,y,z=z'$）。该坐标变换的方向余弦为

$$\begin{cases} a_{xx}=a_{yy}=\cos\alpha \\ a_{xy}=\sin\alpha \\ a_{yx}=-\sin\alpha \\ a_{zz}=1 \\ a_{xz}=a_{zx}=a_{yz}=a_{zy}=0 \end{cases} \tag{1.23}$$

将上式代入式（1.16），得到新坐标系中电导率张量各分量的表达式

$$\begin{cases} \sigma_{xx}=\sigma_{x'}\cos^2\alpha+\sigma_{y'}\sin^2\alpha=\dfrac{\sigma_{x'}+\sigma_{y'}}{2}+\dfrac{\sigma_{x'}-\sigma_{y'}}{2}\cos 2\alpha \\ \sigma_{xy}=(\sigma_{x'}-\sigma_{y'})\sin\alpha\cos\alpha=\dfrac{\sigma_{x'}-\sigma_{y'}}{2}\sin 2\alpha \\ \sigma_{yy}=\sigma_{x'}\sin^2\alpha+\sigma_{y'}\cos^2\alpha=\dfrac{\sigma_{x'}+\sigma_{y'}}{2}+\dfrac{\sigma_{y'}-\sigma_{x'}}{2}\cos 2\alpha \\ \sigma_{zz}=\sigma_{z'}\text{，}\quad \sigma_{xz}=\sigma_{yz}=0 \end{cases} \tag{1.24}$$

由上式，可得

$$\begin{cases} \left(\sigma_{xx}-\dfrac{\sigma_{x'}+\sigma_{y'}}{2}\right)^2+\sigma^2{}_{xy}=\left(\dfrac{\sigma_{x'}-\sigma_{y'}}{2}\right)^2 \\ \left(\sigma_{yy}-\dfrac{\sigma_{x'}+\sigma_{y'}}{2}\right)^2+\sigma^2{}_{xy}=\left(\dfrac{\sigma_{x'}-\sigma_{y'}}{2}\right)^2 \end{cases} \tag{1.25}$$

如果建立垂直z轴的另一直角坐标平面：横轴为σ_{xx}或σ_{yy}，纵轴为σ_{xy}，则式（1.25）表示一个圆，如图 1.4 所示，该圆称为莫尔圆。其圆心坐标为$\left(\dfrac{\sigma_{x'}+\sigma_{y'}}{2},0\right)$，圆半径为$(\sigma_{x'}-\sigma_{y'})/2$（假定$\sigma_{x'}>\sigma_{y'}$）。代表不同参变角$\alpha$的$\sigma_{xx},\sigma_{xy},\sigma_{yy}$均在此圆周上。

类似地，假设主轴坐标系（x',y',z'）绕x'轴顺时针旋转角度β，得到新坐标系（$x=x',y,z$）。在垂直于x轴的二维子空间中，变换后的电导率张量分量为

$$\begin{cases} \sigma_{yy}=\dfrac{\sigma_{y'}+\sigma_{z'}}{2}+\dfrac{\sigma_{y'}-\sigma_{z'}}{2}\cos 2\beta \\ \sigma_{yz}=\dfrac{\sigma_{y'}-\sigma_{z'}}{2}\sin 2\beta \\ \sigma_{zz}=\dfrac{\sigma_{y'}+\sigma_{z'}}{2}+\dfrac{\sigma_{z'}-\sigma_{y'}}{2}\cos 2\beta \end{cases} \tag{1.26}$$

由上式，可得

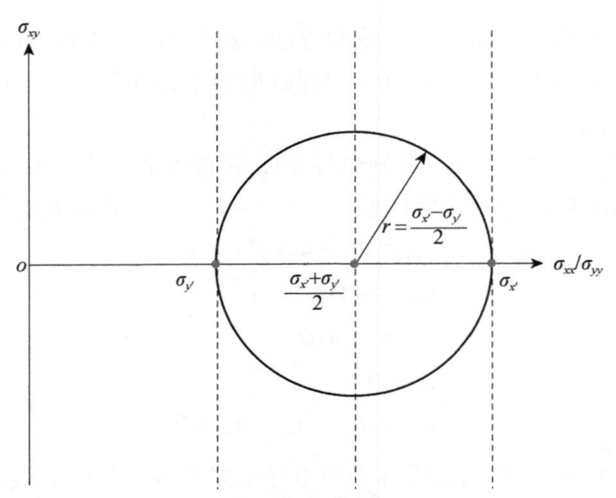

图 1.4 水平各向异性电导率张量莫尔圆

$$\begin{cases}\left(\sigma_{yy}-\dfrac{\sigma_{y'}+\sigma_{z'}}{2}\right)^2+\sigma_{yz}^2=\left(\dfrac{\sigma_{y'}-\sigma_{z'}}{2}\right)^2\\ \left(\sigma_{zz}-\dfrac{\sigma_{y'}+\sigma_{z'}}{2}\right)^2+\sigma_{yz}^2=\left(\dfrac{\sigma_{y'}-\sigma_{z'}}{2}\right)^2\end{cases} \tag{1.27}$$

如果建立垂直x轴的另一直角坐标平面：横轴为σ_{yy}或σ_{zz}，纵轴为σ_{yz}，则式（1.27）亦表示一个圆，如图 1.5 所示。其圆心坐标为$\left(\dfrac{\sigma_{y'}+\sigma_{z'}}{2},0\right)$，圆半径为$(\sigma_{y'}-\sigma_{z'})/2$（假定$\sigma_{y'}>\sigma_{z'}$）。

对于绕y'轴旋转，情形类同。在新坐标系中，电导率张量亦可用莫尔圆图示。

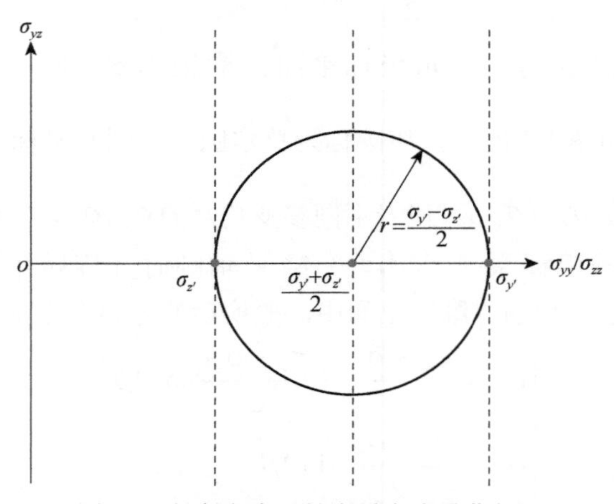

图 1.5 倾斜各向异性电导率张量莫尔圆

1.3.4　电导率张量的球面表示

下面，我们讨论一种复杂各向异性情形。假设主轴坐标系（x',y',z'）首先绕z'轴顺时针旋转角度α，然后，再绕x轴顺时针旋转角度β，得到新坐标系(x,y,z)。此坐标变换的方向余弦如式（1.22）所示。

将式（1.22）代入式（1.16），得到经两次坐标旋转后电导率张量各分量的表达式

$$\begin{cases}\sigma_{xx}=\sigma_{x'}\cos^2\alpha+(\sigma_{y'}\cos^2\beta+\sigma_{z'}\sin^2\beta)\sin^2\alpha\\ \sigma_{yy}=\sigma_{x'}\sin^2\alpha+(\sigma_{y'}\cos^2\beta+\sigma_{z'}\sin^2\beta)\cos^2\alpha\\ \sigma_{zz}=\sigma_{y'}\sin^2\beta+\sigma_{z'}\cos^2\beta\\ \sigma_{xy}=\sigma_{yx}=\dfrac{1}{2}(\sigma_{x'}-\sigma_{y'}\cos^2\beta-\sigma_{z'}\sin^2\beta)\sin2\alpha\\ \sigma_{xz}=\sigma_{zx}=\dfrac{\sigma_{z'}-\sigma_{y'}}{2}\sin\alpha\sin2\beta\\ \sigma_{yz}=\sigma_{zy}=\dfrac{\sigma_{y'}-\sigma_{z'}}{2}\cos\alpha\sin2\beta\end{cases}\tag{1.28}$$

由式（1.28），可得

$$\sigma_{xx}+\sigma_{yy}+\sigma_{zz}=\sigma_{x'}+\sigma_{y'}+\sigma_{z'}\tag{1.29}$$

$$\sigma^2{}_{xz}+\sigma^2{}_{yz}=\left(\frac{\sigma_{y'}-\sigma_{z'}}{2}\right)^2\sin^2 2\beta\tag{1.30}$$

$$\sigma_{xx}+\sigma_{yy}-\sigma_{x'}=\sigma_{y'}\cos^2\beta+\sigma_{z'}\sin^2\beta\tag{1.31}$$

由式（1.31），可得

$$\sigma_{xx}+\sigma_{yy}-\sigma_{x'}-\frac{\sigma_{y'}+\sigma_{z'}}{2}=\frac{\sigma_{y'}-\sigma_{z'}}{2}\cos2\beta\tag{1.32}$$

由式（1.30）和式（1.32），得

$$\left(\sigma_{xx}+\sigma_{yy}-\sigma_{x'}-\frac{\sigma_{y'}+\sigma_{z'}}{2}\right)^2+\sigma_{xz}^2+\sigma_{yz}^2=\left(\frac{\sigma_{y'}-\sigma_{z'}}{2}\right)^2\tag{1.33}$$

将式（1.29）代入上式，并整理后，可得

$$\left(\sigma_{zz}-\frac{\sigma_{y'}+\sigma_{z'}}{2}\right)^2+\sigma_{xz}^2+\sigma_{yz}^2=\left(\frac{\sigma_{y'}-\sigma_{z'}}{2}\right)^2\tag{1.34}$$

上式为一个球面方程。球心坐标为$\left(\dfrac{\sigma_{y'}+\sigma_{z'}}{2},0,0\right)$，半径为$(\sigma_{y'}-\sigma_{z'})/2$（假定$\sigma_{y'}>\sigma_{z'}$），如图 1.6 所示。

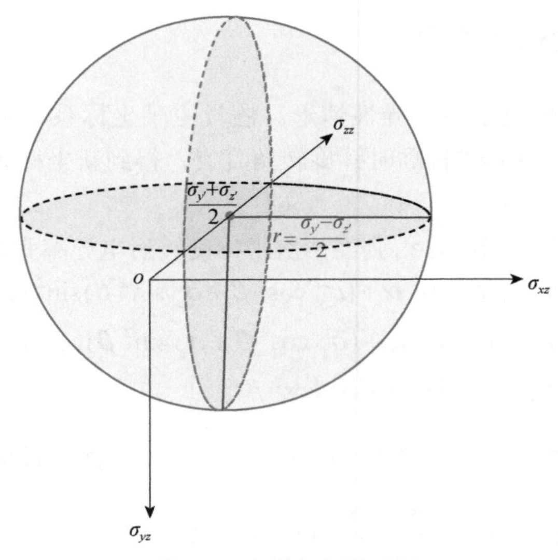

图 1.6 电导率张量球面

1.4 本章小结

本章介绍了微观和宏观电阻率各向异性的概念及其成因，并阐述了表征各向异性电学性质的重要物理量–电导率张量。电导率各向异性导致电流偏离激励电场的方向。将电流密度与施加电场强度相联系起来的电导率张量是二阶对称张量，它具有 6 个独立分量。电导率张量可以由三个主轴电导率和三个欧拉角表示。对于特殊情形的各向异性介质，其电导率张量含有一定的零元素，这意味着至少有一个欧拉角为零。电导率各向异性除了用电导率张量进行数学表征外，也可以用几何图形表示。对于任意各向异性介质，电导率张量的示性面为二次曲面。在主轴坐标系中，电导率张量的几何图形为以坐标原点为中心的椭球面，其半轴分别为三个主轴电导率平方根的倒数。当各向异性方位角和倾角都存在而各向异性偏角为零时，电导率张量可以用球面表示，球的半径和球心位置与各向异性主轴电导率的大小有关。当只有一个欧拉角不为零时，电导率张量可以用莫尔圆表示，其半径和圆心坐标与主轴电导率的大小有关。对于各向同性介质，莫尔圆退化为一个点。

第 2 章　有限单元法基础

2.1　地球电磁场数值模拟方法概述

电磁感应问题可以归结为在一定边界条件下求解电磁场所满足的偏微分方程，即边值问题。只有少数简单规则模型（如均匀半空间、一维层状模型、垂直界面、球体、圆柱体等）的电磁场边值问题存在解析解。对于大多数模型，只能用数值方法解边值问题得到近似数值解。随着计算机技术的发展，数值方法变得越来越重要。目前，常用的地球电磁场数值模拟方法有积分方程法、有限差分法、边界单元法和有限单元法。

2.1.1　积分方程法

积分方程法从电磁场所满足的偏微分方程出发得到第二类弗雷德霍姆（Fredholm）积分方程：

$$g(x)=f(x)+\int_a^b K(x,s)f(s)\mathrm{d}s$$

为了求得积分方程的数值解，将积分区域剖分成许多充分小的单元，并将区域积分离散成各单元积分的迭加。假定单元内部电性参数均匀分布，从而可由离散的积分方程得到一个线性方程组。求解该线性方程组即可得到积分方程的近似解。由于使用了格林函数，该方法的求解区域仅仅限制在异常区内，从而所需求解的未知数要比其他数值方法少，但是线性方程系数矩阵为满阵。其缺点是，除了半空间以外格林函数的导出是比较困难的。另外，格林函数的计算将耗费大量的计算时间。

2.1.2　有限差分法

有限差分法从电磁场所满足的偏微分方程和边界条件出发，将求解区域剖分成规则形状（矩形或长方体）的网格，网格节点上的偏微分方程由差分方程所近似，从而得到一个线性方程组。有限差分法的优点是其线性方程组系数矩阵的形式简单。由于每个网格只与其相邻网格有联系，因而线性方程组系数矩阵具有带状形态，这对线性方程组的求解很有利，但是，有限差分法不易处理起伏地形和含有倾斜界面的复杂地电模型。

2.1.3 边界单元法

边界单元法利用格林公式将电磁场所满足的偏微分方程转化为研究区域的边界积分方程，将研究区域的边界剖分成一系列单元，通过区域边界上的边界积分表达式来建立线性方程组，解此方程组从而求得区域边界上的场值。边界单元法的优点是它模拟的是求解区域的边界，即对于二维问题只需模拟求解区域的边界线，对于三维问题只需模拟求解区域的边界面，也就是说求解问题的维数降低了一维，这使得边界单元法成为非常有吸引力的数值模拟方法之一。但对于含有许多电性界面的复杂地电模型正演问题，边界单元法就显得有些无能为力了。另外，由于边界单元法形成的线性方程组的系数矩阵是满阵，在处理大规模问题时计算速度很慢。一般来说，边界单元法适合于处理小规模问题。

2.1.4 有限单元法

有限单元法利用变分原理或加权余量法将电磁场所满足的边值问题转换为求解区域的积分方程，然后对区域进行剖分，划分成许多小单元。在每个小单元内对电磁场进行线性插值或二次插值之后求积分，再对各单元求和。最后得到各节点电磁场满足的线性方程组，解该方程组便可得到各节点上的电磁场值。

有限单元法求解电磁场边值问题的基本思路和过程如下（徐世浙，1994）。

（1）将电磁场边值问题转换成其等效积分形式，实现这种转变的方法有两种。一是变分原理法，二是加权余量法。我们将在 2.2 和 2.3 节中分别介绍这两种方法。

（2）边值问题的有限元分析包括下列基本步骤。

① 区域剖分：把研究区域划分成许多小区域，这些小区域通常称为单元。对于实际上是直线或曲线的一维区域，单元通常是短直线段。对于二维区域，单元通常是小三角形或矩形。三角形适用于离散不规则区域，矩形则适用于离散规则区域。对于三维区域，单元通常是四面体或长方体，四面体适用于离散复杂形状的区域。

② 单元插值：区域离散化后，要用单元内节点的电磁场值来获得单元内各点的电磁场。在每个单元内，将电磁场近似为一次（线性）、二次或高次（高阶）多项式。虽然二次和高次多项式的精度较高，但简单的线性插值函数仍被广泛使用。我们将在 2.4 节中推导出一维线性单元、矩形单元、三角形单元、四面体单元以及长方体单元的线性插值函数，通常称为形函数。

③ 单元分析：计算各个单元上的积分，得到单元矩阵，建立线性方程组。

④ 方程组的求解：考虑边界条件，并求解线性方程组。

2.2 变分原理

在有界区域 Ω 上，寻找满足边界 Γ 上边界条件下偏微分方程的函数 u 。我们假定该边值问题等价于下列变分问题：

$$J(u(x,y)) = \int_{\Omega} F\left(x, y, u, \frac{\partial u}{\partial x}, \frac{\partial u}{\partial y}\right) \mathrm{d}x\mathrm{d}y = \int_{\Omega} F(x, y, u, u_x, u_y) \mathrm{d}x\mathrm{d}y \tag{2.1}$$

泛函 $J(u(x,y))$ 的被积函数 $F(x,y,u,u_x,u_y)$ 关于 x、y、u、u_x 和 u_y 连续可微分。为了获得取极值的条件，在区域 Ω 上，我们考虑精确解 $u(x,y)$ 附近的一系列比较函数族

$$\hat{u}(x,y) = u(x,y) + \varepsilon\eta(x,y) \tag{2.2}$$

这些函数是依赖于参数 ε 的连续可微分函数，这里 η 是固定的。比较函数族 $\hat{u}(x,y)$ 和函数 u 满足相同的边界条件。因此，在边界 Γ 上，η 必须等于零。由这些比较函数族，我们构造以下泛函：

$$J(\hat{u}(x,y)) = \int_{\Omega} F(x, y, u+\varepsilon\eta, u_x+\varepsilon\eta_x, u_y+\varepsilon\eta_y) \mathrm{d}x\mathrm{d}y = J(\varepsilon) \tag{2.3}$$

当 η 取某固定值时，式（2.3）定义了一个关于参数 ε 的连续可微分函数 $J(\varepsilon)$。因为 $J(u)$ 是泛函的极值，因而当 $\varepsilon = 0$ 时函数 $J(\varepsilon)$ 取极值。根据函数取极值的基本理论，可得以下必要条件：

$$\frac{\mathrm{d}J(\varepsilon)}{\mathrm{d}\varepsilon}\bigg|_{\varepsilon=0} = 0 \tag{2.4}$$

由泛函导数表达式

$$\frac{\mathrm{d}J(\varepsilon)}{\mathrm{d}\varepsilon} = \int_{\Omega}\left(\frac{\partial F}{\partial \hat{u}}\frac{\mathrm{d}\hat{u}}{\mathrm{d}\varepsilon} + \frac{\partial F}{\partial \hat{u}_x}\frac{\mathrm{d}\hat{u}_x}{\mathrm{d}\varepsilon} + \frac{\partial F}{\partial \hat{u}_y}\frac{\mathrm{d}\hat{u}_y}{\mathrm{d}\varepsilon}\right)\mathrm{d}x\mathrm{d}y$$

和关系式

$$\frac{\partial F}{\partial \hat{u}}\bigg|_{\varepsilon=0} = \frac{\partial F}{\partial u}, \quad \frac{\partial F}{\partial \hat{u}_x}\bigg|_{\varepsilon=0} = \frac{\partial F}{\partial u_x}, \quad \frac{\partial F}{\partial \hat{u}_y}\bigg|_{\varepsilon=0} = \frac{\partial F}{\partial u_y}$$

$$\frac{\mathrm{d}\hat{u}}{\mathrm{d}\varepsilon} = \eta, \quad \frac{\mathrm{d}\hat{u}_x}{\mathrm{d}\varepsilon} = \eta_x, \quad \frac{\mathrm{d}\hat{u}_y}{\mathrm{d}\varepsilon} = \eta_y$$

我们得到下列方程

$$\frac{\mathrm{d}J(\varepsilon)}{\mathrm{d}\varepsilon}\bigg|_{\varepsilon=0} = \int_{\Omega}\left(\frac{\partial F}{\partial u}\eta + \frac{\partial F}{\partial u_x}\eta_x + \frac{\partial F}{\partial u_y}\eta_y\right)\mathrm{d}x\mathrm{d}y = 0 \tag{2.5}$$

将方程（2.2）写成下列形式

$$\varepsilon\eta(x,y) = \hat{u}(x,y) - u(x,y) = \delta u(x,y) \tag{2.6}$$

并令 δu 为变量函数 u 的变分。关于算子 δ 有下列运算规则

$$\delta u_x = \frac{\mathrm{d}}{\mathrm{d}x}(\delta u), \qquad \delta u_y = \frac{\mathrm{d}}{\mathrm{d}y}(\delta u)$$

方程（2.5）两边乘以参数 ε，可得

$$\begin{aligned}\varepsilon\frac{\mathrm{d}J(\varepsilon)}{\mathrm{d}\varepsilon}\bigg|_{\varepsilon=0} = \delta J &= \int_{\Omega}\left(\frac{\partial F}{\partial u}\varepsilon\eta + \frac{\partial F}{\partial u_x}\varepsilon\eta_x + \frac{\partial F}{\partial u_y}\varepsilon\eta_y\right)\mathrm{d}x\mathrm{d}y \\ &= \int_{\Omega}\left(\frac{\partial F}{\partial u}\delta u + \frac{\partial F}{\partial u_x}\delta u_x + \frac{\partial F}{\partial u_y}\delta u_y\right)\mathrm{d}x\mathrm{d}y = 0\end{aligned} \tag{2.7}$$

我们将 δJ 称作为泛函 J 的一阶变分。泛函取极值的必要条件是它的一阶变分 δJ 等于

零。利用关系式

$$\begin{cases}\dfrac{\partial F}{\partial u_x}\delta u_x=\dfrac{\partial}{\partial x}\left(\dfrac{\partial F}{\partial u_x}\delta u\right)-\dfrac{\partial}{\partial x}\left(\dfrac{\partial F}{\partial u_x}\right)\delta u\\ \dfrac{\partial F}{\partial u_y}\delta u_y=\dfrac{\partial}{\partial y}\left(\dfrac{\partial F}{\partial u_y}\delta u\right)-\dfrac{\partial}{\partial y}\left(\dfrac{\partial F}{\partial u_y}\right)\delta u\end{cases}$$

我们得到下列方程

$$\begin{aligned}\delta J=&\int_\Omega\left[\frac{\partial F}{\partial u}-\frac{\partial}{\partial x}\left(\frac{\partial F}{\partial u_x}\right)-\frac{\partial}{\partial y}\left(\frac{\partial F}{\partial u_y}\right)\right]\delta u\mathrm{d}x\mathrm{d}y\\&+\int_\Omega\left[\frac{\partial}{\partial x}\left(\frac{\partial F}{\partial u_x}\delta u\right)+\frac{\partial}{\partial y}\left(\frac{\partial F}{\partial u_y}\delta u\right)\right]\mathrm{d}x\mathrm{d}y=0\end{aligned}\tag{2.8}$$

利用格林公式（Green formula）

$$\int_\Omega\left(\frac{\partial Q}{\partial x}-\frac{\partial P}{\partial y}\right)\mathrm{d}x\mathrm{d}y=\oint_\Gamma P\mathrm{d}x+Q\mathrm{d}y$$

可以将式（2.8）的第二个面积分转化成下列线积分

$$\int_\Omega\left[\frac{\partial}{\partial x}\left(\frac{\partial F}{\partial u_x}\delta u\right)+\frac{\partial}{\partial y}\left(\frac{\partial F}{\partial u_y}\delta u\right)\right]\mathrm{d}x\mathrm{d}y=\oint_\Gamma\left(\frac{\partial F}{\partial u_x}\delta u\mathrm{d}y-\frac{\partial F}{\partial u_y}\delta u\mathrm{d}x\right)$$

因为函数u在边界Γ上的场值是给定的，所以由式（2.6）可知，边界Γ上变分δu等于零。故而，上式的线积分结果为零。于是，式（2.8）变成为

$$\delta J=\int_\Omega\left[\frac{\partial F}{\partial u}-\frac{\partial}{\partial x}\left(\frac{\partial F}{\partial u_x}\right)-\frac{\partial}{\partial y}\left(\frac{\partial F}{\partial u_y}\right)\right]\delta u\mathrm{d}x\mathrm{d}y=0\tag{2.9}$$

考虑到变分δu的任意性，由此得到如下结论：二维变分问题（2.1）的欧拉（Euler）微分方程

$$\frac{\partial F}{\partial u}-\frac{\partial}{\partial x}\left(\frac{\partial F}{\partial u_x}\right)-\frac{\partial}{\partial y}\left(\frac{\partial F}{\partial u_y}\right)=0\tag{2.10}$$

为泛函取极值的必要条件。

令方程（2.10）中函数F取其特殊形式，可以得到所有特殊情况下的偏微分方程。令

$$F=\frac{1}{2}(u_x^2+u_y^2)$$

得到拉普拉斯（Laplace）方程

$$\frac{\partial^2 u}{\partial x^2}+\frac{\partial^2 u}{\partial y^2}=0\tag{2.11}$$

于是，属于拉普拉斯方程（2.11）的变分积分为

$$J(u(x,y))=\frac{1}{2}\int_\Omega\left(u_x^2+u_y^2\right)\mathrm{d}x\mathrm{d}y\tag{2.12}$$

如果函数 F 为

$$F=\frac{1}{2}[(u_x^2+u_y^2)-\lambda u^2]$$

可以得到亥姆霍兹（Helmholtz）方程

$$\frac{\partial^2 u}{\partial x^2}+\frac{\partial^2 u}{\partial y^2}+\lambda u=0 \tag{2.13}$$

于是，属于亥姆霍兹方程（2.13）的变分积分为

$$J\big(u(x,y)\big)=\frac{1}{2}\int_\Omega\Big[\big(u_x^2+u_y^2\big)-\lambda u^2\Big]\mathrm{d}x\mathrm{d}y \tag{2.14}$$

2.3 加权余量法

当边值问题没有等价的变分问题时或者它的变分问题难以导出时，不得不从微分方程和边界条件入手。

考虑形式如下的微分方程

$$\boldsymbol{L}(u(x,y,z))-p(x,y,z)=0 \tag{2.15}$$

这里 $\boldsymbol{L}$ 表示微分算子，p 为已知函数，而 u 表示未知函数。

假定方程（2.15）的近似解 $\hat{u}$ 取如下形式

$$\hat{u}(x,y,z)=\phi_0+\sum_{j=1}^{n}a_j\phi_j(x,y,z) \tag{2.16}$$

这里 ϕ_0 满足不均匀边界条件，ϕ_j 满足相应的均匀边界条件。而对于任意 a_j，$\hat{u}$ 都满足其边界条件。将式（2.16）代入微分方程（2.15），得到

$$\boldsymbol{L}(\hat{u}(x,y,z))-p(x,y,z)=R(x,y,z) \tag{2.17}$$

这里 R 称为余量。可以这样确定方程（2.16）所包含的 n 个自由参数 a_j，使得区域 Ω 内的余量尽可能小。为此，令由 n 个线性无关的加权函数 $W_i(i=1,\cdots,n)$ 加权的余量函数的面积分等于零，于是得到 n 个线性方程

$$\int_\Omega W_i(x,y,z)R(x,y,z)\mathrm{d}\Omega=\int_\Omega W_i(x,y,z)[\boldsymbol{L}(\hat{u}(x,y,z))-p(x,y,z)]\mathrm{d}\Omega=0 \quad (i=1,\cdots,n)$$

由以上 n 个线性方程，可求得 n 个自由参数 a_j。上式即为加权余量法的一般表示式。

依赖于加权函数的选择方法，加权余量法可以取其特殊名称。“配置法”或“点匹配法”选择狄拉克（Dirac）δ 函数作为加权函数，即

$$\int_\Omega R\delta(x-x_i,y-y_i,z-z_i)\mathrm{d}\Omega=0 \tag{2.18}$$

最小二乘法选择余量本身为加权函数

$$\int_\Omega W_iR\mathrm{d}\Omega=\int_\Omega R^2\mathrm{d}\Omega=0 \tag{2.19}$$

伽辽金（Galerkin）方法选择坐标函数 $\phi_i(i=1,\cdots,n)$ 作为加权函数，即有：

$$\int_\Omega\phi_iR\mathrm{d}\Omega=\int_\Omega\phi_i[\boldsymbol{L}(\hat{u})-p]\mathrm{d}\Omega=0 \quad (i=1,\cdots,n) \tag{2.20}$$

有限单元法的基本思想是将研究区域离散为有限个称为单元（用 e 表示）的小区域，在每一个小区域（单元）里，电磁场由该单元所有节点上的电磁场值进行插值得到：

$$u^{(e)}(x,y,z)=\sum_{i=1}^{p}u_i^{(e)}N_i^{(e)}(x,y,z) \tag{2.21}$$

这里，函数 $N_i^{(e)}(x,y,z)$ 称为形函数，它依赖于单元 e 的形态和位置，是所在单元节点坐标的函数，故而它会因单元不同而不同。形函数的具体表达式将在下一节中给出。

在整个区域上，所求函数 u 可以看作由所有单元上的函数 $u^{(e)}$ 组合而成，因而它是所有单元上的插值（2.21）的组合。假设将节点变量 u_i 从 1 至 n 编号，这种组合可以写成

$$u(x,y,z)=\sum_{k=1}^{n}u_kN_k(x,y,z) \tag{2.22}$$

现在 $N_k(x,y,z)$ 是单元形函数 $N_i^{(e)}$ 的组合，即 N_k 是全域形函数。

伽辽金法将形函数 N_j 自己作为加权函数，并要求其区域积分等于零：

$$\int_\Omega N_jR\mathrm{d}\Omega=\int_\Omega N_j[\boldsymbol{L}(u)-p]\mathrm{d}\Omega=0,\quad (j=1,\cdots,n) \tag{2.23}$$

用变分 δu_j 乘以方程（2.23），然后将 n 个方程相加，得到下列关系式

$$\sum_{j=1}^{n}\delta u_j\int_\Omega N_j[\boldsymbol{L}(u)-p]\mathrm{d}\Omega=0 \tag{2.24}$$

互换积分号和求和号，并考虑到

$$\delta u=\sum_{j=1}^{n}N_j\delta u_j$$

即得到伽辽金法的积分表达式

$$\int_\Omega[\boldsymbol{L}(u)-p]\delta u\mathrm{d}\Omega=0 \tag{2.25}$$

2.4 形函数

在单元内，所求函数 u 的值由形函数 N_i 和单元节点上的函数值 u_i 的插值求得

$$u=\sum_{i=1}^{p}N_iu_i$$

这里 p 是单元的节点数。

形函数必须是旋转不变的，也就是说它必须独立于坐标系的位置。这就要求形函数是完备的，即形函数包含所有一定自由度的函数，或者至少包含相互对称的项。

除了全球坐标系外，我们对每个单元定义一个无维数的局部坐标系。下面，我们将导出一维线性单元、矩形单元、三角形单元、四面体单元以及长方体单元的形函数。

2.4.1 一维线性单元

图 2.1（a）表示长度为 a 的线性单元（简称线元）。（y_1,z_1）和（y_2,z_2）是全球坐标

系（y,z）中线元的两个端点的坐标。假设函数u在线元上是线性变化的，并且在两个端点上分别取值u_1和u_2。我们将无维数坐标ξ作为自然坐标[图 2.1（b）]：

$$\xi=\frac{2}{y_2-y_1}(y-y_c),\qquad \xi=\frac{2}{z_2-z_1}(z-z_c),\qquad -1\leqslant\xi\leqslant 1 \tag{2.26}$$

（y_c,z_c）是线元中点的坐标。

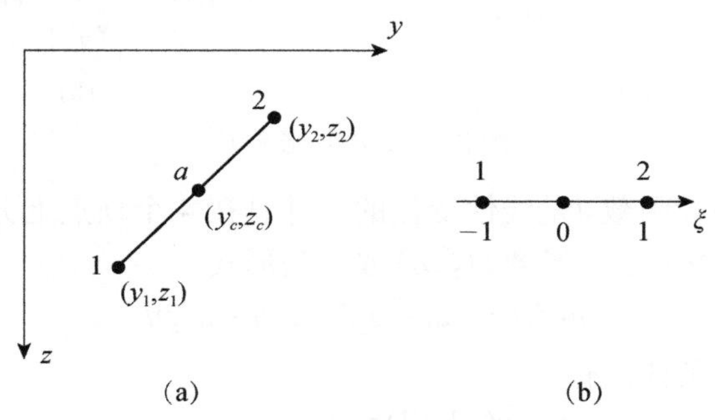

图 2.1　一维线性单元

在局部坐标ξ上，函数$u(\xi)$是线性的，并取下列形式

$$u(\xi)=a_1+a_2\xi \tag{2.27}$$

代入端点处的边界条件后，得到

$$u_1=u(-1)=a_1-a_2,\qquad u_2=u(1)=a_1+a_2$$

由此得到

$$\begin{pmatrix}a_1\\a_2\end{pmatrix}=\frac{1}{2}\begin{pmatrix}1&1\\-1&1\end{pmatrix}\begin{pmatrix}u_1\\u_2\end{pmatrix}$$

再将上式代入式（2.27），得到

$$u(\xi)=\begin{pmatrix}1&\xi\end{pmatrix}\begin{pmatrix}a_1\\a_2\end{pmatrix}=\frac{1}{2}\begin{pmatrix}1&\xi\end{pmatrix}\begin{pmatrix}1&1\\-1&1\end{pmatrix}\begin{pmatrix}u_1\\u_2\end{pmatrix}=\begin{pmatrix}\frac{1-\xi}{2}&\frac{1+\xi}{2}\end{pmatrix}\begin{pmatrix}u_1\\u_2\end{pmatrix}=\sum_{i=1}^{2}N_iu_i \tag{2.28}$$

这里，N_1和N_2是一维线性单元的形函数：

$$N_1=\frac{1-\xi}{2},\qquad N_2=\frac{1+\xi}{2} \tag{2.29}$$

由式（2.26）和式（2.29），有

$$y=N_1y_1+N_2y_2,\qquad z=N_1z_1+N_2z_2 \tag{2.30}$$

2.4.2　矩形单元

在全球坐标系中，长为a、高为b的矩形[图 2.2（a）]可由 4 个顶点的坐标（y_i,z_i）（$i=1,2,\cdots,4$）唯一确定。我们将无维数坐标[图 2.2（b）]

$$\xi=\frac{2}{a}(y-y_c),\quad \eta=\frac{2}{b}(z-z_c),\quad -1\leqslant\xi,\eta\leqslant 1 \tag{2.31}$$

作为自然坐标。这里（y_c,z_c）为矩形单元中点的坐标。

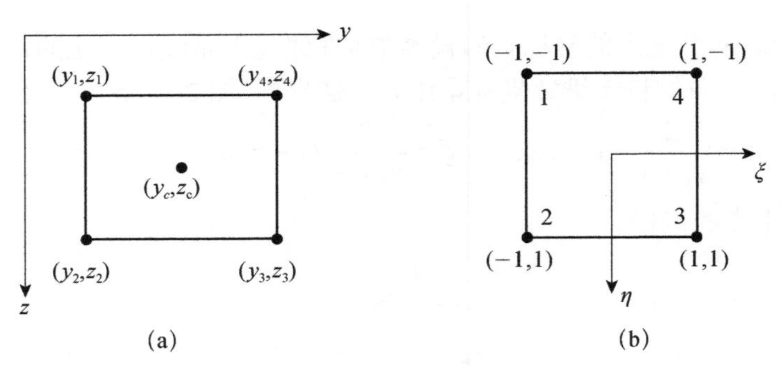

图 2.2　二维矩形单元

在矩形单元内，假设函数u是线性变化的，并且在 4 个顶点上分别取值u_1、u_2、u_3和u_4。在无维数坐标（ξ,η）上，函数$u(\xi,\eta)$取下列形式

$$u(\xi,\eta)=a_1+a_2\xi+a_3\eta+a_4\xi\eta \tag{2.32}$$

代入矩形顶点处的条件，有

$$\begin{cases} u_1=u(-1,-1)=a_1-a_2-a_3+a_4 \\ u_2=u(-1,1)=a_1-a_2+a_3-a_4 \\ u_3=u(1,1)=a_1+a_2+a_3+a_4 \\ u_4=u(1,-1)=a_1+a_2-a_3-a_4 \end{cases}$$

关于$a_i(i=1,\cdots,4)$求解，得到

$$\begin{pmatrix} a_1 \\ a_2 \\ a_3 \\ a_4 \end{pmatrix}=\begin{pmatrix} 1 & -1 & -1 & 1 \\ 1 & -1 & 1 & -1 \\ 1 & 1 & 1 & 1 \\ 1 & 1 & -1 & -1 \end{pmatrix}^{-1}\begin{pmatrix} u_1 \\ u_2 \\ u_3 \\ u_4 \end{pmatrix}=\frac{1}{4}\begin{pmatrix} 1 & 1 & 1 & 1 \\ -1 & -1 & 1 & 1 \\ -1 & 1 & 1 & -1 \\ 1 & -1 & 1 & -1 \end{pmatrix}\begin{pmatrix} u_1 \\ u_2 \\ u_3 \\ u_4 \end{pmatrix} \tag{2.33}$$

将式（2.33）代入式（2.32），得到

$$\begin{aligned} u(\xi,\eta)&=(1,\xi,\eta,\xi\eta)(a_1,a_2,a_3,a_4)^{\mathrm{T}} \\ &=(N_1,N_2,N_3,N_4)(u_1,u_2,u_3,u_4)^{\mathrm{T}}=\sum_{i=1}^{4}N_i(\xi,\eta)u_i \end{aligned} \tag{2.34}$$

其中，$N_i(i=1,\cdots,4)$为矩形单元的线性形函数：

$$\begin{cases} N_1=\frac{1}{4}(1-\xi)(1-\eta), & N_2=\frac{1}{4}(1-\xi)(1+\eta) \\ N_3=\frac{1}{4}(1+\xi)(1+\eta), & N_4=\frac{1}{4}(1+\xi)(1-\eta) \end{cases}$$

将所有 4 个形函数写成如下统一形式

$$N_i=\frac{1}{4}(1+\xi_i\xi)(1+\eta_i\eta)\qquad(i=1,\cdots,4) \tag{2.35}$$

这里（ξ_i,η_i）为局部坐标中第i个节点的坐标。

2.4.3　三角形单元

在三角形单元内，假定未知函数u是y和z的线性函数，并能够近似为

$$u(y,z)=ay+bz+c \tag{2.36}$$

假设三角形单元顶点的坐标为（y_1,z_1），（y_2,z_2）和（y_3,z_3）（图 2.3），并假定

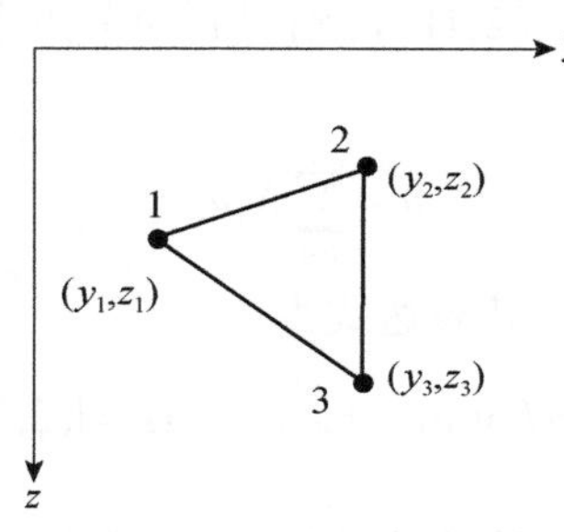

图 2.3 二维三角形单元

三个节点上的函数值分别为u_1、u_2和u_3。于是，由式（2.36），可得

$$\begin{cases} u_1 = ay_1 + bz_1 + c \\ u_2 = ay_2 + bz_2 + c \\ u_3 = ay_3 + bz_3 + c \end{cases} \tag{2.37}$$

解上述方程组，得

$$\begin{cases} a = \dfrac{1}{2\Delta}(a_1u_1 + a_2u_2 + a_3u_3) \\ b = \dfrac{1}{2\Delta}(b_1u_1 + b_2u_2 + b_3u_3) \\ c = \dfrac{1}{2\Delta}(c_1u_1 + c_2u_2 + c_3u_3) \end{cases} \tag{2.38}$$

式中，$\Delta=\dfrac{1}{2}(a_1b_2-a_2b_1)$，为三角形的面积

$$\begin{cases} a_1 = z_2 - z_3, b_1 = y_3 - y_2, c_1 = y_2z_3 - y_3z_2 \\ a_2 = z_3 - z_1, b_2 = y_1 - y_3, c_2 = y_3z_1 - y_1z_3 \\ a_3 = z_1 - z_2, b_3 = y_2 - y_1, c_3 = y_1z_2 - y_2z_1 \end{cases}$$

将式（2.38）代入式（2.36），得

$$u = \frac{1}{2\Delta}((a_1y + b_1z + c_1)u_1 + (a_2y + b_2z + c_2)u_2 + (a_3y + b_3z + c_3)u_3) = \sum_{i=1}^{3} N_iu_i \tag{2.39}$$

其中N_i为三角单元的形函数

$$N_i = \frac{1}{2\Delta}(a_iy + b_iz + c_i), \qquad (i=1,2,3) \tag{2.40}$$

2.4.4 四面体单元

考虑如图 2.4 所示的四面体单元。四个节点的坐标和电磁场值分别为(x_i,y_i,z_i)和u_i $(i=1,2,3,4)$，假设单元内部任一点的电磁场u是x、y和z的线性函数，并可以近似为

$$u(x,y,z)=ax+by+cz+d \tag{2.41}$$

式中，a、b、c、d为待定系数。它们由单元节点的电磁场值和坐标决定。将四个节点的坐标值和电磁场值代入式（2.41），可得 4 个联立方程，解方程组便可求得系数(a, b, c, d)。将这四个系数代入式（2.41），则得到由节点电磁场值和形函数表示的单元内任一点的电磁场表达式：

$$u = \sum_{i=1}^{4} N_i u_i \tag{2.42}$$

式中，N_i为四面体单元的形函数，其表达式为

$$N_i = \frac{1}{6V}(a_i x + b_i y + c_i z + d_i), \qquad (i = 1,2,3,4) \tag{2.43}$$

式中，$V = \frac{1}{6}(d_1 + d_2 + d_3 + d_4)$为四面体的体积。

$$\begin{aligned} a_i &= (-1)^{i+1}\begin{vmatrix} y_j & z_j & 1 \\ y_m & z_m & 1 \\ y_n & z_n & 1 \end{vmatrix}, \quad b_i = (-1)^{i}\begin{vmatrix} x_j & z_j & 1 \\ x_m & z_m & 1 \\ x_n & z_n & 1 \end{vmatrix} \\ c_i &= (-1)^{i+1}\begin{vmatrix} x_j & y_j & 1 \\ x_m & y_m & 1 \\ x_n & y_n & 1 \end{vmatrix}, \quad d_i = (-1)^{i}\begin{vmatrix} x_j & y_j & y_j \\ x_m & y_m & z_m \\ x_n & y_n & z_n \end{vmatrix} \end{aligned} \tag{2.44}$$

当$i=1$时，$j=2$，$m=3$，$n=4$；当$i=2$时，$j=1$，$m=3$，$n=4$；当$i=3$时，$j=1$，$m=2$，$n=4$；当$i=4$时，$j=1$，$m=2$，$n=3$。

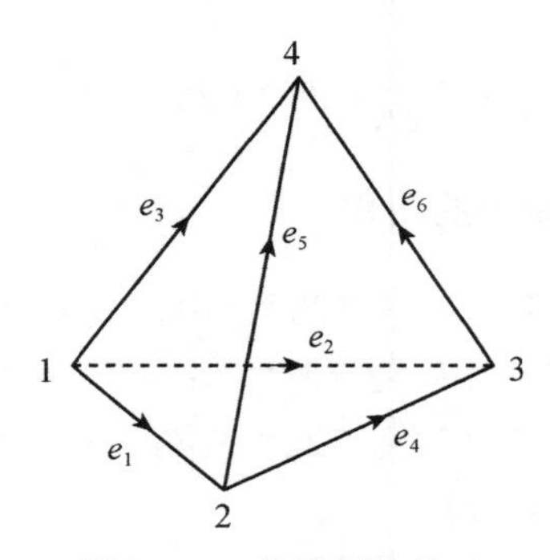

图 2.4　三维四面体单元

2.4.5　长方体单元

对于长方体单元[图 2.5（a）]，我们使用无维坐标

$$\xi = \frac{2}{a}(x - x_c), \quad \eta = \frac{2}{b}(y - y_c), \quad \zeta = \frac{2}{c}(z - z_c) \quad -1 \leqslant \xi, \eta, \zeta \leqslant 1 \tag{2.45}$$

在局部坐标系中，函数$u(\xi,\eta,\zeta)$由下式确定

$$u(\xi,\eta,\zeta) = a_1 + a_2\xi + a_3\eta + a_4\zeta + a_5\xi\eta + a_6\xi\zeta + a_7\eta\zeta + a_8\xi\eta\zeta$$

我们定义矢量

$$
\begin{cases}
\boldsymbol{u}_e = (u_1, u_2, u_3, u_4, u_5, u_6, u_7, u_8)^{\mathrm{T}} \\
\boldsymbol{a}_8 = (a_1, a_2, a_3, a_4, a_5, a_6, a_7, a_8)^{\mathrm{T}} \\
\boldsymbol{w}_8 = (1, \xi, \eta, \zeta, \xi\eta, \xi\zeta, \eta\zeta, \xi\eta\zeta)^{\mathrm{T}}
\end{cases}
$$

由

$$
u(\xi,\eta,\zeta) = \boldsymbol{a}_8^{\mathrm{T}} \boldsymbol{w}_8 = \boldsymbol{w}_8^{\mathrm{T}} \boldsymbol{a}_8
$$

得到关系式

$$
\boldsymbol{u}_e = \begin{pmatrix} u_1 \\ u_2 \\ u_3 \\ u_4 \\ u_5 \\ u_6 \\ u_7 \\ u_8 \end{pmatrix} = \underbrace{\begin{pmatrix}
1 & -1 & -1 & -1 & 1 & 1 & 1 & -1 \\
1 & -1 & -1 & 1 & 1 & -1 & -1 & 1 \\
1 & -1 & 1 & 1 & -1 & -1 & 1 & -1 \\
1 & -1 & 1 & -1 & -1 & 1 & -1 & 1 \\
1 & 1 & -1 & -1 & -1 & -1 & 1 & 1 \\
1 & 1 & -1 & 1 & -1 & 1 & -1 & -1 \\
1 & 1 & 1 & 1 & 1 & 1 & 1 & 1 \\
1 & 1 & 1 & -1 & 1 & -1 & -1 & -1
\end{pmatrix}}_{\boldsymbol{f}_8} \underbrace{\begin{pmatrix} a_1 \\ a_2 \\ a_3 \\ a_4 \\ a_5 \\ a_6 \\ a_7 \\ a_8 \end{pmatrix}}_{\boldsymbol{a}_8} = \boldsymbol{f}_8 \boldsymbol{a}_8
$$

由上式，有

$$
\boldsymbol{a}_8 = \boldsymbol{f}_8^{-1} \boldsymbol{u}_e
$$

最终得到关系式

$$
u(\xi,\eta,\zeta) = \boldsymbol{w}_8^{\mathrm{T}} \boldsymbol{f}_8^{-1} \boldsymbol{u}_e = \sum_{i=1}^{8} N_i u_i \tag{2.46}
$$

这里

$$
\begin{cases}
N_1 = \dfrac{1}{8}(1-\xi)(1-\eta)(1-\zeta), & N_2 = \dfrac{1}{8}(1-\xi)(1-\eta)(1+\zeta) \\
N_3 = \dfrac{1}{8}(1-\xi)(1+\eta)(1+\zeta), & N_4 = \dfrac{1}{8}(1-\xi)(1+\eta)(1-\zeta) \\
N_5 = \dfrac{1}{8}(1+\xi)(1-\eta)(1-\zeta), & N_6 = \dfrac{1}{8}(1+\xi)(1-\eta)(1+\zeta) \\
N_7 = \dfrac{1}{8}(1+\xi)(1+\eta)(1+\zeta), & N_8 = \dfrac{1}{8}(1+\xi)(1+\eta)(1-\zeta)
\end{cases}
$$

8 个形函数可以写成如下统一形式

$$
N_i = \frac{1}{8}(1+\xi_i\xi)(1+\eta_i\eta)(1+\zeta_i\zeta) \qquad (i = 1, 2, \cdots, 8) \tag{2.47}
$$

这里（ξ_i, η_i, ζ_i）是局部坐标系中第 i 节点的坐标[图 2.5（b）]。

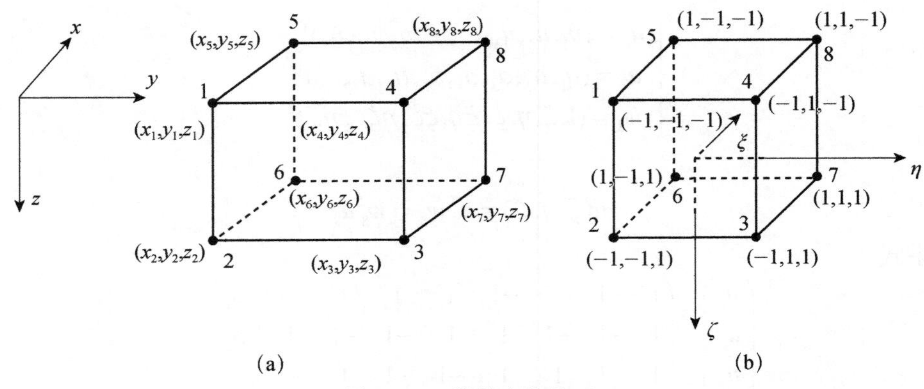
x
y
z
5
(x_5,y_5,z_5)
(x_8,y_8,z_8)
8
1
4
(x_1,y_1,z_1)
(x_4,y_4,z_4)
6
7
(x_6,y_6,z_6)
(x_7,y_7,z_7)
(x_2,y_2,z_2)
2
(x_3,y_3,z_3)
3
(a)
5
(1,−1,−1)
(1,1,−1)
8
1
4
(−1,1,−1)
(−1,−1,−1)
ξ
η
(1,−1,1)
6
7
(1,1,1)
2
3
(−1,−1,1)
(−1,1,1)
ζ
(b)

图 2.5　三维长方体单元

第 3 章　一维电阻率各向异性介质大地电磁场正演

大地电磁测深法是以天然电磁场为场源来研究地球内部电性结构的一种地球物理方法。当交变电磁场在地下介质中传播时，由于电磁感应的趋肤效应，不同频率的电磁场具有不同的趋肤深度，在地表或海底观测大地电磁场，可以获得地球内部电性结构分布。大地电磁测深法的勘探深度随电磁场的频率和地下介质电阻率而异，可以从几十米至上百千米。该方法在地壳和上地幔电性结构研究、石油天然气勘探、地热和地下水资源调查等领域得到广泛应用。

一维层状各向异性介质中的大地电磁场具有解析解。通过匹配各水平层分界面边界条件，可以解析递推获得各水平层中的大地电磁场表达式。

本章介绍一维层状电阻率任意各向异性介质大地电磁场正演方法，并分析电阻率各向异性对一维大地电磁场响应的影响。

3.1　电磁场感应方程

麦克斯韦（Maxwell）方程组是研究地球电磁感应现象的理论基础。在国际单位制中，麦克斯韦方程组的微分形式可写成为

$$\begin{cases} \nabla\times\boldsymbol{H}=\boldsymbol{j}+\dfrac{\partial\boldsymbol{D}}{\partial t} & \text{（安培定律）} \\ \nabla\times\boldsymbol{E}=-\dfrac{\partial\boldsymbol{B}}{\partial t} & \text{（法拉第定律）} \\ \nabla\cdot\boldsymbol{D}=\rho_v & \text{（高斯定律）} \\ \nabla\cdot\boldsymbol{B}=0 & \text{（磁通连续原理）} \end{cases} \tag{3.1}$$

式中，$\boldsymbol{E}$ 为电场强度（V/m，伏特/米），$\boldsymbol{B}$ 为磁感应强度或磁通量密度（T，特斯拉），$\boldsymbol{D}$ 为电位移或电通量密度（C/m^2，库仑 / 米^2），$\boldsymbol{H}$ 为磁场强度（A/m，安培 / 米），$\boldsymbol{j}$ 为电流密度（A/m^2，安培 / 米^2），ρ_v 为自由电荷密度（C/m^3，库仑 / 米^3），∇ 为哈密顿算子。

另一个基本方程是连续性方程，即电荷守恒方程，可以写成

$$\nabla \cdot \boldsymbol{j} = -\frac{\partial \rho_v}{\partial t} \tag{3.2}$$

对于各向异性媒质，电磁场基本量间的本构关系为

$$\begin{cases} \boldsymbol{D} = \varepsilon_0 \underline{\underline{\varepsilon_r}} \boldsymbol{E} \\ \boldsymbol{B} = \mu_0 \underline{\underline{\mu_r}} \boldsymbol{H} \\ \boldsymbol{j} = \underline{\underline{\sigma}} \boldsymbol{E} \end{cases} \tag{3.3}$$

其中，$\varepsilon_0 = 8.85 \times 10^{-12}$（F/m）和 $\mu_0 = 4\pi \times 10^{-7}$（H/m）分别为自由空间的介电常数和磁导率，$\underline{\underline{\varepsilon_r}}$ 和 $\underline{\underline{\mu_r}}$ 分别为相对介电常数和相对磁导率。

通常认为地下介质的相对介电常数 $\underline{\underline{\varepsilon_r}}$ 和相对磁导率 $\underline{\underline{\mu_r}}$ 不随方向的变化而变化，是各向同性的，即它们是标量。除极少数铁磁性矿物外，其他矿物的磁化率 κ 很小，其相对磁导率近似为 1（$\mu_r = 1 + \kappa \approx 1$），于是其磁导率与真空磁导率相差很小，即有 $\mu = \mu_0$。大多数造岩矿物的相对介电常数均很小，其变化范围不大，ε_r 介于 4～12 之间。金属矿物一般具有较大的 ε_r，大约在 10 以上。纯水的 ε_r 最大，其值达 80。

在导电介质中，由于体电荷密度 ρ_v 不可能堆积在某一处，随时间的增加很快被介质导走而消失，故在导电介质中

$$\begin{cases} \nabla \cdot \boldsymbol{D} = 0 \\ \nabla \cdot \boldsymbol{j} = 0 \end{cases} \tag{3.4}$$

在大地电磁测深法和可控源电磁法等低频电磁感应法中，通常不考虑位移电流的影响（似稳态条件）。假定时间因子为 $e^{-i\omega t}$，在似稳态条件下，方程（3.1）中前两式可写成

$$\begin{cases} \nabla \times \boldsymbol{H} = \underline{\underline{\sigma}} \boldsymbol{E} \\ \nabla \times \boldsymbol{E} = i\omega\mu_0 \boldsymbol{H} \end{cases} \tag{3.5}$$

在一维各向异性介质情形中，电导率张量仅仅依赖于深度 z。在平面（x, y）上，电磁场可以近似看作均匀的，即偏导数 $\frac{\partial}{\partial x}$ 和 $\frac{\partial}{\partial y}$ 相对于偏导数 $\frac{\partial}{\partial z}$ 可以忽略不计。于是，得到下列一维电阻率各向异性介质麦克斯韦方程组：

$$\begin{cases} -\dfrac{\partial E_y}{\partial z} = i\omega\mu_0 H_x \\ \dfrac{\partial E_x}{\partial z} = i\omega\mu_0 H_y \\ -\dfrac{\partial H_y}{\partial z} = \sigma_{xx} E_x + \sigma_{xy} E_y + \sigma_{xz} E_z \\ \dfrac{\partial H_x}{\partial z} = \sigma_{yx} E_x + \sigma_{yy} E_y + \sigma_{yz} E_z \\ \sigma_{zx} E_x + \sigma_{zy} E_y + \sigma_{zz} E_z = 0 \\ H_z = 0 \end{cases} \tag{3.6}$$

方程（3.6）表明，在一维电阻率各向异性介质中，不存在磁场垂直分量，但存在电

场垂直分量：

$$E_z = -\frac{\sigma_{zx}}{\sigma_{zz}} E_x - \frac{\sigma_{zy}}{\sigma_{zz}} E_y \tag{3.7}$$

由方程（3.6）的前两式，可得

$$\begin{cases} H_x = -\dfrac{1}{i\omega\mu_0}\dfrac{\partial E_y}{\partial z} \\ H_y = \dfrac{1}{i\omega\mu_0}\dfrac{\partial E_x}{\partial z} \end{cases} \tag{3.8}$$

由上述方程可知，磁场的x分量H_x仅仅依赖于电场的y分量E_y，而磁场的y分量H_y仅仅依赖于电场的x分量E_x。但反之则不然，E_x和E_y同时依赖于磁场的两个水平分量H_x和H_y。

将式（3.7）代入方程（3.6）的第三式，得

$$-\frac{\partial H_y}{\partial z} = \left(\sigma_{xx} - \frac{\sigma_{xz}\sigma_{zx}}{\sigma_{zz}}\right)E_x + \left(\sigma_{xy} - \frac{\sigma_{xz}\sigma_{zy}}{\sigma_{zz}}\right)E_y = A_{xx}E_x + A_{xy}E_y \tag{3.9}$$

将式（3.7）代入方程（3.6）的第四式，得

$$\frac{\partial H_x}{\partial z} = \left(\sigma_{yx} - \frac{\sigma_{yz}\sigma_{zx}}{\sigma_{zz}}\right)E_x + \left(\sigma_{yy} - \frac{\sigma_{yz}\sigma_{zy}}{\sigma_{zz}}\right)E_y = A_{yx}E_x + A_{yy}E_y \tag{3.10}$$

式中

$$A_{xx} = \sigma_{xx} - \frac{\sigma_{xz}\sigma_{zx}}{\sigma_{zz}},\quad A_{xy} = \sigma_{xy} - \frac{\sigma_{xz}\sigma_{zy}}{\sigma_{zz}},$$

$$A_{yx} = \sigma_{yx} - \frac{\sigma_{zx}\sigma_{yz}}{\sigma_{zz}},\quad A_{yy} = \sigma_{yy} - \frac{\sigma_{yz}\sigma_{zy}}{\sigma_{zz}}$$

由式（3.9）和式（3.10），可得

$$\begin{cases} E_x = \dfrac{-1}{A_{xx}A_{yy} - A_{xy}A_{yx}}\left(A_{yy}\dfrac{\partial H_y}{\partial z} + A_{xy}\dfrac{\partial H_x}{\partial z}\right) \\ E_y = \dfrac{1}{A_{xx}A_{yy} - A_{xy}A_{yx}}\left(A_{xx}\dfrac{\partial H_x}{\partial z} + A_{yx}\dfrac{\partial H_y}{\partial z}\right) \end{cases} \tag{3.11}$$

将方程（3.8）中的第一式和第二式分别代入式（3.9）和（3.10），得到一维电阻率各向异性介质电磁场感应方程：

$$\begin{cases} \dfrac{\partial^2 E_x}{\partial z^2} + i\omega\mu_0 A_{xx}E_x + i\omega\mu_0 A_{xy}E_y = 0 \\ \dfrac{\partial^2 E_y}{\partial z^2} + i\omega\mu_0 A_{yx}E_x + i\omega\mu_0 A_{yy}E_y = 0 \end{cases} \tag{3.12}$$

上述方程表明，在一维电阻率各向异性介质中，两个电场水平分量（E_x和E_y）的偏微分方程耦合在一起。因而，必须同时求解式（3.12）中的两个偏微分方程才能得到E_x和E_y。

3.2 正演计算公式

图 3.1 为一维电阻率各向异性模型示意图。地电模型由 $N+1$ 层水平均匀地层组成。设第 l 层的电导率张量为 $\underline{\underline{\sigma_l}}$（$l=1,2,\cdots,N+1$），厚度为 h_l，第 $N+1$ 层为均匀下半空间，即 $h_{N+1}=\infty$。在第 l 层内，电场水平分量 E_x 和 E_y 满足偏微分方程（3.12）。

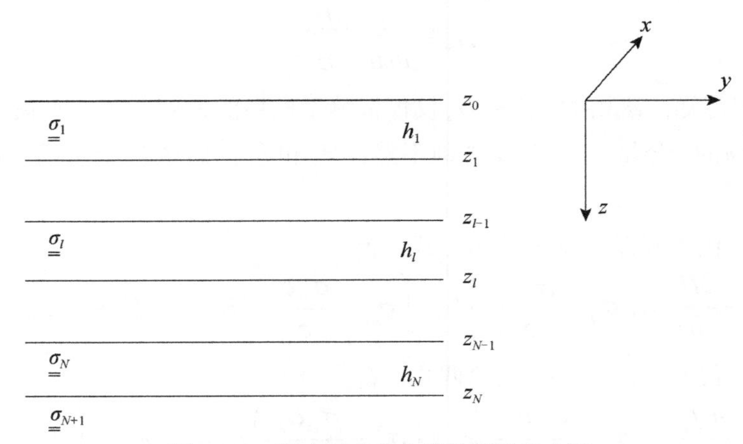

图 3.1 一维电阻率各向异性模型示意图

假设方程（3.12）的特解具有如下指数函数形式：

$$\begin{cases} E_x = Ce^{\pm kz} \\ E_y = De^{\pm kz} \end{cases} \tag{3.13}$$

将式（3.13）代入式（3.12），得到关于系数 C 和 D 的齐次线性方程组

$$\begin{cases} (k^2 + i\omega\mu_0 A_{xx})C + i\omega\mu_0 A_{xy} D = 0 \\ i\omega\mu_0 A_{yx} C + (k^2 + i\omega\mu_0 A_{yy})D = 0 \end{cases}$$

为了保证上述方程具有非零解，则其主子式必须为零，即有

$$\begin{vmatrix} k^2 + i\omega\mu_0 A_{xx} & i\omega\mu_0 A_{xy} \\ i\omega\mu_0 A_{yx} & k^2 + i\omega\mu_0 A_{yy} \end{vmatrix} = 0$$

由此，得到关于未知波数 k 的 4 次特征方程

$$k^4 + i\omega\mu_0(A_{xx} + A_{yy})k^2 - \omega^2\mu_0^2(A_{xx}A_{yy} - A_{xy}A_{yx}) = 0 \tag{3.14}$$

其解为

$$\begin{cases} k_p^2 = -\dfrac{i\omega\mu_0}{2}\left[A_{xx} + A_{yy} + \sqrt{(A_{xx} - A_{yy})^2 + 4A_{xy}A_{yx}}\right] \\ k_m^2 = -\dfrac{i\omega\mu_0}{2}\left[A_{xx} + A_{yy} - \sqrt{(A_{xx} - A_{yy})^2 + 4A_{xy}A_{yx}}\right] \end{cases}$$

因而，E_x 的通解可以表示成关于垂直波数 $\pm k_p$ 和 $\pm k_m$ 的 4 个特解之和：

$$E_x = C_p e^{k_p z} + C_m e^{-k_p z} + D_p e^{k_m z} + D_m e^{-k_m z} \tag{3.15}$$

这里 C_p 和 D_p 表示向上扩散的场，而 C_m 和 D_m 表示向下扩散的场，这些未知系数可以利用电磁场边界条件求出。

将式（3.15）代入式（3.12），经过代数运算后，可以得到 E_y 的通解

$$E_y = -Q_p C_p e^{k_p z} - Q_p C_m e^{-k_p z} - Q_m D_p e^{k_m z} - Q_m D_m e^{-k_m z} \tag{3.16}$$

式中

$$Q_p = \frac{i\omega\mu_0 A_{yx}}{k_p^2 + i\omega\mu_0 A_{yy}},\quad Q_m = \frac{i\omega\mu_0 A_{yx}}{k_m^2 + i\omega\mu_0 A_{yy}}$$

由式（3.8），可以得到 H_x 和 H_y 的通解：

$$\begin{cases} H_x = -\dfrac{1}{i\omega\mu_0}\dfrac{\partial E_y}{\partial z} = -Q_p\xi_p C_p e^{k_p z} + Q_p\xi_p C_m e^{-k_p z} - Q_m\xi_m D_p e^{k_m z} + Q_m\xi_m D_m e^{-k_m z} \\ H_y = \dfrac{1}{i\omega\mu_0}\dfrac{\partial E_x}{\partial z} = -\xi_p C_p e^{k_p z} + \xi_p C_m e^{-k_p z} - \xi_m D_p e^{k_m z} + \xi_m D_m e^{-k_m z} \end{cases} \tag{3.17}$$

式中

$$\xi_p = -\frac{k_p}{i\omega\mu_0},\quad \xi_m = -\frac{k_m}{i\omega\mu_0}$$

方程（3.15）～（3.17）可以表示成下列矩阵形式

$$\underbrace{\begin{pmatrix} E_x \\ E_y \\ H_x \\ H_y \end{pmatrix}}_{F(z)} = \underbrace{\begin{pmatrix} e^{k_p z} & e^{-k_p z} & e^{k_m z} & e^{-k_m z} \\ -Q_p e^{k_p z} & -Q_p e^{-k_p z} & -Q_m e^{k_m z} & -Q_m e^{-k_m z} \\ -\xi_p Q_p e^{k_p z} & \xi_p Q_p e^{-k_p z} & -\xi_m Q_m e^{k_m z} & \xi_m Q_m e^{-k_m z} \\ -\xi_p e^{k_p z} & \xi_p e^{-k_p z} & -\xi_m e^{k_m z} & \xi_m e^{-k_m z} \end{pmatrix}}_{M(z)} \underbrace{\begin{pmatrix} C_p \\ C_m \\ D_p \\ D_m \end{pmatrix}}_{C} \tag{3.18}$$

未知系数 C_p、C_m、D_p 和 D_m 可以由连续性边界条件确定。在水平层分界面上，电场水平分量（E_x 和 E_y）和磁场水平分量（H_x 和 H_y）连续。则在第 l+1 层和第 l 层的边界 z_l 上，有

$$\boldsymbol{F}_l(z_l) = \boldsymbol{F}_{l+1}(z_l) \quad 或 \quad \boldsymbol{M}_l(z_l)\boldsymbol{C}_l = \boldsymbol{M}_{l+1}(z_l)\boldsymbol{C}_{l+1},\quad (l = 1,\cdots,N) \tag{3.19}$$

利用上述关系，第 l 层的系数 C_p, C_m, D_p 和 D_m，即 $\boldsymbol{C}_l$，可由第 $l+1$ 层的未知量 $\boldsymbol{C}_{l+1}$ 表示出来，依此继续向下递推，直至均匀电阻率各向异性下半空间：

$$\boldsymbol{C}_l = \boldsymbol{M}_l^{-1}(z_l)\prod_{j=l+1}^{N}\underbrace{\boldsymbol{M}_j(z_{j-1})\boldsymbol{M}_j^{-1}(z_j)}_{\boldsymbol{S}_j(h_j)}\boldsymbol{M}_{N+1}(z_N)\boldsymbol{C}_{N+1} \tag{3.20}$$

式中

$$
\boldsymbol{S}_j(h_j)=\boldsymbol{M}_j(z_{j-1})\boldsymbol{M}_j^{-1}(z_j)
$$

$$
=\frac{1}{1-\kappa}\begin{pmatrix} c_p-\kappa c_m & \dfrac{c_p-c_m}{Q_m} & \dfrac{i\omega\mu_0(k_m s_p-k_p s_m)}{Q_m k_p k_m} & -\dfrac{i\omega\mu_0(k_m s_p-\kappa k_p s_m)}{k_p k_m} \\ -Q_p(c_p-c_m) & -\kappa c_p+c_m & -\dfrac{i\omega\mu_0(\kappa k_m s_p-k_p s_m)}{k_p k_m} & \dfrac{i\omega\mu_0 Q_p(k_m s_p-k_p s_m)}{k_p k_m} \\ -\dfrac{Q_p(k_p s_p-k_m s_m)}{i\omega\mu_0} & -\dfrac{\kappa k_p s_p-k_m s_m}{i\omega\mu_0} & -\kappa c_p+c_m & Q_p(c_p-c_m) \\ -\dfrac{k_p s_p-\kappa k_m s_m}{i\omega\mu_0} & -\dfrac{k_p s_p-k_m s_m}{i\omega\mu_0 Q_m} & -\dfrac{c_p-c_m}{Q_m} & c_p-\kappa c_m \end{pmatrix} \tag{3.21}
$$

其中，$s_p=\sinh k_p h_j$，$c_p=\cosh k_p h_j$，$s_m=\sinh k_m h_j$，$c_m=\cosh k_m h_j$，$\kappa=Q_p/Q_m$。

方程（3.21）表明，$\boldsymbol{S}_j(h_j)$不依赖于垂直深度z_j和z_{j-1}，而是依赖于它们的差$z_j-z_{j-1}=h_j$，即第j层的厚度。

由式（3.19）和式（3.20），可得

$$
\boldsymbol{F}_l(z)=\boldsymbol{M}_l(z)\boldsymbol{C}_l=\underbrace{\boldsymbol{M}_l(z)\boldsymbol{M}_l^{-1}(z_l)}_{S_l(z_l-z)}\prod_{j=l+1}^{N}\boldsymbol{S}_j(h_j)\boldsymbol{M}_{N+1}(z_N)\boldsymbol{C}_{N+1} \tag{3.22}
$$

如果已知下半空间的$\boldsymbol{C}_{N+1}$，则利用上述关系式可以求得l层内任意深度$z\in(z_{l-1},z_l)$处电磁场水平分量。

由于在下半空间中只有向下扩散的场，于是$C_{p,N+1}$和$D_{p,N+1}$必须等于零。也就是说，式（3.22）中只有$C_{m,N+1}$和$D_{m,N+1}$为未知量，它们可以由地球表面处归一化场量$H_x(0)$和$H_y(0)$确定。

在均匀电阻率各向异性下半空间顶界面上，电磁场为

$$
\boldsymbol{F}_N(z_N)=\boldsymbol{M}_N(z_N)\boldsymbol{M}_N^{-1}(z_N)\boldsymbol{M}_{N+1}(z_N)\boldsymbol{C}_{N+1}=\boldsymbol{M}_{N+1}(z_N)\boldsymbol{C}_{N+1} \tag{3.23}
$$

将式（3.18）代入上式，可以得到z_N处电磁场水平分量之间的线性关系式

$$
\begin{pmatrix} E_{x_N}(z_N) \\ E_{y_N}(z_N) \end{pmatrix}=\begin{pmatrix} Z_{xx}(z_N) & Z_{xy}(z_N) \\ Z_{yx}(z_N) & Z_{yy}(z_N) \end{pmatrix}\begin{pmatrix} H_{x_N}(z_N) \\ H_{y_N}(z_N) \end{pmatrix} \tag{3.24}
$$

式中

$$
\begin{cases}
Z_{xx}(z_N)=\left(\dfrac{1}{\xi_{p,N+1}}-\dfrac{1}{\xi_{m,N+1}}\right)\dfrac{1}{Q_{p,N+1}-Q_{m,N+1}} \\
Z_{xy}(z_N)=\left(\dfrac{1}{\xi_{p,N+1}}-\dfrac{Q_{p,N+1}}{\xi_{m,N+1}Q_{m,N+1}}\right)\dfrac{1}{1-Q_{p,N+1}/Q_{m,N+1}} \\
Z_{yx}(z_N)=\left(\dfrac{Q_{p,N+1}}{\xi_{p,N+1}Q_{m,N+1}}-\dfrac{1}{\xi_{m,N+1}}\right)\dfrac{1}{1-Q_{p,N+1}/Q_{m,N+1}} \\
Z_{yy}(z_N)=\left(\dfrac{1}{\xi_{m,N+1}}-\dfrac{1}{\xi_{p,N+1}}\right)\dfrac{Q_{p,N+1}}{1-Q_{p,N+1}/Q_{m,N+1}}
\end{cases}
$$

第N层顶边界处电磁场表达式为

$$\boldsymbol{F}_N(z_{N-1})=\boldsymbol{S}_N(h_N)\boldsymbol{M}_{N+1}(z_N)\boldsymbol{C}_{N+1}=\boldsymbol{S}_N(h_N)\boldsymbol{F}_N(z_N) \tag{3.25}$$

式中

$$\boldsymbol{S}_N(h_N)=\begin{pmatrix} s_{11} & s_{12} & s_{13} & s_{14} \\ s_{21} & s_{22} & s_{23} & s_{24} \\ s_{31} & s_{32} & s_{33} & s_{34} \\ s_{41} & s_{42} & s_{43} & s_{44} \end{pmatrix}$$

矩阵$\boldsymbol{S}_N(h_N)$的元素可由式（3.21）求得。代入式（3.18），并经过一些代数运算后，可以得到第N层顶边界处电磁场水平分量之间的线性关系：

$$\begin{pmatrix} E_{x_N}(z_{N-1}) \\ E_{y_N}(z_{N-1}) \end{pmatrix}=\begin{pmatrix} Z_{xx}(z_{N-1}) & Z_{xy}(z_{N-1}) \\ Z_{yx}(z_{N-1}) & Z_{yy}(z_{N-1}) \end{pmatrix}\begin{pmatrix} H_{x_N}(z_{N-1}) \\ H_{y_N}(z_{N-1}) \end{pmatrix} \tag{3.26}$$

式中

$$\begin{cases} Z_{xx}(z_{N-1})=a_{11}b_{11}+a_{12}b_{21} \\ Z_{xy}(z_{N-1})=a_{11}b_{12}+a_{12}b_{22} \\ Z_{yx}(z_{N-1})=a_{21}b_{11}+a_{22}b_{21} \\ Z_{yy}(z_{N-1})=a_{21}b_{12}+a_{22}b_{22} \end{cases}$$

$$\begin{cases} a_{11}=s_{11}Z_{xx}(z_N)+s_{12}Z_{yx}(z_N)+s_{13} \\ a_{12}=s_{11}Z_{xy}(z_N)+s_{12}Z_{yy}(z_N)+s_{14} \\ a_{21}=s_{21}Z_{xx}(z_N)+s_{22}Z_{yx}(z_N)+s_{23} \\ a_{22}=s_{21}Z_{xy}(z_N)+s_{22}Z_{yy}(z_N)+s_{24} \end{cases}$$

$$\begin{cases} b_{11}=\dfrac{1}{\delta}(s_{41}Z_{xy}(z_N)+s_{42}Z_{yy}(z_N)+s_{44}) \\ b_{12}=-\dfrac{1}{\delta}(s_{31}Z_{xy}(z_N)+s_{32}Z_{yy}(z_N)+s_{34}) \\ b_{21}=-\dfrac{1}{\delta}(s_{41}Z_{xx}(z_N)+s_{42}Z_{yx}(z_N)+s_{43}) \\ b_{22}=\dfrac{1}{\delta}(s_{31}Z_{xx}(z_N)+s_{32}Z_{yx}(z_N)+s_{33}) \end{cases}$$

$$\begin{aligned}\delta=&(s_{31}Z_{xx}(z_N)+s_{32}Z_{yx}(z_N)+s_{33})(s_{41}Z_{xy}(z_N)+s_{42}Z_{yy}(z_N)+s_{44}) \\ &-(s_{31}Z_{xy}(z_N)+s_{32}Z_{yy}(z_N)+s_{34})(s_{41}Z_{xx}(z_N)+s_{42}Z_{yx}(z_N)+s_{43})\end{aligned}$$

利用这些关系式，由下半空间顶边界处的阻抗$Z_{ij}(z_N)$可以获得第N层顶边界处的阻抗$Z_{ij}(z_{N-1}),(i,j=x,y)$，逐层递推直到地表面。这种递推关系从下半空间开始，只有系数$C_{m,N+1}$和$D_{m,N+1}$为未知量，它们可由下述方法求得。

地球表面（$z=0$）处的电磁场为

$$\boldsymbol{F}_1(0)=\prod_{j=1}^{N}\boldsymbol{S}_j(h_j)\boldsymbol{M}_{N+1}(z_N)\boldsymbol{C}_{N+1} \tag{3.27}$$

由此得到下列线性方程组

$$\begin{cases} H_x(0) = g_{11}C_{m,N+1} + g_{12}D_{m,N+1} \\ H_y(0) = g_{21}C_{m,N+1} + g_{22}D_{m,N+1} \end{cases}$$

这里，系数 g_{11}、g_{12}、g_{21} 和 g_{22} 与所有层的电导率张量和厚度有关。

如果已知地球表面磁场水平分量 $H_x(0)$ 和 $H_y(0)$，则 $C_{m,N+1}$ 和 $D_{m,N+1}$ 可以由下式确定

$$\begin{cases} C_{m,N+1} = \dfrac{g_{22}H_x(0) - g_{12}H_y(0)}{g_{11}g_{22} - g_{12}g_{21}} \\ D_{m,N+1} = \dfrac{g_{11}H_y(0) - g_{21}H_x(0)}{g_{11}g_{22} - g_{12}g_{21}} \end{cases}$$

至此，地表及其以下的电磁场分量 $\boldsymbol{F}_1(0)$ 和 $\boldsymbol{F}_l(z)$ 都已获得。在空气中，电磁场具有下列形式

$$\boldsymbol{F}_0(-z) = \boldsymbol{S}_0(-z)\prod_{j=1}^{N}\boldsymbol{S}_j(h_j)\boldsymbol{M}_{N+1}(z_N)\boldsymbol{C}_{N+1} \tag{3.28}$$

式中

$$\boldsymbol{S}_0(-z) = \begin{pmatrix} 1 & 0 & 0 & i\omega\mu_0 z \\ 0 & 1 & -i\omega\mu_0 z & 0 \\ 0 & 0 & 1 & 0 \\ 0 & 0 & 0 & 1 \end{pmatrix}$$

3.3 模型计算结果

为了讨论一维电导率各向异性对大地电磁场的影响，我们考虑如图 3.2 所示三层水平层状电阻率各向异性模型。第一层为电阻率各向同性地层，它的电阻率为$10\Omega\cdot\text{m}$ 和厚度为 1km；第三层为电阻率各向同性半空间，其电阻率为$1000\Omega\cdot\text{m}$；第二层为电阻率各向异性介质，它的厚度为 4km，其导电性可用电阻率张量 $\underline{\underline{\rho_2}}$ 描述，具有各种电阻率各向异性类型。

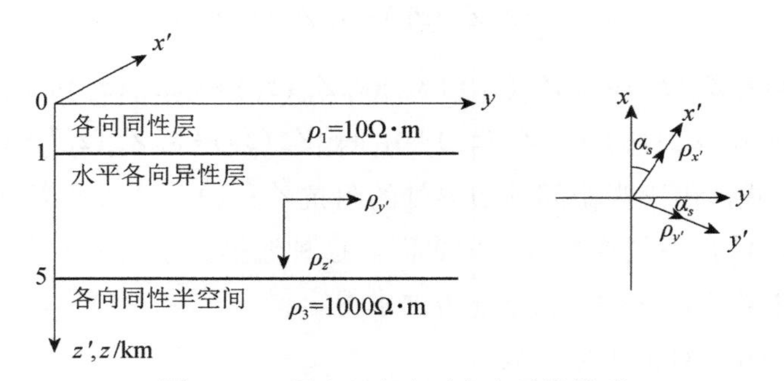

图 3.2 三层电阻率水平各向异性模型

第一层和第三层为电阻率各向同性地层，第二层为电阻率水平各向异性介质

3.3.1 水平各向异性情形

各向异性张量主轴 z' 是垂直的，而其余两个主轴 x' 和 y' 位于水平面 (x, y) 内，并与 x 轴有一水平方向夹角 α_s（图 3.2）。在各向异性层中，电阻率张量 $\underline{\underline{\rho_2}}$ 具有下列形式

$$\underline{\underline{\rho_2}} = \begin{pmatrix} \cos\alpha_s & -\sin\alpha_s & 0 \\ \sin\alpha_s & \cos\alpha_s & 0 \\ 0 & 0 & 1 \end{pmatrix} \begin{pmatrix} \rho_{x'} & 0 & 0 \\ 0 & \rho_{y'} & 0 \\ 0 & 0 & \rho_{z'} \end{pmatrix} \begin{pmatrix} \cos\alpha_s & \sin\alpha_s & 0 \\ -\sin\alpha_s & \cos\alpha_s & 0 \\ 0 & 0 & 1 \end{pmatrix}$$

$$= \begin{pmatrix} \rho_{x'}\cos^2\alpha_s + \rho_{y'}\sin^2\alpha_s & (\rho_{x'} - \rho_{y'})\sin\alpha_s\cos\alpha_s & 0 \\ (\rho_{x'} - \rho_{y'})\sin\alpha_s\cos\alpha_s & \rho_{x'}\sin^2\alpha_s + \rho_{y'}\cos^2\alpha_s & 0 \\ 0 & 0 & \rho_{z'} \end{pmatrix}$$

假设各向异性层主轴电阻率分别为 $\rho_{x'} = 200\Omega\cdot\mathrm{m}$，$\rho_{y'} = 2\Omega\cdot\mathrm{m}$ 和 $\rho_{z'} = 40\Omega\cdot\mathrm{m}$。图 3.3 绘出 4 个不同水平各向异性方位角（$\alpha_s = 0°, 15°, 30°, 45°$）的大地电磁测深视电阻率曲线和相位曲线。由图 3.3 可见，周期 T 较小时，视电阻率和相位没有受到各向异性层的影响，视电阻率趋于第一层的电阻率 $10\Omega\cdot\mathrm{m}$，相位趋于 $-45°$；随着周期的增大，各向异性层的影响越来越明显，视电阻率曲线 ρ_{xy} 和 ρ_{yx} 相互分离，且分离程度与各向异性方位角 α_s 有关。对于更长周期，各向异性层的影响消失，视电阻率趋于各向同性均匀下半空间的电阻率 $1000\Omega\cdot\mathrm{m}$，相位趋于 $-45°$。

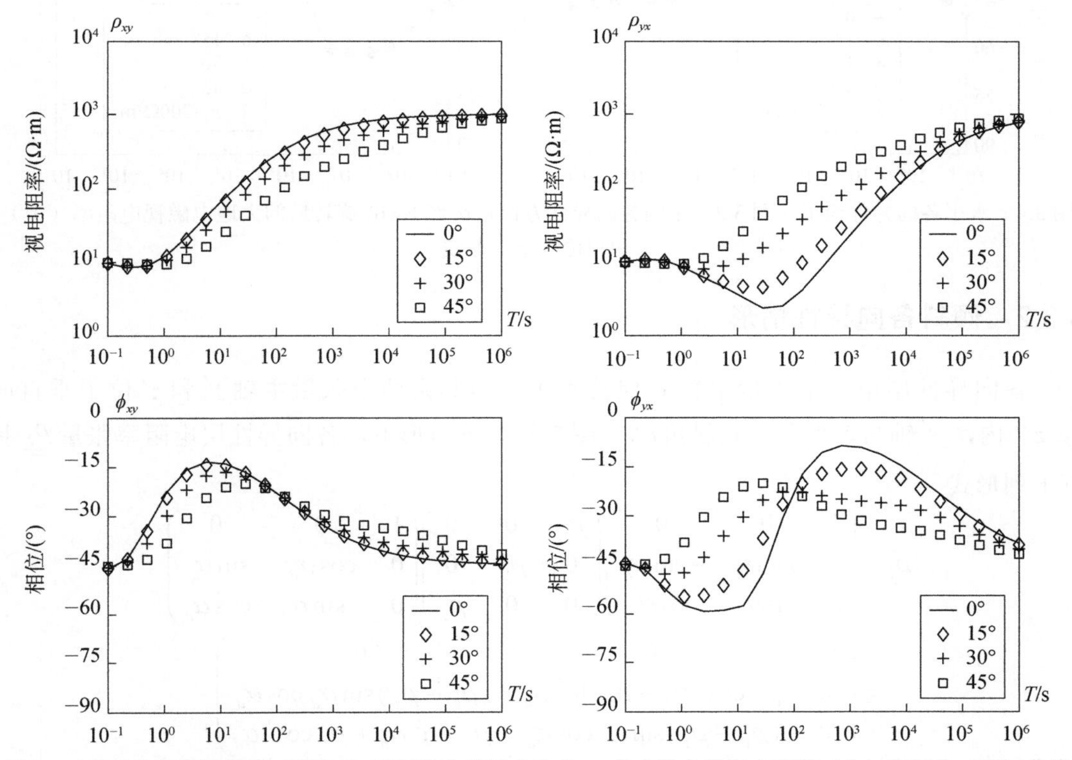

图 3.3　水平各向异性模型（图 3.2）不同各向异性方位角 α_s 的大地电磁视电阻率（上）和相位（下）曲线

图 3.4 中给出经 Swift 旋转后的视电阻率曲线和相位曲线。×表示中间层为电阻率各向同性介质时的大地电磁响应曲线，TE 极化时中间层电阻率为 $200\Omega\cdot m$ ，而 TM 极化时中间层电阻率为 $2\Omega\cdot m$ 。由图 3.4 可见，经 Swift 旋转后的 ρ_{xy} 和 ϕ_{xy} 仅仅依赖于主轴电阻率 $\rho_{x'}$， ρ_{yx} 和 ϕ_{yx} 仅仅依赖于主轴电阻率 $\rho_{y'}$，与各向异性方位角 α_s 无关。

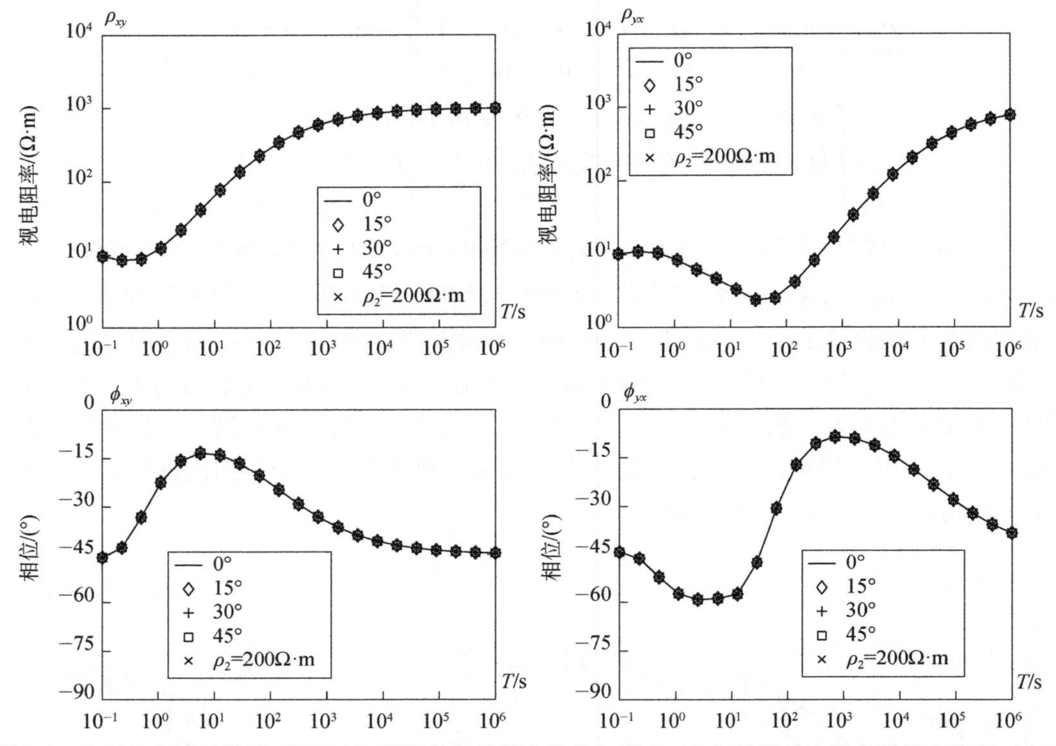

图 3.4 水平各向异性模型（图 3.2）不同各向异性方位角 α_s 经 Swift 旋转后的大地电磁视电阻率（上）和相位（下）曲线

3.3.2 倾斜各向异性情形

各向异性层电阻率张量主轴 x' 保持水平，而其余两个张量主轴 y' 和 z' 位于垂直面 (y, z) 内， y' 轴与 y 轴有一倾斜角 α_d（图 3.5）。该情形下，各向异性层电阻率张量 $\underline{\underline{\rho_2}}$ 具有下列形式

$$\underline{\underline{\rho_2}} = \begin{pmatrix} 1 & 0 & 0 \\ 0 & \cos\alpha_d & -\sin\alpha_d \\ 0 & \sin\alpha_d & \cos\alpha_d \end{pmatrix} \begin{pmatrix} \rho_{x'} & 0 & 0 \\ 0 & \rho_{y'} & 0 \\ 0 & 0 & \rho_{z'} \end{pmatrix} \begin{pmatrix} 1 & 0 & 0 \\ 0 & \cos\alpha_d & \sin\alpha_d \\ 0 & -\sin\alpha_d & \cos\alpha_d \end{pmatrix}$$

$$= \begin{pmatrix} \rho_{x'} & 0 & 0 \\ 0 & \rho_{y'}\cos^2\alpha_d + \rho_{z'}\sin^2\alpha_d & (\rho_{y'} - \rho_{z'})\sin\alpha_d\cos\alpha_d \\ 0 & (\rho_{y'} - \rho_{z'})\sin\alpha_d\cos\alpha_d & \rho_{y'}\sin^2\alpha_d + \rho_{z'}\cos^2\alpha_d \end{pmatrix}$$

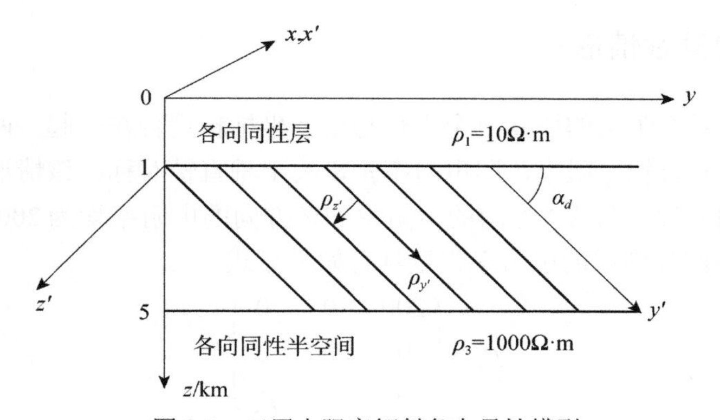

图 3.5　三层电阻率倾斜各向异性模型

第一层和第三层为电阻率各向同性地层，中间层为电阻率倾斜各向异性介质。

假设各向异性层主轴电阻率 $\rho_{x'}$、$\rho_{y'}$ 和 $\rho_{z'}$ 的值与前面水平各向异性情形相同，即 $\rho_{x'} = 200\Omega\cdot\text{m}$ ，$\rho_{y'} = 2\Omega\cdot\text{m}$ 和 $\rho_{z'} = 40\Omega\cdot\text{m}$ 。图 3.6 中给出 4 个不同各向异性倾角（$\alpha_d = 0°, 30°, 60°, 90°$）大地电磁视电阻率曲线和相位曲线。由图 3.6 可见，不同各向异性倾角的大地电磁测深视电阻率 ρ_{xy} 曲线和相位 ϕ_{xy} 曲线重合在一起，它们仅仅依赖于水平主轴电阻率 $\rho_{x'}$，而 ρ_{yx} 和 ϕ_{yx} 随着各向异性倾角的不同而不同。

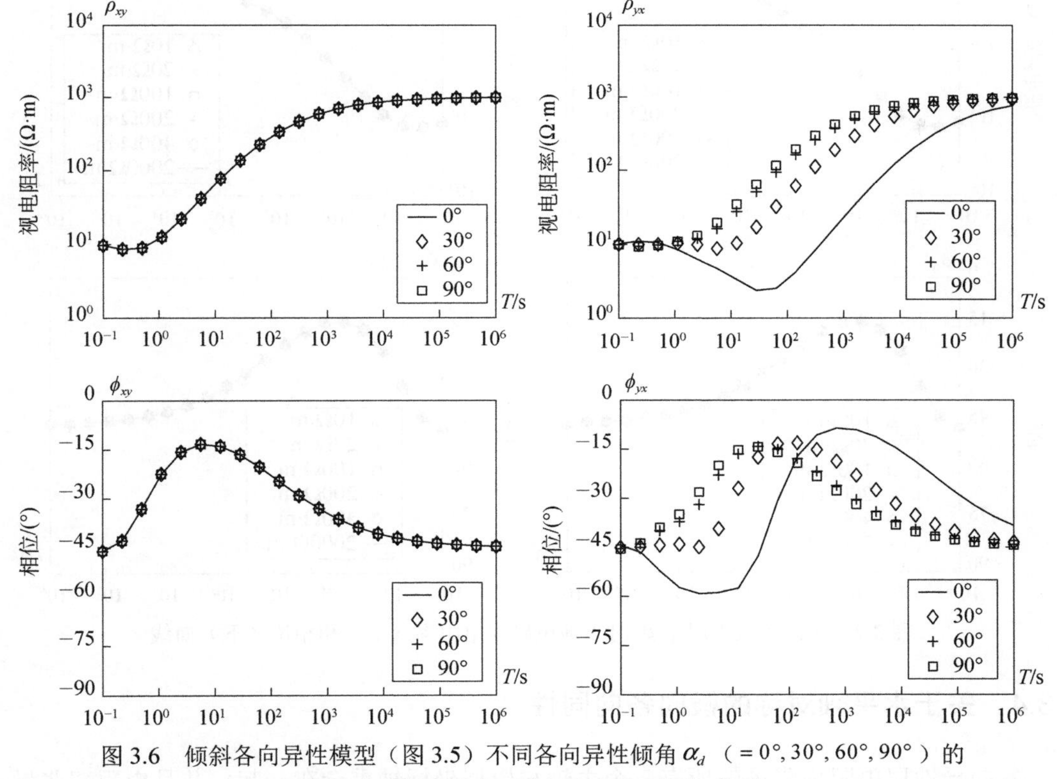

图 3.6　倾斜各向异性模型（图 3.5）不同各向异性倾角 α_d（$= 0°, 30°, 60°, 90°$）的大地电磁视电阻率（上）和相位（下）曲线

3.3.3 垂直各向异性情形

各向异性层电阻率张量的所有三个主轴与模型坐标轴重合在一起。两个水平轴的电阻率相同，但不同于垂直轴电阻率，即电阻率张量关于垂直轴对称，该情形又称为关于垂直轴对称的横向各向同性。假设x方向的电阻率和y方向的电阻率均为$200\Omega\cdot\mathrm{m}$，垂直方向电阻率为ρ_z，即各向异性层的电阻率张量具有如下形式：

$$\underline{\underline{\rho_2}} = \begin{pmatrix} 200 & 0 & 0 \\ 0 & 200 & 0 \\ 0 & 0 & \rho_z \end{pmatrix}$$

图 3.7 中给出垂直电阻率ρ_z分别为$10\Omega\cdot\mathrm{m}$、$20\Omega\cdot\mathrm{m}$、$100\Omega\cdot\mathrm{m}$、$200\Omega\cdot\mathrm{m}$、$400\Omega\cdot\mathrm{m}$、$2000\Omega\cdot\mathrm{m}$时大地电磁视电阻率曲线和相位曲线。所有视电阻率曲线相互重合在一起，相位曲线也相互重合。这说明垂直方向电阻率ρ_z对一维大地电磁响应没有影响。也就是说，利用大地电磁测深很难探测到层状各向异性介质垂直方向电阻率的变化。

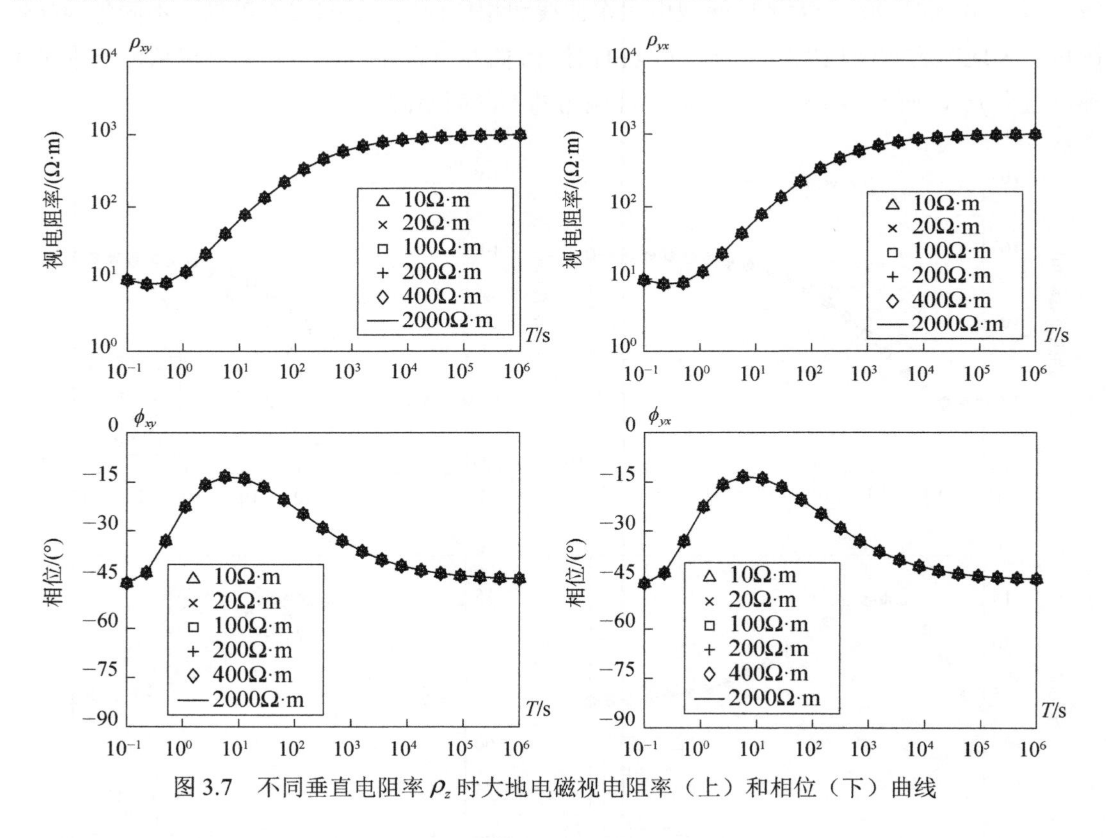

图 3.7 不同垂直电阻率ρ_z时大地电磁视电阻率（上）和相位（下）曲线

3.3.4 关于水平轴对称的横向各向同性

各向异性层电阻率张量的所有三个主轴与模型坐标轴重合在一起，并且电阻率张量关于一个水平轴对称，该情形称为关于水平轴对称的横向各向同性。假设水平方向x的电阻

率和垂直方向 z 的电阻率相同，且均为 200Ω·m，沿着另一水平方向 y 的电阻率为 ρ_y，即各向异性层的电阻率张量具有如下形式：

$$\underline{\underline{\rho_2}} = \begin{pmatrix} 200 & 0 & 0 \\ 0 & \rho_y & 0 \\ 0 & 0 & 200 \end{pmatrix}$$

图 3.8 中给出水平电阻率 ρ_y 分别为 10Ω·m、20Ω·m、100Ω·m、200Ω·m、400Ω·m、2000Ω·m 时大地电磁视电阻率曲线和相位曲线。TE 极化大地电磁响应（ρ_{xy} 和 ϕ_{xy}）曲线相互重合，并与电阻率为 200Ω·m 各向同性情形大地电磁响应一致。与 TE 极化情形相反，TM 极化大地电磁响应（ρ_{yx} 和 ϕ_{yx}）与水平方向电阻率 ρ_y 有关。

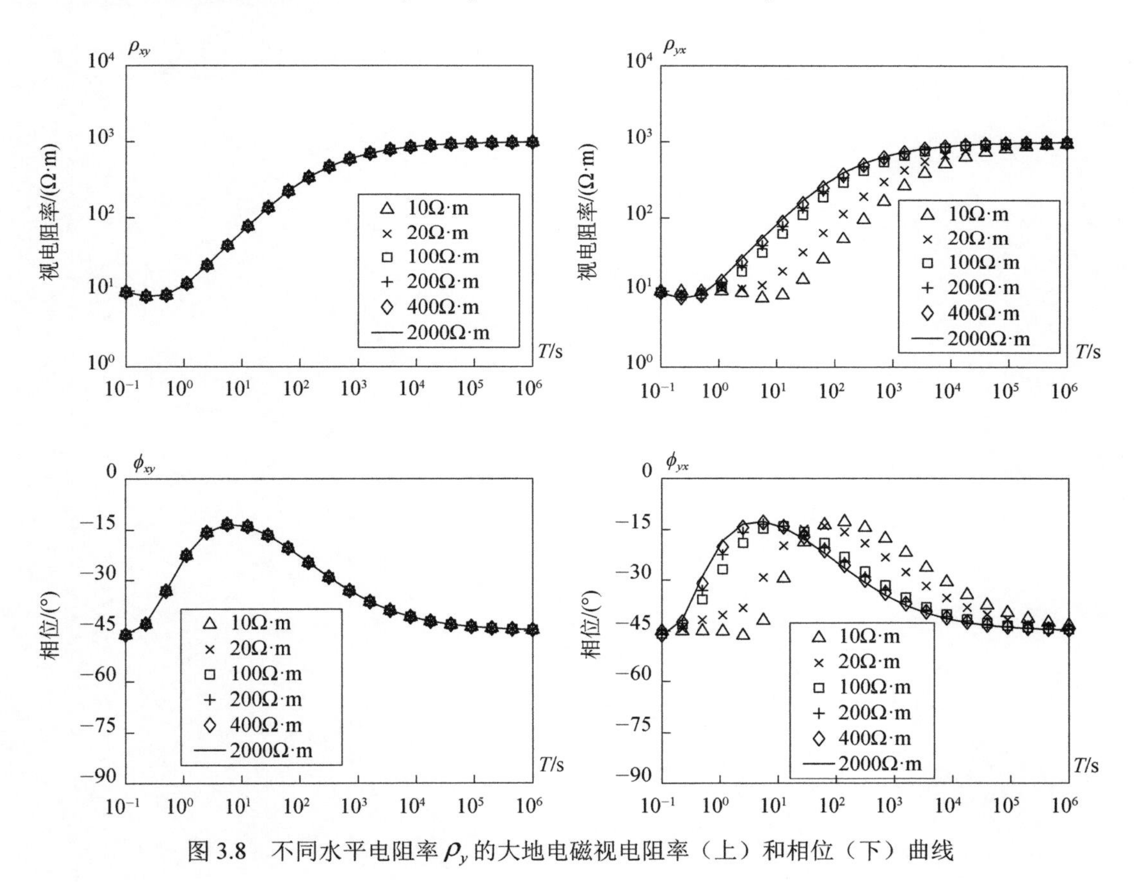

图 3.8　不同水平电阻率 ρ_y 的大地电磁视电阻率（上）和相位（下）曲线

3.4　本章小结

本章从麦克斯韦方程组出发，推导出一维电阻率各向异性介质大地电磁场感应方程。由于各向异性的存在，使得电场水平分量 E_x 和 E_y 的偏微分方程耦合在一起。通过匹配各水平层分界面的边界条件，递推得到各个水平层中的大地电磁场表达式。设计了一个三层水平层状电阻率各向异性模型，详细地分析了中间层分别具有水平各向异性、倾斜各向异性、垂直各向异性和关于水平轴对称的横向各向同性时大地电磁视电阻率曲线和阻抗相位曲线的特征。垂直方向电阻率对一维层状介质大地电磁响应没有影响，也就是说，大地电磁测深方法很难探测到层状各向异性介质的垂直方向电阻率变化。

第4章 二维电阻率任意各向异性介质大地电磁场有限元正演

在大地电磁测深研究中，我们经常观察到以下现象：测区内许多测站上阻抗张量的次对角线元素对应的视电阻率曲线平滑，但阻抗相位出现超象限现象（即阻抗相位超出正常的一、三象限或二、四象限）（Jones et al.，1988；Livelybrooks et al.，1996；Chouteau and Tournerie，2000；Lezaeta and Haak，2003）；测区内几乎所有测点上的长周期实感应矢量一致地指向某一个特定方向（Brasse and Soyer，2001；Brasse et al.，2009）；一维等效地电模型的视电阻率曲线相距很远。这些在大地电磁测深中常常观测到的现象，不能通过二维和三维各向同性地电模型得到合理解释，但在下地壳和上地幔中引入电阻率各向异性结构后就可以很好地模拟这些现象（Pek and Verner，1997；Heise and Pous，2003）。

近十几年来，地壳和上地幔电性各向异性大地电磁测深研究工作不断深入，取得了一些新发现、新成果。例如，东太平洋洋中脊地区大地电磁（Magnetotelluric，MT）测深结果表明，地壳和上地幔存在着显著的电阻率各向异性（Evans et al.，2005）；Bahr 和 Simpson（2002）通过比较慢速运动的北欧芬诺斯坎迪亚地盾和快速运动的澳洲板块下的电性各向异性，发现芬诺斯坎迪亚地盾上地幔是对流而不是板块运动的主要变形机制；新西兰南部阿尔卑斯山脉大地电磁测深结果表明，下地壳导电带沿走向方向的电导率远远大于垂直走向方向的电导率，显示出很强的各向异性（Wannamaker and Doerner，2002）；智利南部 MT 调查区域内所有测点上长周期的实感应矢量系统地指向 NE 方向，这种现象可以用地壳电性各向异性模型得到合理解释（Brasse et al.，2009）；乌干达西部鲁文佐里地区所有大地电磁测站上长周期相位张量主轴指向 SSW-NNE 方向，两个相位张量不变量 ϕ_{min} 和 ϕ_{max} 之间存在至少 20°的相位差异，Haeuserer 和 Junge（2011）用下地壳电导率各向异性模型很好地解释了这一现象。

数值模拟是研究电阻率各向异性介质大地电磁场响应的有效手段和方法。近年来，在大地电磁场数值模拟方法研究中，电阻率各向异性影响的研究越来越得到重视。Loewenthal 和 Landisman（1973）、Abramovici（1974）研究了一维层状介质电阻率各向异性对大地电磁场响应的影响。Reddy 和 Rankin（1975）讨论了二维电阻率水平各向异性介质大地电磁场正演问题。Osella 和 Martinelli（1993）计算了具有光滑不规则边界二维主轴电阻率各向异性模型的大地电磁响应。Schmucker（1994）提出了模拟电阻率各向异性水平层状地层上方含有二维不均匀薄层模型大地电磁响应的数值方法。Pek 和 Verner（1997）提出了二维电阻率任意各向异性介质大地电磁场有限差分数值模拟方法。Li（2000，2002）实现了二维电阻率任意各向异性介质电磁场有限元正演算法，并在此基础上实现了基于后验误差估计的自适应有限元算法（Li and Pek，2008）。Brasse 等（2009）用二维电阻率各向异性模型很好地解释了智利南部大地电磁测深资料。

本章介绍二维电阻率任意各向异性介质大地电磁场有限元数值方法。首先，我们推导出二维电阻率任意各向异性介质大地电磁场的偏微分方程及边界条件。随后，我们详述矩形网格和三角网格有限元数值模拟方法。接着，我们给出一些二维各向异性模型有限元模拟结果，并与有限差分结果（Pek and Verner，1997）进行对比。然后，我们讨论电阻率水平各向异性、倾斜各向异性和垂直各向异性对大地电磁响应的影响。最后，我们介绍非结构三角网格自适应有限元方法。

4.1 二维电阻率任意各向异性介质大地电磁场边值问题

4.1.1 电磁场偏微分方程

考虑如图 4.1 所示二维地电模型。为了简单起见，假定二维异常体嵌入在由 N 层水平地层构成的背景模型中某单一地层内，并假定只有一个二维异常体，其电导率张量 $\underline{\underline{\sigma}}$ 与背景构造电导率张量 $\underline{\underline{\sigma}}_j$ 不同。实际上，我们下面讨论的算法允许含有多个电阻率各向异性二维不均匀体，并且这些二维异常体可以嵌入在不同的水平地层中。这些二维异常体也可以在 y 方向无限延伸，以致产生一个新的一维层状背景构造。

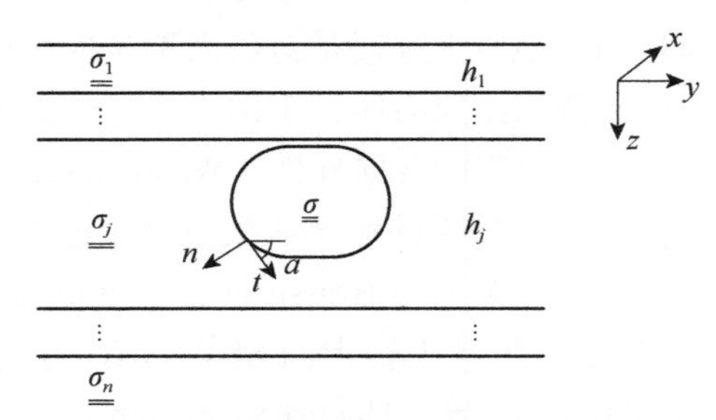

图 4.1 二维电阻率任意各向异性模型

假定时间因子为 $e^{-i\omega t}$，在似稳态情形下，电导率各向异性介质中电磁场所满足的麦克斯韦方程为

$$\begin{cases}\nabla\times\boldsymbol{H}=\underline{\underline{\sigma}}\boldsymbol{E}\\ \nabla\times\boldsymbol{E}=i\omega\mu_0\boldsymbol{H}\end{cases}\tag{4.1}$$

在二维电阻率各向异性模型中，电磁场不依赖于走向方向 x，即 $\dfrac{\partial}{\partial x}=0$。于是，由式

（4.1），可得

$$\frac{\partial E_z}{\partial y}-\frac{\partial E_y}{\partial z}=i\omega\mu_0 H_x \tag{4.2}$$

$$\frac{\partial E_x}{\partial z}=i\omega\mu_0 H_y \tag{4.3}$$

$$-\frac{\partial E_x}{\partial y}=i\omega\mu_0 H_z \tag{4.4}$$

$$\frac{\partial H_z}{\partial y}-\frac{\partial H_y}{\partial z}=\sigma_{xx}E_x+\sigma_{xy}E_y+\sigma_{xz}E_z \tag{4.5}$$

$$\frac{\partial H_x}{\partial z}=\sigma_{yx}E_x+\sigma_{yy}E_y+\sigma_{yz}E_z \tag{4.6}$$

$$-\frac{\partial H_x}{\partial y}=\sigma_{zx}E_x+\sigma_{zy}E_y+\sigma_{zz}E_z \tag{4.7}$$

上述方程表明，电磁场的所有 6 个分量都存在，且相互耦合在一起。磁场的 y 分量和 z 分量可以由电场的 x 分量求得。由式（4.3）和式（4.4），可知

$$H_y=\frac{1}{i\omega\mu_0}\frac{\partial E_x}{\partial z} \tag{4.8}$$

$$H_z=-\frac{1}{i\omega\mu_0}\frac{\partial E_x}{\partial y} \tag{4.9}$$

由式（4.6），得

$$E_z=\frac{1}{\sigma_{yz}}\left(\frac{\partial H_x}{\partial z}-\sigma_{yx}E_x-\sigma_{yy}E_y\right) \tag{4.10}$$

将式（4.10）代入式（4.7），并经过一些代数运算后，可得

$$E_y=\frac{\sigma_{yz}}{D}\frac{\partial H_x}{\partial y}+\frac{\sigma_{zz}}{D}\frac{\partial H_x}{\partial z}+BE_x \tag{4.11}$$

其中

$$D=\sigma_{yy}\sigma_{zz}-\sigma_{yz}\sigma_{zy},\qquad B=(\sigma_{yz}\sigma_{zx}-\sigma_{yx}\sigma_{zz})/D$$

将式（4.11）代入式（4.10），可得

$$E_z=-\frac{\sigma_{yy}}{D}\frac{\partial H_x}{\partial y}-\frac{\sigma_{zy}}{D}\frac{\partial H_x}{\partial z}+A\cdot E_x \tag{4.12}$$

其中

$$A=(\sigma_{yx}\sigma_{zy}-\sigma_{yy}\sigma_{zx})/D$$

由式（4.8）、式（4.9）、式（4.11）和式（4.12）可知，一旦求得与走向方向平行的水平电场 E_x 和水平磁场 H_x，则可以由这些方程式求得电磁场的其他分量。

将式（4.8）、式（4.9）、式（4.11）和式（4.12）代入式（4.5），将式（4.11）和（4.12）代入式（4.2），可得到二维电阻率各向异性介质电磁场感应方程：

$$\frac{1}{i\omega\mu_0}\frac{\partial^2 E_x}{\partial y^2}+\frac{1}{i\omega\mu_0}\frac{\partial^2 E_x}{\partial z^2}+CE_x+A\frac{\partial H_x}{\partial y}-B\frac{\partial H_x}{\partial z}=0 \tag{4.13}$$

$$\begin{gathered}\frac{\partial}{\partial y}\left(\frac{\sigma_{yy}}{D}\frac{\partial H_x}{\partial y}\right)+\frac{\partial}{\partial y}\left(\frac{\sigma_{zy}}{D}\frac{\partial H_x}{\partial z}\right)+\frac{\partial}{\partial z}\left(\frac{\sigma_{yz}}{D}\frac{\partial H_x}{\partial y}\right)+\frac{\partial}{\partial z}\left(\frac{\sigma_{zz}}{D}\frac{\partial H_x}{\partial z}\right)\\ -\frac{\partial(AE_x)}{\partial y}+\frac{\partial(BE_x)}{\partial z}+i\omega\mu_0 H_x=0\end{gathered} \tag{4.14}$$

其中

$$C=\sigma_{xx}+\sigma_{xy}B+\sigma_{xz}A$$

为了简便起见，将方程（4.13）和（4.14）改写成

$$\frac{1}{i\omega\mu_0}\nabla^2 E_x+CE_x+A\frac{\partial H_x}{\partial y}-B\frac{\partial H_x}{\partial z}=0 \tag{4.15}$$

$$\nabla\cdot(\underline{\underline{\tau}}\nabla H_x)+i\omega\mu_0 H_x-\frac{\partial(AE_x)}{\partial y}+\frac{\partial(BE_x)}{\partial z}=0 \tag{4.16}$$

其中

$$\underline{\underline{\tau}}=\frac{1}{D}\begin{pmatrix}\sigma_{yy} & \sigma_{yz}\\ \sigma_{zy} & \sigma_{zz}\end{pmatrix}$$

是一个 2×2 的张量。上述方程式表明，电场 E_x 的偏微分方程和磁场 H_x 的偏微分方程通过一阶偏导数耦合在一起。故而，必须同时求解偏微分方程（4.15）和（4.16），才能求得 E_x 和 H_x 。

方程（4.15）和（4.16）为二维电阻率任意各向异性介质电磁场与走向平行分量所满足的偏微分方程，可以由这些方程导出各种特殊各向异性介质的电磁场偏微分方程。

1. 水平各向异性

在水平各向异性情形下，电导率张量的主轴 z' 是垂直的，而其余两个主轴 x' 和 y' 位于水平面（x, y）内，并与走向方向 x 轴构成水平方向夹角 α_s。则电导率张量具有下列形式

$$\underline{\underline{\sigma}}=\begin{pmatrix}\sigma_{xx} & \sigma_{xy} & 0\\ \sigma_{yx} & \sigma_{yy} & 0\\ 0 & 0 & \sigma_{zz}\end{pmatrix}$$

于是，电磁场偏微分方程（4.15）和（4.16）简化为

$$\frac{1}{i\omega\mu_0}\nabla^2 E_x+(\sigma_{xx}-\frac{\sigma_{xy}^2}{\sigma_{yy}})E_x+\frac{\sigma_{xy}}{\sigma_{yy}}\frac{\partial H_x}{\partial z}=0 \tag{4.17}$$

$$\frac{\partial}{\partial y}\left(\frac{1}{\sigma_{zz}}\frac{\partial H_x}{\partial y}\right)+\frac{\partial}{\partial z}\left(\frac{1}{\sigma_{yy}}\frac{\partial H_x}{\partial z}\right)+i\omega\mu_0 H_x-\frac{\partial}{\partial z}\left(\frac{\sigma_{xy}}{\sigma_{yy}}E_x\right)=0 \tag{4.18}$$

与方程（4.15）和（4.16）相比，尽管水平各向异性介质电磁场偏微分方程得到了简化，但是电场水平分量 E_x 的偏微分方程和磁场水平分量 H_x 的偏微分方程仍然通过关于 z 的一阶偏导数耦合在一起。因而，必须同时求解偏微分方程（4.17）和（4.18），才能求得

E_x 和 H_x。

2. 倾斜各向异性

在倾斜各向异性情形下，电导率张量的主轴 x' 与走向方向 x 保持平行，而其余两个主轴 y' 和 z' 位于垂直面（y,z）内，并与 y 轴有一倾斜夹角 α_d。电导率张量具有下列形式

$$\underline{\underline{\sigma}}=\begin{pmatrix}\sigma_{xx} & 0 & 0\\ 0 & \sigma_{yy} & \sigma_{yz}\\ 0 & \sigma_{zy} & \sigma_{zz}\end{pmatrix}$$

在倾斜各向异性介质中，电磁场偏微分方程（4.15）和（4.16）退化为两个相互独立的偏微分方程：

$$\text{TE模式}\qquad \nabla^2 E_x + i\omega\mu_0\sigma_{xx}E_x = 0 \tag{4.19}$$

$$\text{TM模式}\qquad \nabla\cdot(\underline{\underline{\tau}}\nabla H_x) + i\omega\mu_0 H_x = 0 \tag{4.20}$$

只要用 σ_{xx} 代替 σ，即可用二维各向同性正演算法求解偏微分方程（4.19），而 TM 模式偏微分方程（4.20）仍然较为复杂。

3. 主轴各向异性

在主轴各向异性情形下，电导率张量的所有三个主轴与模型坐标轴重合在一起。电导率张量具有如下形式：

$$\underline{\underline{\sigma}}=\begin{pmatrix}\sigma_{xx} & 0 & 0\\ 0 & \sigma_{yy} & 0\\ 0 & 0 & \sigma_{zz}\end{pmatrix}$$

偏微分方程（4.15）和（4.16）则简化为

$$\text{TE模式}\qquad \nabla^2 E_x + i\omega\mu_0\sigma_{xx}E_x = 0 \tag{4.21}$$

$$\text{TM模式}\qquad \frac{\partial}{\partial y}\left(\frac{1}{\sigma_{zz}}\frac{\partial H_x}{\partial y}\right)+\frac{\partial}{\partial z}\left(\frac{1}{\sigma_{yy}}\frac{\partial H_x}{\partial z}\right)+i\omega\mu_0 H_x = 0 \tag{4.22}$$

与方程（4.15）和（4.16）以及方程（4.19）和（4.20）相比，在主轴各向异性介质中，电磁场偏微分方程得到了进一步简化。偏微分方程（4.21）可用二维各向同性正演算法进行求解。因为 y 方向上的电导率与 z 方向上的电导率不同（即 $\sigma_{yy}\neq\sigma_{zz}$），因此，偏微分方程（4.22）不能用二维各向同性正演算法求解。

4. 垂直各向异性（关于垂直轴对称的横向各向同性，VTI）

在垂直各向异性情形下，电导率张量的所有三个主轴与模型坐标轴重合在一起，电导率张量的所有非主对角线元素均为零，并且 $\sigma_{xx}=\sigma_{yy}=\sigma_h$，$\sigma_{zz}=\sigma_v$，也就是说，各向异性关于垂直轴 z 对称，这种模型也称为关于垂直轴对称的横向各向同性（VTI）。电导率张量具有如下形式

$$\underline{\underline{\sigma}}=\begin{pmatrix}\sigma_h & 0 & 0\\ 0 & \sigma_h & 0\\ 0 & 0 & \sigma_v\end{pmatrix}$$

电磁场偏微分方程则简化为

TE模式 $$\nabla^2 E_x + i\omega\mu_0\sigma_h E_x = 0 \tag{4.23}$$

TM模式 $$\frac{\partial}{\partial y}\left(\frac{1}{\sigma_v}\frac{\partial H_x}{\partial y}\right)+\frac{\partial}{\partial z}\left(\frac{1}{\sigma_h}\frac{\partial H_x}{\partial z}\right)+i\omega\mu_0 H_x = 0 \tag{4.24}$$

5. **方位各向异性（关于水平轴对称的横向各向同性，HTI）**

在方位各向异性情形下，电导率张量的所有三个主轴与模型坐标轴重合在一起，电导率张量的所有非主对角线元素均为零，并且$\sigma_{xx}=\sigma_{zz}=\sigma_v$，$\sigma_{yy}=\sigma_h$，即各向异性关于水平轴$y$对称，这种模型也称为关于水平轴对称的横向各向同性（HTI）。于是，电导率张量为

$$\underline{\underline{\sigma}}=\begin{pmatrix}\sigma_v & 0 & 0\\ 0 & \sigma_h & 0\\ 0 & 0 & \sigma_v\end{pmatrix}$$

电磁场偏微分方程为

TE模式 $$\nabla^2 E_x + i\omega\mu_0\sigma_v E_x = 0 \tag{4.25}$$

TM模式 $$\frac{\partial}{\partial y}\left(\frac{1}{\sigma_v}\frac{\partial H_x}{\partial y}\right)+\frac{\partial}{\partial z}\left(\frac{1}{\sigma_h}\frac{\partial H_x}{\partial z}\right)+i\omega\mu_0 H_x = 0 \tag{4.26}$$

6. **各向同性**

电导率不再随方向变化而变化，即电导率被看作为标量σ，方程（4.15）和（4.16）简化为

TE模式 $$\nabla^2 E_x + i\omega\mu_0\sigma E_x = 0 \tag{4.27}$$

TM模式 $$\frac{\partial}{\partial y}\left(\frac{1}{\sigma}\frac{\partial H_x}{\partial y}\right)+\frac{\partial}{\partial z}\left(\frac{1}{\sigma}\frac{\partial H_x}{\partial z}\right)+i\omega\mu_0 H_x = 0 \tag{4.28}$$

4.1.2 边界条件

1. **外边界条件**

在模拟区域外边界上，采用狄利克雷（Dirichlet）边界条件。它们由左、右边界处一维层状各向异性介质大地电磁场的解析解构成。顶、底边界条件由左、右边界处一维各向异性层状模型解析解的线性插值确定。

2. **内边界条件**

在内边界上，电场切向分量$\boldsymbol{E}_t$和磁场切向分量$\boldsymbol{H}_t$连续。由图4.1知，

$$\boldsymbol{E}_t = E_y \cos\alpha + E_z \sin\alpha = E_y \boldsymbol{n}_z - E_z \boldsymbol{n}_y \tag{4.29}$$

$$\boldsymbol{H}_t = H_y \cos\alpha + H_z \sin\alpha \tag{4.30}$$

这里 $\boldsymbol{n}_y$ 和 $\boldsymbol{n}_z$ 为异常体边界单位外法向矢量 $\boldsymbol{n}$ 分别沿 y 轴和 z 轴的分量。下面将详细讨论上述关系式。

由式（4.8）和式（4.9）知，磁场 y 分量和 z 分量的表达式为

$$\begin{cases} H_y = \dfrac{1}{i\omega\mu_0}\dfrac{\partial E_x}{\partial z} \\ H_z = -\dfrac{1}{i\omega\mu_0}\dfrac{\partial E_x}{\partial y} \end{cases} \tag{4.31}$$

将式（4.31）代入式（4.30），得

$$\boldsymbol{H}_t = \frac{1}{i\omega\mu_0}\left(\frac{\partial E_x}{\partial z}\cos\alpha - \frac{\partial E_x}{\partial y}\sin\alpha\right) = \frac{1}{i\omega\mu_0}\frac{\partial E_x}{\partial \boldsymbol{n}} \tag{4.32}$$

将式（4.11）和式（4.12）代入式（4.29），得

$$\boldsymbol{E}_t = -AE_x\boldsymbol{n}_y + BE_x\boldsymbol{n}_z + \left(\frac{\sigma_{yy}}{D}\boldsymbol{n}_y + \frac{\sigma_{yz}}{D}\boldsymbol{n}_z\right)\frac{\partial H_x}{\partial y} + \left(\frac{\sigma_{zy}}{D}\boldsymbol{n}_y + \frac{\sigma_{zz}}{D}\boldsymbol{n}_z\right)\frac{\partial H_x}{\partial z} \tag{4.33}$$

将上式写成矩阵形式

$$\boldsymbol{E}_t = \begin{pmatrix} -AE_x & BE_x \end{pmatrix}\begin{pmatrix} \boldsymbol{n}_y \\ \boldsymbol{n}_z \end{pmatrix} + \begin{pmatrix} \boldsymbol{n}_y & \boldsymbol{n}_z \end{pmatrix}\begin{pmatrix} \dfrac{\sigma_{yy}}{D} & \dfrac{\sigma_{zy}}{D} \\ \dfrac{\sigma_{yz}}{D} & \dfrac{\sigma_{zz}}{D} \end{pmatrix}\begin{pmatrix} \dfrac{\partial H_x}{\partial y} \\ \dfrac{\partial H_x}{\partial z} \end{pmatrix} \tag{4.34}$$

定义下列矢量 $\boldsymbol{p}$:

$$\boldsymbol{p} = -AE_x\boldsymbol{e}_y + BE_x\boldsymbol{e}_z \tag{4.35}$$

和磁场 H_x 的梯度

$$\nabla H_x = \frac{\partial H_x}{\partial y}\boldsymbol{e}_y + \frac{\partial H_x}{\partial z}\boldsymbol{e}_z \tag{4.36}$$

则，方程（4.34）可以写成为

$$\boldsymbol{E}_t = \boldsymbol{p}\cdot\boldsymbol{n} + \boldsymbol{n}\cdot\underline{\underline{\tau}}\nabla H_x = \boldsymbol{p}\cdot\boldsymbol{n} + \underline{\underline{\tau}}\frac{\partial H_x}{\partial n}. \tag{4.37}$$

式中，$\boldsymbol{e}_y$ 和 $\boldsymbol{e}_z$ 分别为沿 y 轴和 z 轴的单位矢量，$\boldsymbol{n}$ 为单位外法向矢量。

4.2　加权余量方程

我们利用有限元法计算二维电阻率任意各向异性介质电磁场边值问题的数值解。下面，我们首先建立加权余量方程。为此，将方程（4.15）乘以电场的任意变分 δE_x，并对模拟区域 Ω 积分，得

$$\int_{\Omega}\left[\frac{1}{i\omega\mu_0}\nabla^2 E_x + CE_x + A\frac{\partial H_x}{\partial y} - B\frac{\partial H_x}{\partial z}\right]\delta E_x \mathrm{d}\Omega = 0 \tag{4.38}$$

上述方程中被积函数的第一项含有二阶偏导数。利用高斯公式

$$\int_{\Omega}\Delta uv\mathrm{d}\Omega = \int_{\Gamma}\frac{\partial u}{\partial n}v\mathrm{d}\Gamma - \int_{\Omega}\nabla u\cdot\nabla v\mathrm{d}\Omega$$

方程（4.38）可以改写成

$$\begin{aligned}&\frac{1}{i\omega\mu_0}\int_{\Omega}\nabla E_x\cdot\nabla\delta E_x\mathrm{d}\Omega - \int_{\Omega}CE_x\delta E_x\mathrm{d}\Omega - \int_{\Omega}A\frac{\partial H_x}{\partial y}\delta E_x\mathrm{d}\Omega\\ &+\int_{\Omega}B\frac{\partial H_x}{\partial z}\delta E_x\mathrm{d}\Omega - \frac{1}{i\omega\mu_0}\int_{\Gamma}\frac{\partial E_x}{\partial n}\delta E_x\mathrm{d}\Gamma = 0\end{aligned} \tag{4.39}$$

式中，Γ 为模型区域 Ω 的边界。由下一节的讨论中，我们将得知，上式中的线积分结果为零。使用内积的形式，方程（4.39）可以表示为

$$B(u,v) = \int_{\Omega}\nabla v\cdot(\alpha\nabla u)\mathrm{d}\Omega - \int_{\Omega}\beta uv\mathrm{d}\Omega + \int_{\Omega}\left(-A\nabla_y q + B\nabla_z q\right)v\mathrm{d}\Omega = 0 \tag{4.40}$$

式中

$$u = E_x,\quad v = \delta E_x,\quad q = H_x,\quad \alpha = \frac{1}{i\omega\mu_0},\quad \beta = C$$

将方程（4.16）乘以磁场的任意变分 δH_x，并对模拟区域 Ω 积分，得

$$\int_{\Omega}\left[\nabla\cdot(\underline{\underline{\tau}}\nabla H_x) + i\omega\mu_0 H_x + \nabla\cdot\boldsymbol{p}\right]\delta H_x\mathrm{d}\Omega = 0 \tag{4.41}$$

在推导上式时，我们利用了矢量 $\boldsymbol{p}$ 的定义式（4.35）以及它的散度表达式。

利用高斯公式

$$\int_{\Omega}\nabla\cdot\boldsymbol{u}v\mathrm{d}\Omega = \int_{\Gamma}\boldsymbol{u}\cdot\boldsymbol{n}v\mathrm{d}\Gamma - \int_{\Omega}\boldsymbol{u}\cdot\nabla v\mathrm{d}\Omega$$

可得到如下方程

$$\begin{aligned}&\int_{\Omega}\nabla\delta H_x\cdot(\underline{\underline{\tau}}\nabla H_x)\mathrm{d}\Omega - \int_{\Omega}i\omega\mu_0 H_x\delta H_x\mathrm{d}\Omega + \int_{\Omega}\boldsymbol{p}\cdot\nabla\delta H_x\mathrm{d}\Omega\\ &-\int_{\Gamma}\left(\underline{\underline{\tau}}\frac{\partial H_x}{\partial n} + \boldsymbol{p}\cdot\boldsymbol{n}\right)\delta H_x\mathrm{d}\Gamma = 0\end{aligned} \tag{4.42}$$

在推导上式时，我们将方程两边同时乘以−1，并利用了下面的等式

$$\underline{\underline{\tau}}\nabla H_x\cdot\boldsymbol{n}\delta H_x = \underline{\underline{\tau}}\frac{\partial H_x}{\partial n}\delta H_x$$

在下面的讨论中，我们将得知，式（4.42）中的线积分结果为零。使用内积的形式，方程（4.42）可以表示为

$$B(u,v) = \int_{\Omega}\nabla v\cdot(\alpha\nabla u)\mathrm{d}\Omega + \int_{\Omega}\beta uv\mathrm{d}\Omega + \int_{\Omega}\left(-A\nabla_y v + B\nabla_z v\right)q\mathrm{d}\Omega = 0 \tag{4.43}$$

式中

$$u = H_x,\quad v = \delta H_x,\quad q = E_x,\quad \alpha = \underline{\underline{\tau}},\quad \beta = -i\omega\mu_0$$

4.3 有限单元法

4.3.1 矩形单元、双线性插值

1. 区域剖分

将求解区域 Ω 分解成 n_e 个矩形单元，单元编号记为 $e=1,2,\cdots,n_e$。于是，方程（4.39）和（4.42）的积分转换为各个单元积分之和：

$$\begin{aligned}&\sum_{e=1}^{n_e}\frac{1}{i\omega\mu_0}\int_e\nabla E_x\cdot\nabla\delta E_x\mathrm{d}\Omega-\sum_{e=1}^{n_e}\int_e CE_x\delta E_x\mathrm{d}\Omega\\&+\sum_{e=1}^{n_e}\int_e\left(-A\frac{\partial H_x}{\partial y}+B\frac{\partial H_x}{\partial z}\right)\delta E_x\mathrm{d}\Omega-\sum_{e=1}^{n_e}\int_{\Gamma_e}H_t\delta E_x\mathrm{d}\Gamma=0\end{aligned}\tag{4.44}$$

$$\begin{aligned}&\sum_{e=1}^{n_e}\int_e\nabla\delta H_x\cdot(\underline{\underline{\tau}}\nabla H_x)\mathrm{d}\Omega-\sum_{e=1}^{n_e}\int_e i\omega\mu_0 H_x\delta H_x\mathrm{d}\Omega\\&+\sum_{e=1}^{n_e}\int_e \boldsymbol{p}\cdot\nabla\delta H_x\mathrm{d}\Omega-\sum_{e=1}^{n_e}\int_{\Gamma_e}E_t\delta H_x\mathrm{d}\Gamma=0\end{aligned}\tag{4.45}$$

式中，Γ_e 为单元 e 的边界。在导出方程（4.44）时，我们利用了方程（4.32）。于是，曲线积分的被积函数变成了 $\boldsymbol{H}_t\delta E_x$。方程（4.45）中曲线积分的被积函数是利用了方程（4.37）后得到的。

现在，我们考虑边界条件。在内边界 Γ_e 上，电场和磁场的切向分量 $\boldsymbol{E}_t$ 和 $\boldsymbol{H}_t$ 连续。在求积分过程中，沿着每个边界都进行了两次积分，而两次积分的方向正好相反。于是，所有内边界的积分之和为零。由于在外边界上我们采用了狄利克雷（Dirichlet）边界条件，故电场和磁场的变分 δE_x 和 δH_x 等于零。因此，所有线积分之和等于零。这样，方程（4.44）和（4.45）变成为：

$$\begin{aligned}&\sum_{e=1}^{n_e}\frac{1}{i\omega\mu_0}\int_e\nabla E_x\cdot\nabla\delta E_x\mathrm{d}\Omega-\sum_{e=1}^{n_e}\int_e CE_x\delta E_x\mathrm{d}\Omega\\&+\sum_{e=1}^{n_e}\int_e\left(-A\frac{\partial H_x}{\partial y}+B\frac{\partial H_x}{\partial z}\right)\delta E_x\mathrm{d}\Omega=0\end{aligned}\tag{4.46}$$

$$\sum_{e=1}^{n_e}\int_e\nabla\delta H_x\cdot(\underline{\underline{\tau}}\nabla H_x)\mathrm{d}\Omega-\sum_{e=1}^{n_e}\int_e i\omega\mu_0 H_x\delta H_x\mathrm{d}\Omega+\sum_{e=1}^{n_e}\int_e \boldsymbol{p}\cdot\nabla\delta H_x\mathrm{d}\Omega=0\tag{4.47}$$

2. 线性插值

在矩形单元内，假定电场 E_x 和磁场 H_x 是 y 和 z 的线性函数，并可近似为

$$E_x(y,z)=\sum_{i=1}^{4}N_iE_i,\qquad H_x(y,z)=\sum_{i=1}^{4}N_iH_i\tag{4.48}$$

式中，E_i 和 H_i 分别是全球坐标系（y,z）中矩形单元第 i 个顶点处的电场和磁场。N_i（$i=1,\cdots,4$）是矩形单元的线性形函数。

如果将 4 个形函数和 4 个单元节点上的电场值和磁场值及其变分写成矩阵形式：

$$\boldsymbol{N}=(N_1,\cdots,N_4)^{\mathrm{T}},\qquad \boldsymbol{E}_{xe}=(E_1,\cdots,E_4)^{\mathrm{T}},\qquad \boldsymbol{H}_{xe}=(H_1,\cdots,H_4)^{\mathrm{T}} \tag{4.49}$$

$$\delta\boldsymbol{E}_{xe}=(\delta E_1,\cdots,\delta E_4)^{\mathrm{T}},\qquad \delta\boldsymbol{H}_{xe}=(\delta H_1,\cdots,\delta H_4)^{\mathrm{T}} \tag{4.50}$$

则矩形单元内的电磁场及其变分可以表示为

$$E_x(y,z)=\boldsymbol{N}^{\mathrm{T}}\boldsymbol{E}_{xe}=\boldsymbol{E}_{xe}{}^{\mathrm{T}}\boldsymbol{N},\qquad H_x(y,z)=\boldsymbol{N}^{\mathrm{T}}\boldsymbol{H}_{xe}=\boldsymbol{H}_{xe}{}^{\mathrm{T}}\boldsymbol{N} \tag{4.51}$$

$$\delta E_x=\boldsymbol{N}^{\mathrm{T}}\delta\boldsymbol{E}_{xe},\qquad \delta H_x=\boldsymbol{N}^{\mathrm{T}}\delta\boldsymbol{H}_{xe} \tag{4.52}$$

同样地，单元内电场 E_x 和磁场 H_x 的梯度及其变分的梯度可以表示为

$$\nabla E_x=(\nabla\boldsymbol{N})^{\mathrm{T}}\boldsymbol{E}_{xe},\qquad \nabla\delta E_x=(\nabla\boldsymbol{N})^{\mathrm{T}}\delta\boldsymbol{E}_{xe} \tag{4.53}$$

$$\nabla H_x=(\nabla\boldsymbol{N})^{\mathrm{T}}\boldsymbol{H}_{xe},\qquad \nabla\delta H_x=(\nabla\boldsymbol{N})^{\mathrm{T}}\delta\boldsymbol{H}_{xe} \tag{4.54}$$

式中

$$(\nabla\boldsymbol{N})^{\mathrm{T}}=(\nabla N_1,\cdots,\nabla N_4),\ \nabla N_i=\frac{\partial N_i}{\partial y}\boldsymbol{e}_y+\frac{\partial N_i}{\partial z}\boldsymbol{e}_z\qquad (i=1,\cdots,4)$$

3. 单元分析

利用 H_x 和 δE_x 的近似表达式，方程（4.46）中第三个单元积分的被积函数可以改写成

$$\begin{aligned}\left(-A\frac{\partial H_x}{\partial y}+B\frac{\partial H_x}{\partial z}\right)\delta E_x&=\left(-A\sum_{i=1}^{4}\frac{\partial N_i}{\partial y}H_i+B\sum_{i=1}^{4}\frac{\partial N_i}{\partial z}H_i\right)\delta\boldsymbol{E}_{xe}^{\mathrm{T}}\boldsymbol{N}\\&=\delta\boldsymbol{E}_{xe}{}^{\mathrm{T}}\boldsymbol{N}\left(-A\left(\frac{\partial\boldsymbol{N}}{\partial y}\right)^{\mathrm{T}}+B\left(\frac{\partial\boldsymbol{N}}{\partial z}\right)^{\mathrm{T}}\right)\boldsymbol{H}_{xe}\end{aligned} \tag{4.55}$$

其中

$$\left(\frac{\partial\boldsymbol{N}}{\partial y}\right)^{\mathrm{T}}=\left(\frac{\partial N_1}{\partial y},\cdots,\frac{\partial N_4}{\partial y}\right),\qquad \left(\frac{\partial\boldsymbol{N}}{\partial z}\right)^{\mathrm{T}}=\left(\frac{\partial N_1}{\partial z},\cdots,\frac{\partial N_4}{\partial z}\right)$$

同样地，方程（4.47）中第 3 个单元积分的被积函数可以改写成为

$$\boldsymbol{P}\cdot\nabla\delta H_x=\delta\boldsymbol{H}_{xe}{}^{\mathrm{T}}\left(-A\left(\frac{\partial\boldsymbol{N}}{\partial y}\right)\boldsymbol{N}^{\mathrm{T}}+B\left(\frac{\partial\boldsymbol{N}}{\partial z}\right)\boldsymbol{N}^{\mathrm{T}}\right)\boldsymbol{E}_{xe} \tag{4.56}$$

将式（4.49）～式（4.56）代入式（4.46）和式（4.47），并将单元矢量 $\boldsymbol{E}_{xe}$，$\boldsymbol{H}_{xe}$ 和 $\delta\boldsymbol{E}_{xe}$ 以及 $\delta\boldsymbol{H}_{xe}$ 移到积分号外面（由于它们不再依赖于 y 和 z），可得

$$\begin{aligned}&\sum_{e=1}^{n_e}\frac{1}{i\omega\mu_0}\delta\boldsymbol{E}_{xe}^{\mathrm{T}}\int_e\nabla\boldsymbol{N}(\nabla\boldsymbol{N})^{\mathrm{T}}\mathrm{d}\Omega\boldsymbol{E}_{xe}-\sum_{e=1}^{n_e}\delta\boldsymbol{E}_{xe}^{\mathrm{T}}\int_e C\boldsymbol{N}\boldsymbol{N}^{\mathrm{T}}\mathrm{d}\Omega\boldsymbol{E}_{xe}\\&+\sum_{e=1}^{n_e}\delta\boldsymbol{E}_{xe}^{\mathrm{T}}\int_e\boldsymbol{N}\left(-A\left(\frac{\partial\boldsymbol{N}}{\partial y}\right)^{\mathrm{T}}+B\left(\frac{\partial\boldsymbol{N}}{\partial z}\right)^{\mathrm{T}}\right)\mathrm{d}\Omega\boldsymbol{H}_{xe}=0\end{aligned} \tag{4.57}$$

$$\begin{aligned}&\sum_{e=1}^{n_e}\delta\boldsymbol{H}_{xe}^{\mathrm{T}}\int_e\nabla\boldsymbol{N}\underline{\underline{\tau}}(\nabla\boldsymbol{N})^{\mathrm{T}}\mathrm{d}\Omega\boldsymbol{H}_{xe}-\sum_{e=1}^{n_e}\delta\boldsymbol{H}_{xe}^{\mathrm{T}}\int_e i\omega\mu_0\boldsymbol{N}\boldsymbol{N}^{\mathrm{T}}\mathrm{d}\Omega\boldsymbol{H}_{xe}\\&+\sum_{e=1}^{n_e}\delta\boldsymbol{H}_{xe}^{\mathrm{T}}\int_e\left(-A\left(\frac{\partial\boldsymbol{N}}{\partial y}\right)\boldsymbol{N}^{\mathrm{T}}+B\left(\frac{\partial\boldsymbol{N}}{\partial z}\right)\boldsymbol{N}^{\mathrm{T}}\right)\mathrm{d}\Omega\boldsymbol{E}_{xe}=0\end{aligned} \tag{4.58}$$

或者

$$\sum_{e=1}^{n_e}\delta\boldsymbol{E}_{xe}^{\mathrm{T}}(\boldsymbol{K}_{1e}+\boldsymbol{K}_{2e})\boldsymbol{E}_{xe}+\sum_{e=1}^{n_e}\delta\boldsymbol{E}_{xe}^{\mathrm{T}}\boldsymbol{K}_{3e}\boldsymbol{H}_{xe}=0 \tag{4.59}$$

$$\sum_{e=1}^{n_e}\delta\boldsymbol{H}_{xe}^{\mathrm{T}}(\boldsymbol{K}_{4e}+\boldsymbol{K}_{5e})\boldsymbol{H}_{xe}+\sum_{e=1}^{n_e}\delta\boldsymbol{H}_{xe}^{\mathrm{T}}\boldsymbol{K}_{6e}\boldsymbol{E}_{xe}=0 \tag{4.60}$$

其中，单元矩阵为

$$\boldsymbol{K}_{1e}=\frac{1}{i\omega\mu_0}\frac{ab}{4}\int_{-1}^{1}\int_{-1}^{1}\nabla\boldsymbol{N}(\nabla\boldsymbol{N})^{\mathrm{T}}\mathrm{d}\xi\mathrm{d}\eta \tag{4.61}$$

$$\boldsymbol{K}_{2e}=-C\frac{ab}{4}\int_{-1}^{1}\int_{-1}^{1}\boldsymbol{N}\boldsymbol{N}^{\mathrm{T}}\mathrm{d}\xi\mathrm{d}\eta \tag{4.62}$$

$$\boldsymbol{K}_{3e}=\frac{ab}{4}\int_{-1}^{1}\int_{-1}^{1}\boldsymbol{N}\left(-A\left(\frac{\partial\boldsymbol{N}}{\partial y}\right)^{\mathrm{T}}+B\left(\frac{\partial\boldsymbol{N}}{\partial z}\right)^{\mathrm{T}}\right)\mathrm{d}\xi\mathrm{d}\eta \tag{4.63}$$

$$\boldsymbol{K}_{4e}=\frac{ab}{4}\int_{-1}^{1}\int_{-1}^{1}\nabla\boldsymbol{N}\underline{\underline{\tau}}(\nabla\boldsymbol{N})^{\mathrm{T}}\mathrm{d}\xi\mathrm{d}\eta \tag{4.64}$$

$$\boldsymbol{K}_{5e}=-i\omega\mu_0\frac{ab}{4}\int_{-1}^{1}\int_{-1}^{1}\boldsymbol{N}\boldsymbol{N}^{\mathrm{T}}\mathrm{d}\xi\mathrm{d}\eta \tag{4.65}$$

$$\boldsymbol{K}_{6e}=\frac{ab}{4}\int_{-1}^{1}\int_{-1}^{1}\left(-A\left(\frac{\partial\boldsymbol{N}}{\partial y}\right)\boldsymbol{N}^{\mathrm{T}}+B\left(\frac{\partial\boldsymbol{N}}{\partial z}\right)\boldsymbol{N}^{\mathrm{T}}\right)\mathrm{d}\xi\mathrm{d}\eta \tag{4.66}$$

下面，我们计算上述面积分。首先，计算式（4.61）中面积分的被积函数

$$\nabla\boldsymbol{N}(\nabla\boldsymbol{N})^{\mathrm{T}}=$$

$$\begin{pmatrix}
\left(\frac{\partial N_1}{\partial y}\right)^2+\left(\frac{\partial N_1}{\partial z}\right)^2 & \frac{\partial N_2}{\partial y}\frac{\partial N_1}{\partial y}+\frac{\partial N_2}{\partial z}\frac{\partial N_1}{\partial z} & \frac{\partial N_3}{\partial y}\frac{\partial N_1}{\partial y}+\frac{\partial N_3}{\partial z}\frac{\partial N_1}{\partial z} & \frac{\partial N_4}{\partial y}\frac{\partial N_1}{\partial y}+\frac{\partial N_4}{\partial z}\frac{\partial N_1}{\partial z} \\
\frac{\partial N_2}{\partial y}\frac{\partial N_1}{\partial y}+\frac{\partial N_2}{\partial z}\frac{\partial N_1}{\partial z} & \left(\frac{\partial N_2}{\partial y}\right)^2+\left(\frac{\partial N_2}{\partial z}\right)^2 & \frac{\partial N_3}{\partial y}\frac{\partial N_2}{\partial y}+\frac{\partial N_3}{\partial z}\frac{\partial N_2}{\partial z} & \frac{\partial N_4}{\partial y}\frac{\partial N_2}{\partial y}+\frac{\partial N_4}{\partial z}\frac{\partial N_2}{\partial z} \\
\frac{\partial N_3}{\partial y}\frac{\partial N_1}{\partial y}+\frac{\partial N_3}{\partial z}\frac{\partial N_1}{\partial z} & \frac{\partial N_3}{\partial y}\frac{\partial N_2}{\partial y}+\frac{\partial N_3}{\partial z}\frac{\partial N_2}{\partial z} & \left(\frac{\partial N_3}{\partial y}\right)^2+\left(\frac{\partial N_3}{\partial z}\right)^2 & \frac{\partial N_4}{\partial y}\frac{\partial N_3}{\partial y}+\frac{\partial N_4}{\partial z}\frac{\partial N_3}{\partial z} \\
\frac{\partial N_4}{\partial y}\frac{\partial N_1}{\partial y}+\frac{\partial N_4}{\partial z}\frac{\partial N_1}{\partial z} & \frac{\partial N_4}{\partial y}\frac{\partial N_2}{\partial y}+\frac{\partial N_4}{\partial z}\frac{\partial N_2}{\partial z} & \frac{\partial N_4}{\partial y}\frac{\partial N_3}{\partial y}+\frac{\partial N_4}{\partial z}\frac{\partial N_3}{\partial z} & \left(\frac{\partial N_4}{\partial y}\right)^2+\left(\frac{\partial N_4}{\partial z}\right)^2
\end{pmatrix}$$

借助于导数链法则，并依据矩形单元形函数定义式（2.35），可以求得形函数的偏导数

$$\frac{\partial N_i}{\partial y}=\frac{2}{a}\frac{\partial N_i}{\partial\xi}=\frac{1}{2a}\xi_i(1+\eta_i\eta),\qquad \frac{\partial N_i}{\partial z}=\frac{2}{b}\frac{\partial N_i}{\partial\eta}=\frac{1}{2b}\eta_i(1+\xi_i\xi) \tag{4.67}$$

从而，有

$$\nabla\boldsymbol{N}(\nabla\boldsymbol{N})^{\mathrm{T}}=\frac{1}{4a^2}\begin{pmatrix}
(1-\eta)^2 & 1-\eta^2 & -(1-\eta^2) & -(1-\eta)^2 \\
1-\eta^2 & (1+\eta)^2 & -(1+\eta)^2 & -(1-\eta^2) \\
-(1-\eta^2) & -(1+\eta)^2 & (1+\eta)^2 & 1-\eta^2 \\
-(1-\eta)^2 & -(1-\eta^2) & 1-\eta^2 & (1-\eta)^2
\end{pmatrix}$$

$$+\frac{1}{4b^2}\begin{pmatrix} (1-\xi)^2 & -(1-\xi)^2 & -(1-\xi^2) & 1-\xi^2 \\ -(1-\xi)^2 & (1-\xi)^2 & 1-\xi^2 & -(1-\xi^2) \\ -(1-\xi^2) & 1-\xi^2 & (1+\xi)^2 & -(1+\xi)^2 \\ 1-\xi^2 & -(1-\xi^2) & -(1+\xi)^2 & (1+\xi)^2 \end{pmatrix} \tag{4.68}$$

将式（4.68）代入式（4.61），并进行积分运算后，得到单元矩阵

$$\boldsymbol{K}_{1\mathrm{e}}=\begin{pmatrix} 2\beta_1+2\gamma_1 & \beta_1-2\gamma_1 & -\beta_1-\gamma_1 & -2\beta_1+\gamma_1 \\ \beta_1-2\gamma_1 & 2\beta_1+2\gamma_1 & -2\beta_1+\gamma_1 & -\beta_1-\gamma_1 \\ -\beta_1-\gamma_1 & -2\beta_1+\gamma_1 & 2\beta_1+2\gamma_1 & \beta_1-2\gamma_1 \\ -2\beta_1+\gamma_1 & -\beta_1-\gamma_1 & \beta_1-2\gamma_1 & 2\beta_1+2\gamma_1 \end{pmatrix}$$

其中

$$\beta_1=\frac{1}{i\omega\mu_0}\frac{b}{6a},\qquad \gamma_1=\frac{1}{i\omega\mu_0}\frac{a}{6b}$$

将矩形单元形函数（2.35）代入式（4.62），进行积分运算后，得到单元矩阵

$$\boldsymbol{K}_{2\mathrm{e}}=-\frac{Cab}{36}\begin{pmatrix} 4 & 2 & 1 & 2 \\ 2 & 4 & 2 & 1 \\ 1 & 2 & 4 & 2 \\ 2 & 1 & 2 & 4 \end{pmatrix}$$

现在，我们计算方程式（4.63）中的被积函数：

$$\boldsymbol{N}\left(-A\left(\frac{\partial \boldsymbol{N}}{\partial y}\right)^{\mathrm{T}}+B\left(\frac{\partial \boldsymbol{N}}{\partial z}\right)^{\mathrm{T}}\right)=-A\begin{pmatrix} N_1\frac{\partial N_1}{\partial y} & N_1\frac{\partial N_2}{\partial y} & N_1\frac{\partial N_3}{\partial y} & N_1\frac{\partial N_4}{\partial y} \\ N_2\frac{\partial N_1}{\partial y} & N_2\frac{\partial N_2}{\partial y} & N_2\frac{\partial N_3}{\partial y} & N_2\frac{\partial N_4}{\partial y} \\ N_3\frac{\partial N_1}{\partial y} & N_3\frac{\partial N_2}{\partial y} & N_3\frac{\partial N_3}{\partial y} & N_3\frac{\partial N_4}{\partial y} \\ N_4\frac{\partial N_1}{\partial y} & N_4\frac{\partial N_2}{\partial y} & N_4\frac{\partial N_3}{\partial y} & N_4\frac{\partial N_4}{\partial y} \end{pmatrix}$$
$$+B\begin{pmatrix} N_1\frac{\partial N_1}{\partial z} & N_1\frac{\partial N_2}{\partial z} & N_1\frac{\partial N_3}{\partial z} & N_1\frac{\partial N_4}{\partial z} \\ N_2\frac{\partial N_1}{\partial z} & N_2\frac{\partial N_2}{\partial z} & N_2\frac{\partial N_3}{\partial z} & N_2\frac{\partial N_4}{\partial z} \\ N_3\frac{\partial N_1}{\partial z} & N_3\frac{\partial N_2}{\partial z} & N_3\frac{\partial N_3}{\partial z} & N_3\frac{\partial N_4}{\partial z} \\ N_4\frac{\partial N_1}{\partial z} & N_4\frac{\partial N_2}{\partial z} & N_4\frac{\partial N_3}{\partial z} & N_4\frac{\partial N_4}{\partial z} \end{pmatrix} \tag{4.69}$$

将矩形单元形函数（2.35）和其导数（4.67）代入式（4.69），并计算式（4.63），得到单元矩阵

$$
\boldsymbol{K}_{3e}=\frac{1}{12}\begin{pmatrix} 2Ab+2Ba & Ab-2Ba & -Ab-Ba & -2Ab+Ba \\ Ab+2Ba & 2Ab-2Ba & -2Ab-Ba & -Ab+Ba \\ Ab+Ba & 2Ab-Ba & -2Ab-2Ba & -Ab+2Ba \\ 2Ab+Ba & Ab-Ba & -Ab-2Ba & -2Ab+2Ba \end{pmatrix}
$$

这是一个 4×4 的非对称矩阵。

将式（4.64）的被积函数改写成：

$$
\nabla \boldsymbol{N}\underline{\underline{\tau}}(\nabla \boldsymbol{N})^{\mathrm{T}}=\frac{1}{D}\begin{pmatrix} \frac{\partial N_1}{\partial y} & \frac{\partial N_1}{\partial z} \\ \frac{\partial N_2}{\partial y} & \frac{\partial N_2}{\partial z} \\ \frac{\partial N_3}{\partial y} & \frac{\partial N_3}{\partial z} \\ \frac{\partial N_4}{\partial y} & \frac{\partial N_4}{\partial z} \end{pmatrix}\begin{pmatrix} \sigma_{yy} & \sigma_{yz} \\ \sigma_{zy} & \sigma_{zz} \end{pmatrix}\begin{pmatrix} \frac{\partial N_1}{\partial y} & \frac{\partial N_2}{\partial y} & \frac{\partial N_3}{\partial y} & \frac{\partial N_4}{\partial y} \\ \frac{\partial N_1}{\partial z} & \frac{\partial N_2}{\partial z} & \frac{\partial N_3}{\partial z} & \frac{\partial N_4}{\partial z} \end{pmatrix} \tag{4.70}
$$

$$
=\begin{pmatrix} f_{11} & f_{12} & f_{13} & f_{14} \\ f_{21} & f_{22} & f_{23} & f_{24} \\ f_{31} & f_{32} & f_{33} & f_{34} \\ f_{41} & f_{42} & f_{43} & f_{44} \end{pmatrix}
$$

其中

$$
f_{ij}=\frac{1}{D}\left(\sigma_{yy}\frac{\partial N_i}{\partial y}\frac{\partial N_j}{\partial y}+\sigma_{yz}\frac{\partial N_i}{\partial y}\frac{\partial N_j}{\partial z}+\sigma_{zy}\frac{\partial N_i}{\partial z}\frac{\partial N_j}{\partial y}+\sigma_{zz}\frac{\partial N_i}{\partial z}\frac{\partial N_j}{\partial z}\right)\quad (i,j=1,2,3,4)
$$

将式（4.67）代入上式，可求得 f_{ij}。然后，将被积函数（4.70）代入式（4.64），并进行积分运算，得到单元矩阵

$$
\boldsymbol{K}_{4e}=\begin{pmatrix} 2\beta_2-\iota+2\gamma_2 & \beta_2-2\gamma_2 & -\beta_2+\iota-\gamma_2 & -2\beta_2+\gamma_2 \\ \beta_2-2\gamma_2 & 2\beta_2+\iota+2\gamma_2 & -2\beta_2+\gamma_2 & -\beta_2-\iota-\gamma_2 \\ -\beta_2+\iota-\gamma_2 & -2\beta_2+\gamma_2 & 2\beta_2-\iota+2\gamma_2 & \beta_2-2\gamma_2 \\ -2\beta_2+\gamma_2 & -\beta_2-\iota-\gamma_2 & \beta_2-2\gamma_2 & 2\beta_2+\iota+2\gamma_2 \end{pmatrix}
$$

其中

$$
\beta_2=\frac{b}{12a}\frac{\sigma_{yy}}{D},\quad \gamma_2=\frac{a}{12b}\frac{\sigma_{zz}}{D},\quad \iota=\frac{1}{2}\frac{\sigma_{yz}}{D}
$$

由于式（4.62）的被积函数与式（4.65）的被积函数相同，即刻得到单元矩阵

$$
\boldsymbol{K}_{5e}=-\frac{i\omega\mu_0 ab}{36}\begin{pmatrix} 4 & 2 & 1 & 2 \\ 2 & 4 & 2 & 1 \\ 1 & 2 & 4 & 2 \\ 2 & 1 & 2 & 4 \end{pmatrix}
$$

比较式（4.63）和式（4.66）的被积函数可知，前者为后者的转置，于是有 $\boldsymbol{K}_{6e}=\boldsymbol{K}_{3e}^{\mathrm{T}}$。至此，我们求得了所有单元矩阵（4.61）～（4.66）。

4. 建立线性方程组

在进行单元矩阵求和之前，先将各个单元的行矢量 $\boldsymbol{E}_{xe}$、$\boldsymbol{H}_{xe}$ 和 $\delta\boldsymbol{E}_{xe}$ 及 $\delta\boldsymbol{H}_{xe}$ 扩展成系统矢量

$$\boldsymbol{E}_x=\left(E_1,\cdots,E_{n_d}\right)^{\mathrm{T}},\qquad \delta\boldsymbol{E}_x=\left(\delta E_1,\cdots,\delta E_{n_d}\right)^{\mathrm{T}}$$

$$\boldsymbol{H}_x=\left(H_1,\cdots,H_{n_d}\right)^{\mathrm{T}},\qquad \delta\boldsymbol{H}_x=\left(\delta H_1,\cdots,\delta H_{n_d}\right)^{\mathrm{T}}$$

这里 n_d 是总节点数。把 4×4 的单元矩阵 $\boldsymbol{K}_{1e}$、$\boldsymbol{K}_{2e}$、$\boldsymbol{K}_{3e}$、$\boldsymbol{K}_{4e}$、$\boldsymbol{K}_{5e}$ 和 $\boldsymbol{K}_{6e}$ 扩展成 n_d 阶矩阵 $\overline{\boldsymbol{K}_{1e}}$、$\overline{\boldsymbol{K}_{2e}}$、$\overline{\boldsymbol{K}_{3e}}$、$\overline{\boldsymbol{K}_{4e}}$、$\overline{\boldsymbol{K}_{5e}}$ 和 $\overline{\boldsymbol{K}_{6e}}$。然后，将所有单元上的扩展矩阵相加，则由式（4.59）和式（4.60），可得

$$\delta\boldsymbol{E}_x^{\mathrm{T}}\sum_{e=1}^{n_e}\left(\overline{\boldsymbol{K}_{1e}}+\overline{\boldsymbol{K}_{2e}}\right)\boldsymbol{E}_x+\delta\boldsymbol{E}_x^{\mathrm{T}}\sum_{e=1}^{n_e}\overline{\boldsymbol{K}_{3e}}\boldsymbol{H}_x=0$$

$$\delta\boldsymbol{H}_x^{\mathrm{T}}\sum_{e=1}^{n_e}\left(\overline{\boldsymbol{K}_{4e}}+\overline{\boldsymbol{K}_{5e}}\right)\boldsymbol{H}_x+\delta\boldsymbol{H}_x^{\mathrm{T}}\sum_{e=1}^{n_e}\overline{\boldsymbol{K}_{6e}}\boldsymbol{E}_x=0$$

或者

$$\delta\boldsymbol{E}_x^{\mathrm{T}}\boldsymbol{K}_{11}\boldsymbol{E}_x+\delta\boldsymbol{E}_x^{\mathrm{T}}\boldsymbol{K}_{12}\boldsymbol{H}_x=0$$

$$\delta\boldsymbol{H}_x^{\mathrm{T}}\boldsymbol{K}_{21}\boldsymbol{E}_x+\delta\boldsymbol{H}_x^{\mathrm{T}}\mathbf{K}_{22}\boldsymbol{H}_x=0$$

其中

$$\boldsymbol{K}_{11}=\sum_{e=1}^{n_e}(\overline{\boldsymbol{K}_{1e}}+\overline{\boldsymbol{K}_{2e}}),\qquad \boldsymbol{K}_{12}=\sum_{e=1}^{n_e}\overline{\boldsymbol{K}_{3e}}$$

$$\boldsymbol{K}_{21}=\sum_{e=1}^{n_e}\overline{\boldsymbol{K}_{6e}},\qquad \boldsymbol{K}_{22}=\sum_{e=1}^{n_e}(\overline{\boldsymbol{K}_{4e}}+\overline{\boldsymbol{K}_{5e}})$$

由于单元矩阵 $\boldsymbol{K}_{1e}$、$\boldsymbol{K}_{2e}$、$\boldsymbol{K}_{4e}$ 和 $\boldsymbol{K}_{5e}$ 是对称阵，故而矩阵 $\boldsymbol{K}_{11}$ 和 $\boldsymbol{K}_{22}$ 也是对称阵。又因 $\boldsymbol{K}_{3e}=\boldsymbol{K}_{6e}^{\mathrm{T}}$，便得 $\boldsymbol{K}_{12}=\boldsymbol{K}_{21}^{\mathrm{T}}$。$\boldsymbol{K}_{11}$、$\boldsymbol{K}_{12}$、$\boldsymbol{K}_{21}$ 和 $\boldsymbol{K}_{22}$ 是 $n_d\times n_d$ 矩阵。它们具有带状结构，且含有大量零元素。

考虑到 $\delta\boldsymbol{E}_x$ 和 $\delta\boldsymbol{H}_x$ 的任意性，即可得到下列线性方程组

$$\boldsymbol{K}_{11}\boldsymbol{E}_x+\boldsymbol{K}_{12}\boldsymbol{H}_x=0 \tag{4.71}$$

$$\boldsymbol{K}_{21}\boldsymbol{E}_x+\boldsymbol{K}_{22}\boldsymbol{H}_x=0 \tag{4.72}$$

方程（4.71）和（4.72）可以写成如下矩阵形式

$$\begin{pmatrix}\boldsymbol{K}_{11} & \boldsymbol{K}_{12}\\ \boldsymbol{K}_{21} & \boldsymbol{K}_{22}\end{pmatrix}\begin{pmatrix}\boldsymbol{E}_x\\ \boldsymbol{H}_x\end{pmatrix}=\begin{pmatrix}0\\ 0\end{pmatrix}$$

或者

$$\boldsymbol{KU}=\boldsymbol{0} \tag{4.73}$$

其中

$$\boldsymbol{K}=\begin{pmatrix}\boldsymbol{K}_{11} & \boldsymbol{K}_{12}\\ \boldsymbol{K}_{21} & \boldsymbol{K}_{22}\end{pmatrix},\quad \boldsymbol{U}=\begin{pmatrix}\boldsymbol{E}_x\\ \boldsymbol{H}_x\end{pmatrix}$$

子矩阵 $\boldsymbol{K}_{11}$ 和 $\boldsymbol{K}_{22}$ 为对称阵，且 $\boldsymbol{K}_{12}=\boldsymbol{K}_{21}^{\mathrm{T}}$，于是矩阵 $\boldsymbol{K}$ 为对称阵。又因子矩阵

$\boldsymbol{K}_{11}$、$\boldsymbol{K}_{12}$、$\boldsymbol{K}_{21}$ 和 $\boldsymbol{K}_{22}$ 为含有大量零元素的稀疏矩阵，故系统矩阵 $\boldsymbol{K}$ 亦为含有大量零元素的稀疏矩阵。总之，矩阵 $\boldsymbol{K}$ 为 $2n_d$ 阶复数对称稀疏矩阵。

为了进一步了解系数矩阵 $\boldsymbol{K}$ 的结构，下面我们考虑一个 2×3 网格（图 4.2）。该网格提供了一个 24×24 的系数矩阵，具体如图 4.3 所示。

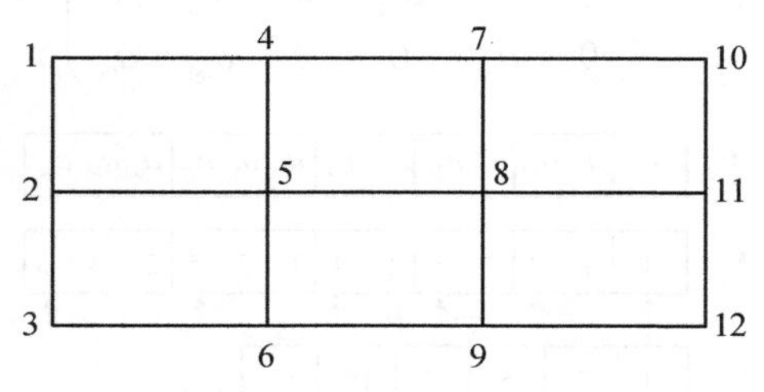

图 4.2　一个 2×3 矩形网格

$\boldsymbol{K}_{11}$ ⇓　　　　　　　　$\boldsymbol{K}_{12}$ ⇓

$$
\left(\begin{array}{cccccccccccccccccccccccccc}
k_{11}^{11} & k_{11}^{12} & 0 & k_{11}^{14} & k_{11}^{15} & 0 & 0 & 0 & 0 & 0 & 0 & 0 & \vdots & k_{12}^{11} & k_{12}^{12} & 0 & k_{12}^{14} & k_{12}^{15} & 0 & 0 & 0 & 0 & 0 & 0 & 0 \\
k_{11}^{21} & k_{11}^{22} & k_{11}^{23} & k_{11}^{24} & k_{11}^{25} & k_{11}^{26} & 0 & 0 & 0 & 0 & 0 & 0 & \vdots & k_{12}^{21} & k_{12}^{22} & k_{12}^{23} & k_{12}^{24} & k_{12}^{25} & k_{12}^{26} & 0 & 0 & 0 & 0 & 0 & 0 \\
0 & k_{11}^{32} & k_{11}^{33} & 0 & k_{11}^{35} & k_{11}^{36} & 0 & 0 & 0 & 0 & 0 & 0 & \vdots & 0 & k_{12}^{32} & k_{12}^{33} & 0 & k_{12}^{35} & k_{12}^{36} & 0 & 0 & 0 & 0 & 0 & 0 \\
k_{11}^{41} & k_{11}^{42} & 0 & k_{11}^{44} & k_{11}^{45} & 0 & k_{11}^{47} & k_{11}^{48} & 0 & 0 & 0 & 0 & \vdots & k_{12}^{41} & k_{12}^{42} & 0 & k_{12}^{44} & k_{12}^{45} & 0 & k_{12}^{47} & k_{12}^{48} & 0 & 0 & 0 & 0 \\
k_{11}^{51} & k_{11}^{52} & k_{11}^{53} & k_{11}^{54} & k_{11}^{55} & k_{11}^{56} & k_{11}^{57} & k_{11}^{58} & k_{11}^{59} & 0 & 0 & 0 & \vdots & k_{12}^{51} & k_{12}^{52} & k_{12}^{53} & k_{12}^{54} & k_{12}^{55} & k_{12}^{56} & k_{12}^{57} & k_{12}^{58} & k_{12}^{59} & 0 & 0 & 0 \\
0 & k_{11}^{62} & k_{11}^{63} & 0 & k_{11}^{65} & k_{11}^{66} & 0 & k_{11}^{68} & k_{11}^{69} & 0 & 0 & 0 & \vdots & 0 & k_{12}^{62} & k_{12}^{63} & 0 & k_{12}^{65} & k_{12}^{66} & 0 & k_{12}^{68} & k_{12}^{69} & 0 & 0 & 0 \\
0 & 0 & 0 & k_{11}^{74} & k_{11}^{75} & 0 & k_{11}^{77} & k_{11}^{78} & 0 & k_{11}^{7,10} & k_{11}^{7,11} & 0 & \vdots & 0 & 0 & 0 & k_{12}^{74} & k_{12}^{75} & 0 & k_{12}^{77} & k_{12}^{78} & 0 & k_{12}^{7,10} & k_{12}^{7,11} & 0 \\
0 & 0 & 0 & k_{11}^{84} & k_{11}^{85} & k_{11}^{86} & k_{11}^{87} & k_{11}^{88} & k_{11}^{89} & k_{11}^{8,10} & k_{11}^{8,11} & k_{11}^{8,12} & \vdots & 0 & 0 & 0 & k_{12}^{84} & k_{12}^{85} & k_{12}^{86} & k_{12}^{87} & k_{12}^{88} & k_{12}^{89} & k_{12}^{8,10} & k_{12}^{8,11} & k_{12}^{8,12} \\
0 & 0 & 0 & 0 & k_{11}^{95} & k_{11}^{96} & 0 & k_{11}^{98} & k_{11}^{99} & 0 & k_{11}^{9,11} & k_{11}^{9,12} & \vdots & 0 & 0 & 0 & 0 & k_{12}^{95} & k_{12}^{96} & 0 & k_{12}^{98} & k_{12}^{99} & 0 & k_{12}^{9,11} & k_{12}^{9,12} \\
0 & 0 & 0 & 0 & 0 & 0 & k_{11}^{10,7} & k_{11}^{10,8} & 0 & k_{11}^{10,10} & k_{11}^{10,11} & 0 & \vdots & 0 & 0 & 0 & 0 & 0 & 0 & k_{12}^{10,7} & k_{12}^{10,8} & 0 & k_{12}^{10,10} & k_{12}^{10,11} & 0 \\
0 & 0 & 0 & 0 & 0 & 0 & k_{11}^{11,7} & k_{11}^{11,8} & k_{11}^{11,9} & k_{11}^{11,10} & k_{11}^{11,11} & k_{11}^{11,12} & \vdots & 0 & 0 & 0 & 0 & 0 & 0 & k_{12}^{11,7} & k_{12}^{11,8} & k_{12}^{11,9} & k_{12}^{11,10} & k_{12}^{11,11} & k_{12}^{11,12} \\
0 & 0 & 0 & 0 & 0 & 0 & 0 & k_{11}^{12,8} & k_{11}^{12,9} & 0 & k_{11}^{12,11} & k_{11}^{12,12} & \vdots & 0 & 0 & 0 & 0 & 0 & 0 & 0 & k_{12}^{12,8} & k_{12}^{12,9} & 0 & k_{12}^{12,11} & k_{12}^{12,12} \\
\cdots & \cdots & \cdots & \cdots & \cdots & \cdots & \cdots & \cdots & \cdots & \cdots & \cdots & \cdots & \cdots & \cdots & \cdots & \cdots & \cdots & \cdots & \cdots & \cdots & \cdots & \cdots & \cdots & \cdots & \cdots \\
k_{21}^{11} & k_{21}^{11} & 0 & k_{21}^{14} & k_{21}^{15} & 0 & 0 & 0 & 0 & 0 & 0 & 0 & \vdots & k_{22}^{11} & k_{22}^{11} & 0 & k_{22}^{14} & k_{22}^{15} & 0 & 0 & 0 & 0 & 0 & 0 & 0 \\
k_{21}^{21} & k_{21}^{22} & k_{21}^{23} & k_{21}^{24} & k_{21}^{25} & k_{21}^{26} & 0 & 0 & 0 & 0 & 0 & 0 & \vdots & k_{22}^{21} & k_{22}^{22} & k_{22}^{23} & k_{22}^{24} & k_{22}^{25} & k_{22}^{26} & 0 & 0 & 0 & 0 & 0 & 0 \\
0 & k_{21}^{32} & k_{21}^{33} & 0 & k_{21}^{35} & k_{21}^{36} & 0 & 0 & 0 & 0 & 0 & 0 & \vdots & 0 & k_{22}^{32} & k_{22}^{33} & 0 & k_{22}^{35} & k_{22}^{36} & 0 & 0 & 0 & 0 & 0 & 0 \\
k_{21}^{41} & k_{21}^{42} & 0 & k_{21}^{44} & k_{21}^{45} & 0 & k_{21}^{47} & k_{21}^{48} & 0 & 0 & 0 & 0 & \vdots & k_{22}^{41} & k_{22}^{42} & 0 & k_{22}^{44} & k_{22}^{45} & 0 & k_{22}^{47} & k_{22}^{48} & 0 & 0 & 0 & 0 \\
k_{21}^{51} & k_{21}^{52} & k_{21}^{53} & k_{21}^{54} & k_{21}^{55} & k_{21}^{56} & k_{21}^{57} & k_{21}^{58} & k_{21}^{59} & 0 & 0 & 0 & \vdots & k_{22}^{51} & k_{22}^{52} & k_{22}^{53} & k_{22}^{54} & k_{22}^{55} & k_{22}^{56} & k_{22}^{57} & k_{22}^{58} & k_{22}^{59} & 0 & 0 & 0 \\
0 & k_{21}^{62} & k_{21}^{63} & 0 & k_{21}^{65} & k_{21}^{66} & 0 & k_{21}^{68} & k_{21}^{69} & 0 & 0 & 0 & \vdots & 0 & k_{22}^{62} & k_{22}^{63} & 0 & k_{22}^{65} & k_{22}^{66} & 0 & k_{22}^{68} & k_{22}^{69} & 0 & 0 & 0 \\
0 & 0 & 0 & k_{21}^{74} & k_{21}^{75} & 0 & k_{21}^{77} & k_{21}^{78} & 0 & k_{21}^{7,10} & k_{21}^{7,11} & 0 & \vdots & 0 & 0 & 0 & k_{22}^{74} & k_{22}^{75} & 0 & k_{22}^{77} & k_{22}^{78} & 0 & k_{22}^{7,10} & k_{22}^{7,11} & 0 \\
0 & 0 & 0 & k_{21}^{84} & k_{21}^{85} & k_{21}^{86} & k_{21}^{87} & k_{21}^{88} & k_{21}^{89} & k_{21}^{8,10} & k_{21}^{8,11} & k_{21}^{8,12} & \vdots & 0 & 0 & 0 & k_{22}^{84} & k_{22}^{85} & k_{22}^{86} & k_{22}^{87} & k_{22}^{88} & k_{22}^{89} & k_{22}^{8,10} & k_{22}^{8,11} & k_{22}^{8,12} \\
0 & 0 & 0 & 0 & k_{21}^{95} & k_{21}^{96} & 0 & k_{21}^{98} & k_{21}^{99} & 0 & k_{21}^{9,11} & k_{21}^{9,12} & \vdots & 0 & 0 & 0 & 0 & k_{22}^{95} & k_{22}^{96} & 0 & k_{22}^{98} & k_{22}^{99} & 0 & k_{22}^{9,11} & k_{22}^{9,12} \\
0 & 0 & 0 & 0 & 0 & 0 & k_{21}^{10,7} & k_{21}^{10,8} & 0 & k_{21}^{10,10} & k_{21}^{10,11} & 0 & \vdots & 0 & 0 & 0 & 0 & 0 & 0 & k_{22}^{10,7} & k_{22}^{10,8} & 0 & k_{22}^{10,10} & k_{22}^{10,11} & 0 \\
0 & 0 & 0 & 0 & 0 & 0 & k_{21}^{11,7} & k_{21}^{11,8} & k_{21}^{11,9} & k_{21}^{11,10} & k_{21}^{11,11} & k_{21}^{11,12} & \vdots & 0 & 0 & 0 & 0 & 0 & 0 & k_{22}^{11,7} & k_{22}^{11,8} & k_{22}^{11,9} & k_{22}^{11,10} & k_{22}^{11,11} & k_{22}^{11,12} \\
0 & 0 & 0 & 0 & 0 & 0 & 0 & k_{21}^{12,8} & k_{21}^{12,9} & 0 & k_{21}^{12,11} & k_{21}^{12,12} & \vdots & 0 & 0 & 0 & 0 & 0 & 0 & 0 & k_{22}^{12,8} & k_{22}^{12,9} & 0 & k_{22}^{12,11} & k_{22}^{12,12}
\end{array}\right)
$$

⇑ $\boldsymbol{K}_{21}$　　　　　　　　⇑ $\boldsymbol{K}_{22}$

图 4.3　对应图 4.2 中 2×3 网格的系数矩阵 $\boldsymbol{K}_e$

每个子矩阵都具有带状结构。子矩阵的每一行含有 9 个非零元素。其原因在于，每个节点最多与另外 8 个节点相连接。也就是说，一个节点最多与包括自己在内的 9 个节点相连接。因此，建立一个只需储存系数矩阵中非零元素并利用其系数矩阵对称性的线性方程组算法是很有意义的。共轭梯度法就是这样的一种算法。该方法仅仅利用主对角线及其下方三角性矩阵中的非零元素。这些非零元素可以按行的形式储存在一个一维数组中，对角线元素被排列为该行的最后一个元素。为了确定该行数组内相关非零元素的位置，还需一个与其同样大小的数组，用于存储非零元素所在的列号。长度为 $2n_d$ 的第三个数组用于存放每行最后一个元素在一维数组中所处的位置（Schwarz，1991；Li，2000）。图 4.4 是将一个 6 阶矩阵用一维数组 $\boldsymbol{A}$ 和 $\boldsymbol{k}$ 及 ξ 按行储存的示例。

$$
\boldsymbol{A}=\begin{pmatrix} a_{11} & a_{12} & 0 & a_{14} & a_{15} & 0 \\ a_{21} & a_{22} & a_{23} & 0 & 0 & a_{26} \\ 0 & a_{32} & a_{33} & 0 & a_{35} & 0 \\ a_{41} & 0 & 0 & a_{44} & 0 & a_{46} \\ a_{51} & 0 & a_{53} & 0 & a_{55} & 0 \\ 0 & a_{62} & 0 & 0 & a_{64} & a_{66} \end{pmatrix}
$$

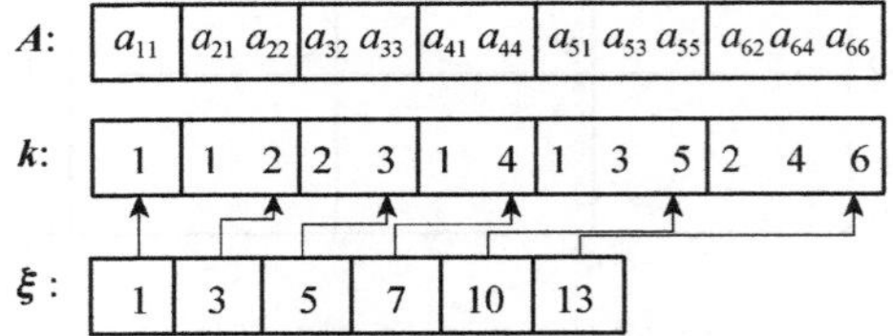

图 4.4 矩阵的下三角形元素按行储存示例

5. 边界条件的代入和线性方程组的求解

前面导出的系数矩阵 $\boldsymbol{K}$ 是对称的和奇异的。换句话说，不代入边界条件的话，线性方程组（4.73）的解全为零。只有正确和全面地考虑边界条件时，线性方程组（4.73）才是唯一可解的。

在模拟区域外边界节点上，电磁场值是已知的。经过对方程（4.73）进行相应的修正，就可以代入这些给定的边界值。在此，要注意不要破坏矩阵 $\boldsymbol{K}$ 的对称性。

边界条件的代入需要改变矩阵 $\boldsymbol{K}$ 和方程（4.73）右端项零矩阵的形态。假定第 j 个节点变量具有给定的非零值 p_k，则需用零元素代替矩阵 $\boldsymbol{K}$ 的第 j 行和第 j 列上的所有元素，接着用 1 代替第 j 个主对角元素，并用矩阵 $\boldsymbol{K}$ 的第 j 列矢量的负 p_k 倍代替方程（4.73）右端项的零矢量，然后让第 j 个节点变量等于 p_k。这种代入边界条件的方法在编程上非常简单易于实现。其缺点是需求解的线性方程数没有减少，方程组中含有一些无意义的方程。与只由未知节点变量数构成的方程组相比，这样的方程组的求解需要多耗费一些计算资源。但是，因为位于外边界上的节点个数不多，故其耗费并不大。

代入边界条件后，线性方程组具有如下形式：

$$\boldsymbol{KU}=\boldsymbol{b} \tag{4.74}$$

现在，$\boldsymbol{K}$ 为代入边界条件修正后的系数矩阵，$\boldsymbol{U}$ 为未知电磁场，$\boldsymbol{b}$ 为已知常数矢量。

共轭梯度法是一种求解线性方程组的非常有效的方法，预条件共轭梯度法比共轭法收敛得更快。

主元归一化是一种简单而有效的预条件方法。预条件线性方程组可以写成如下形式

$$\left[\boldsymbol{D}^{-1/2}\boldsymbol{K}\boldsymbol{D}^{-1/2}\right]\boldsymbol{D}^{1/2}\boldsymbol{U}=\boldsymbol{D}^{-1/2}\boldsymbol{b} \tag{4.75}$$

其中

$$D_{ij}^{\frac{1}{2}}=0, \qquad i\neq j$$

$$D_{ij}^{\frac{1}{2}}=\sqrt{|K_{ij}|}, \qquad i=j\ \ (i,j=1,2,\cdots,2n_d)$$

或者

$$\widetilde{K}\widetilde{U}=\tilde{b} \tag{4.76}$$

这里$\widetilde{K}=D^{-1/2}KD^{-1/2}$，$\widetilde{U}=D^{1/2}U,\tilde{b}=D^{-1/2}b$。矩阵$\widetilde{K}$是复对称阵，其主对角线元素全为1。解方程（4.76）求得$\widetilde{U}$后，必须将其转换成U，求得电磁场近似值。

矩阵$\widetilde{K}$可以看作为下三角阵E、单位阵I及上三角阵F三者之和

$$\widetilde{K}=E+I+F,\qquad F=E^{\mathrm{T}} \tag{4.77}$$

由下式可以求得预条件件矩阵M

$$M=CC^{\mathrm{T}} \tag{4.78}$$

这里C为LU分解形成的下三角矩阵。如果如此选择矩阵C，使得它与上述矩阵E相似，则矩阵C和矩阵$\widetilde{K}$具有相同的非零元素分布规律。于是，定义预条件矩阵为

$$M=(I+\omega E)(I+\omega F)\qquad 其中C=I+\omega E \tag{4.79}$$

这里，ω为松弛因子。对于$\omega\in(0,2)$内的所有值，可以求得收敛解。通常情况下，人们无法知道确保最快收敛的最佳松弛因子。因而，只能根据试验结果和求解类似问题的实际经验选取松弛因子。

预条件共轭梯度算法如下（Schwarz，1991；Li，2000）

> 开始：选择M和$U^{(0)}$的初始值，令
>
> $r^{(0)}=b-KU^{(0)}$；
>
> 对于迭代步数$k=1,2,\cdots$，进行如下格式的迭代：
>
> $$M\rho^{(k-1)}=r^{(k-1)}$$
>
> 如$k=1$：$g^{(k)}=\rho^{(k-1)}$
>
> 如$k\geqslant 2$：$\tilde{e}_{k-1}=[r^{(k-1)}]^{\mathrm{T}}\rho^{(k-1)}/[r^{(k-2)}]^{\mathrm{T}}\rho^{(k-2)}$
>
> $$g^{(k)}=\rho^{(k-1)}+\tilde{e}_{k-1}g^{(k-1)}$$
>
> $$\tilde{q}_k=[r^{(k-1)}]^{\mathrm{T}}\rho^{(k-1)}/\left[[g^{(k)}]^{\mathrm{T}}\left(Kg^{(k)}\right)\right]$$
>
> $$U^{(k)}=U^{(k-1)}+\tilde{q}_k g^{(k)}$$
>
> $$r^{(k)}=r^{(k-1)}-\tilde{q}_k\left(Kg_k\right)$$

在上述算法中，每次迭代时需要求解线性方程组$M\rho^{(k-1)}=r^{(k-1)}$。这可以由高斯方法求得。采用LU分解法，利用式（4.78），有

$$C\left(C^{\mathrm{T}}\rho\right)=r \tag{4.80}$$

这里C和C^{T}分别是下三角阵和上三角阵。该方程组可以分两步求解。首先，解方程

$$\left(I+\omega E\right)y=r \tag{4.81}$$

然后，再回代求解

$$\left(I+\omega F\right)\rho=y \tag{4.82}$$

6. 大地电磁场阻抗

解线性方程组（4.74）得到所有节点处的E_x和H_x后，由式（4.11）和式（4.12），可

得到其余两个电场分量 E_y 和 E_z，磁场分量 H_y 和 H_z 可由式（4.8）和式（4.9）得到。

利用两个相互垂直的线形极化场源（如 x 方向的初始磁场，用下标 1 表示，y 方向的初始磁场，用下标 2 表示）产生的电磁场可以求得阻抗张量：

$$E_{1x} = Z_{xx}H_{1x} + Z_{xy}H_{1y}, \qquad E_{1y} = Z_{yx}H_{1x} + Z_{yy}H_{1y} \tag{4.83}$$

$$E_{2x} = Z_{xx}H_{2x} + Z_{xy}H_{2y}, \qquad E_{2y} = Z_{yx}H_{2x} + Z_{yy}H_{2y} \tag{4.84}$$

由式（4.83）和式（4.84），可求得所有阻抗张量的分量

$$Z_{xx} = (E_{1x}H_{2y} - E_{2x}H_{1y}) / det, \qquad Z_{xy} = (E_{2x}H_{1x} - E_{1x}H_{2x}) / det \tag{4.85}$$

$$Z_{yx} = (E_{1y}H_{2y} - E_{2y}H_{1y}) / det, \qquad Z_{yy} = (E_{2y}H_{1x} - E_{1y}H_{2x}) / det \tag{4.86}$$

$$det = H_{1x}H_{2y} - H_{2x}H_{1y}$$

视电阻率和相位为

$$\rho_{aij} = \frac{1}{\omega\mu_0}\left|Z_{ij}\right|^2 \tag{4.87}$$

$$\phi_{ij} = tan^{-1}\frac{\mathrm{Im}(Z_{ij})}{\mathrm{Re}(Z_{ij})}, \quad i, j = x, y \tag{4.88}$$

7. 算法验证

为了验证电阻率各向异性介质有限元数值模拟算法，我们模拟了两个电阻率各向异性模型的大地电磁响应，并将有限元结果与有限差分结果（Pek and Verner，1997）进行了对比。

图 4.5 为 Reddy 和 Rankin（1975）提出的电阻率水平各向异性模型。利用前面提出的矩形单元剖分线性插值有限单元方法，我们计算了周期 10s 的大地电磁响应（图 4.6），并将有限元结果与有限差分结果（Pek and Verner，1997）进行了对比。由图 4.6 可知，有限元结果与有限差分结果非常吻合。

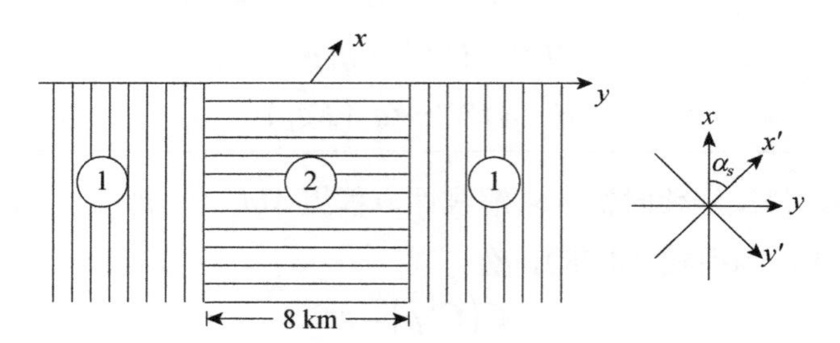

介质 1：ρ_x=40，ρ_y=100，ρ_z=50，α_s=55°

介质 2：ρ_x=3，ρ_y=100，ρ_z=20，α_s=30°

图 4.5 水平各向异性模型［据 Reddy 和 Rankin（1975）修改］

图 4.7 为另一个二维电阻率各向异性模型（Pek and Verner，1997）。具有电阻率水平各向异性的水平地层位于一个二维异常块状体下方，该二维体出露至地表，且其电阻率亦是水平各向异性的。其各向异性主轴 x' 与走向方向 x 轴之间的夹角为30°，而水平地层的

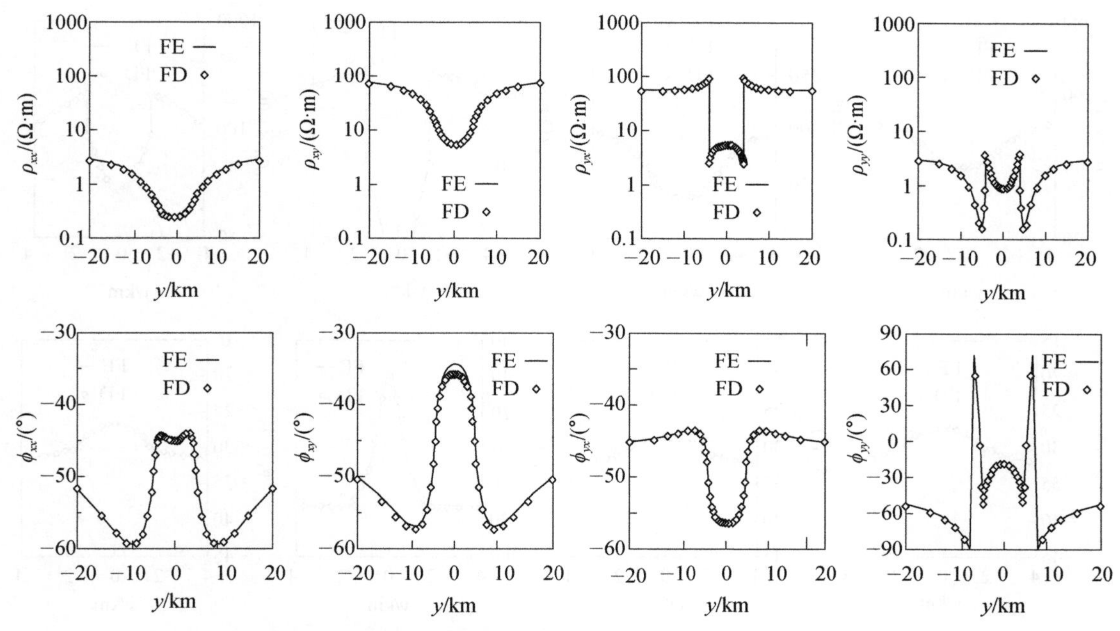

图 4.6　对应图 4.5 中模型的视电阻率（上）和相位（下）

菱形符号：有限差分结果；实线：有限元结果

各向异性主轴 x' 与走向方向 x 轴之间的夹角为120°，即二维异常体的各向异性水平主轴与水平地层的各向异性水平主轴相互垂直。之所以设计这样的模型，其目的在于表明复杂各向异性构造对大地电磁资料所产生的严重畸变。

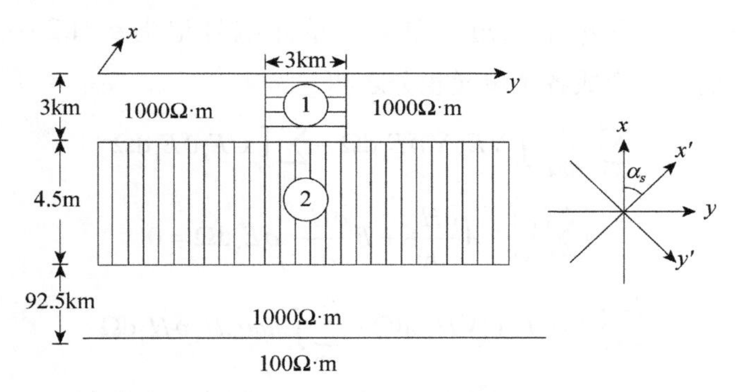

介质 1：$\rho_{x'}$=40，$\rho_{y'}$=100，$\rho_{z'}$=30，α_s=30°

介质 2：$\rho_{x'}$=10，$\rho_{y'}$=100，$\rho_{z'}$=10，α_s=120°

图 4.7　水平各向异性模型（据 Pek and Verner，1997 修改）

图 4.8 中给出图 4.7 所示模型周期 30s 时大地电磁响应，并将矩形单元剖分线性插值有限元结果与有限差分结果（Pek and Verner，1997）进行对比。有限元结果与有限差分结果吻合得非常好。

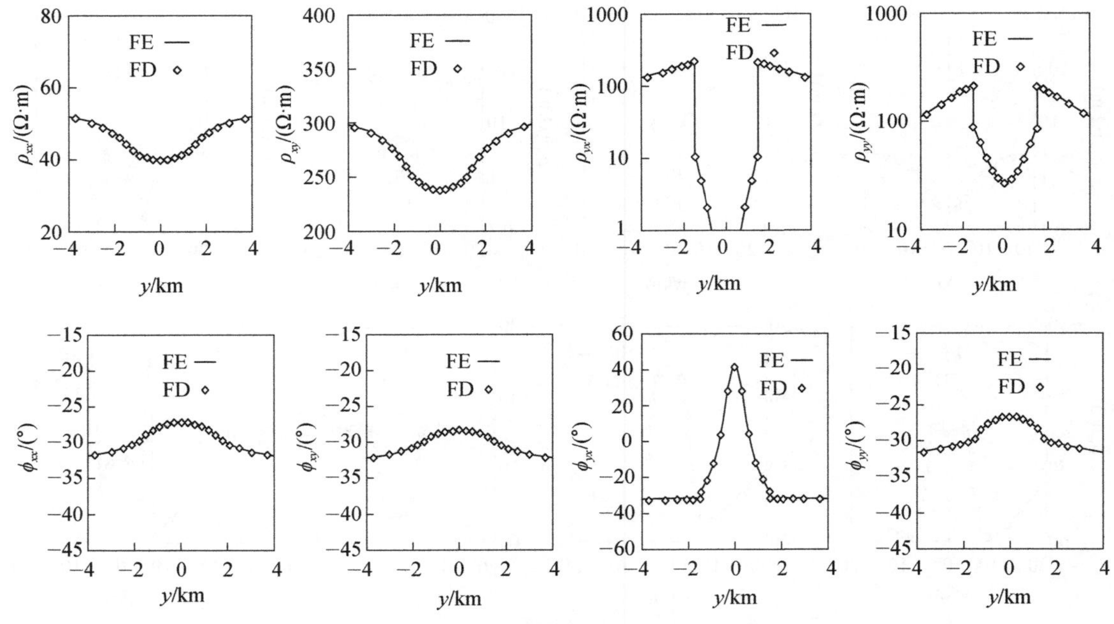

图 4.8 对应图 4.7 中模型的视电阻率（上）和相位（下）

菱形符号：有限差分结果；实线：有限元结果

4.3.2 三角单元、线性插值

1. 区域剖分

将求解区域Ω剖分成 n_e 个三角形单元，单元编号记为 $e=1,2,\cdots,n_e$。于是，方程（4.39）和（4.42）的积分变成各个单元积分之和

$$\begin{aligned}&\sum_{e=1}^{n_e}\frac{1}{i\omega\mu_0}\int_e\nabla E_x\cdot\nabla\delta E_x\mathrm{d}\Omega-\sum_{e=1}^{n_e}\int_e CE_x\delta E_x\mathrm{d}\Omega\\&+\sum_{e=1}^{n_e}\int_e\left(-A\frac{\partial H_x}{\partial y}+B\frac{\partial H_x}{\partial z}\right)\delta E_x\mathrm{d}\Omega=0\end{aligned}\tag{4.89}$$

$$\begin{aligned}&\sum_{e=1}^{n_e}\int_e\nabla\delta H_x\cdot(\underline{\underline{\tau}}\nabla H_x)\mathrm{d}\Omega-\sum_{e=1}^{n_e}\int_e i\omega\mu_0 H_x\delta H_x\mathrm{d}\Omega\\&+\sum_{e=1}^{n_e}\int_e \boldsymbol{p}\cdot\nabla\delta H_x\mathrm{d}\Omega=0\end{aligned}\tag{4.90}$$

在导出上述方程时，我们已经利用了内边界上电磁场切向分量连续性条件，并已考虑了外边界条件。

2. 线性插值

在三角单元内，假定电场 E_x 和磁场 H_x 是 y 和 z 的线性函数，并可近似为

$$E_x(y,z)=\sum_{i=1}^{3}N_iE_i,\qquad H_x(y,z)=\sum_{i=1}^{3}N_iH_i\tag{4.91}$$

式中，E_i 和 H_i 分别是全球坐标系（y,z）中三角单元第 I 个顶点处的电场和磁场。N_i（$i=1,2,3$）是三角单元的线性形函数。

3. 单元分析

现在，我们通过计算得到单元矩阵。方程（4.89）中第 1 个面积分为

$$\frac{1}{i\omega\mu_0}\int_e \nabla E_x \cdot \nabla \delta E_x \mathrm{d}\Omega = \delta \boldsymbol{E}_{xe}^{\mathrm{T}} \boldsymbol{K}_{1e} \boldsymbol{E}_{xe} \tag{4.92}$$

式中，$\boldsymbol{E}_{xe}=(E_1,E_2,E_3)^{\mathrm{T}}$，$\delta\boldsymbol{E}_{xe}^{\mathrm{T}}=(\delta E_1,\delta E_2,\delta E_3)$。$\boldsymbol{K}_{1e}$ 为一个 3×3 的对称矩阵，其元素为

$$\boldsymbol{K}_{1e}=\frac{1}{i\omega\mu_0}\frac{1}{4\Delta}\begin{pmatrix} a_1^2+b_1^2 & a_1a_2+b_1b_2 & a_1a_3+b_1b_3 \\ a_1a_2+b_1b_2 & a_2^2+b_2^2 & a_2a_3+b_2b_3 \\ a_1a_3+b_1b_3 & a_2a_3+b_2b_3 & a_3^2+b_3^2 \end{pmatrix}$$

方程（4.89）中第 2 个面积分为

$$-\int_e C E_x \delta E_x \mathrm{d}\Omega = \delta \boldsymbol{E}_{xe}^{\mathrm{T}} \boldsymbol{K}_{2e} \boldsymbol{E}_{xe} \tag{4.93}$$

式中，$\boldsymbol{K}_{2e}$ 为一个 3×3 对称矩阵，其元素为

$$\boldsymbol{K}_{2e}=-\frac{C\Delta}{12}\begin{pmatrix} 2 & 1 & 1 \\ 1 & 2 & 1 \\ 1 & 1 & 2 \end{pmatrix}$$

方程（4.89）中第 3 个面积分为

$$\int_e \left(-A\frac{\partial H_x}{\partial y}+B\frac{\partial H_x}{\partial z}\right)\delta E_x \mathrm{d}\Omega = \delta \boldsymbol{E}_{xe}^{\mathrm{T}} \boldsymbol{K}_{3e} \boldsymbol{H}_{xe} \tag{4.94}$$

式中，$\boldsymbol{K}_{3e}$ 为一个 3×3 非对称矩阵，其元素为

$$\boldsymbol{K}_{3e}=\frac{1}{6}\begin{pmatrix} -Aa_1+Bb_1 & -Aa_2+Bb_2 & -Aa_3+Bb_3 \\ -Aa_1+Bb_1 & -Aa_2+Bb_2 & -Aa_3+Bb_3 \\ -Aa_1+Bb_1 & -Aa_2+Bb_2 & -Aa_3+Bb_3 \end{pmatrix}$$

方程（4.90）中第 1 个面积分为

$$\int_e \nabla \delta H_x \cdot (\underline{\underline{\tau}} \nabla H_x) \mathrm{d}\Omega = \delta \boldsymbol{H}_{xe}^{\mathrm{T}} \boldsymbol{K}_{4e} \boldsymbol{H}_{xe} \tag{4.95}$$

式中，$\boldsymbol{H}_{xe}=(H_1,H_2,H_3)^{\mathrm{T}}$，$\delta\boldsymbol{H}_{xe}^{\mathrm{T}}=(\delta H_1,\delta H_2,\delta H_3)$。$\boldsymbol{K}_{4e}$ 为一个 3×3 的对称矩阵，其元素为

$$\boldsymbol{K}_{4e}=\frac{1}{4\Delta}\begin{pmatrix} \alpha_1a_1+\beta_1b_1 & \alpha_1a_2+\beta_1b_2 & \alpha_1a_3+\beta_1b_3 \\ \alpha_1a_2+\beta_1b_2 & \alpha_2a_2+\beta_2b_2 & \alpha_2a_3+\beta_2b_3 \\ \alpha_1a_3+\beta_1b_3 & \alpha_2a_3+\beta_2b_3 & \alpha_3a_3+\beta_3b_3 \end{pmatrix}$$

其中

$$\alpha_1=\tau_{11}a_1+\tau_{21}b_1,\quad \alpha_2=\tau_{11}a_2+\tau_{21}b_2,\quad \alpha_3=\tau_{11}a_3+\tau_{21}b_3$$
$$\beta_1=\tau_{12}a_1+\tau_{22}b_1,\quad \beta_2=\tau_{12}a_2+\tau_{22}b_2,\quad \beta_3=\tau_{12}a_3+\tau_{22}b_3$$

方程（4.90）中第 2 个面积分为

$$-\int_e i\omega\mu_0 H_x \delta H_x \mathrm{d}\Omega = \delta \boldsymbol{H}_{xe}^{\mathrm{T}} \boldsymbol{K}_{5e} \boldsymbol{H}_{xe} \tag{4.96}$$

式中，$\boldsymbol{K}_{5e}$ 为一个3×3对称矩阵，其元素为

$$\boldsymbol{K}_{5e}=-\frac{i\omega\mu_0\Delta}{12}\begin{pmatrix}2&1&1\\1&2&1\\1&1&2\end{pmatrix}$$

方程（4.90）中第3个面积分为

$$\int_e \boldsymbol{p}\cdot\nabla\delta H_x \mathrm{d}\Omega=\delta\boldsymbol{H}_{xe}^{\mathrm{T}}\boldsymbol{K}_{6e}\boldsymbol{E}_{xe} \tag{4.97}$$

式中，$\boldsymbol{K}_{6e}$ 为一个3×3非对称矩阵，其元素为

$$\boldsymbol{K}_{6e}=\frac{1}{6}\begin{pmatrix}-Aa_1+Bb_1&-Aa_1+Bb_1&-Aa_1+Bb_1\\-Aa_2+Bb_2&-Aa_2+Bb_2&-Aa_2+Bb_2\\-Aa_3+Bb_3&-Aa_3+Bb_3&-Aa_3+Bb_3\end{pmatrix}$$

比较上述矩阵和矩阵 $\boldsymbol{K}_{3e}$ 可知，$\boldsymbol{K}_{6e}=\boldsymbol{K}_{3e}^{\mathrm{T}}$。

4. 线性方程组

将各个单元的行矢量 $\boldsymbol{E}_{xe}$，$\boldsymbol{H}_{xe}$ 和 $\delta\boldsymbol{E}_{xe}$ 及 $\delta\boldsymbol{H}_{xe}$ 扩展成系统矢量

$$\boldsymbol{E}_x=\left(E_1,\cdots,E_{n_d}\right)^{\mathrm{T}},\qquad \delta\boldsymbol{E}_x=\left(\delta E_1,\cdots,\delta E_{n_d}\right)^{\mathrm{T}}$$

$$\boldsymbol{H}_x=\left(H_1,\cdots,H_{n_d}\right)^{\mathrm{T}},\qquad \delta\boldsymbol{H}_x=\left(\delta H_1,\cdots,\delta H_{n_d}\right)^{\mathrm{T}}$$

这里 n_d 是总节点数。并把3×3的单元矩阵 $\boldsymbol{K}_{1e},\cdots,\boldsymbol{K}_{6e}$ 扩展成 n_d 阶矩阵。然后，将所有单元上的扩展矩阵相加，并考虑到 $\delta\boldsymbol{E}_x$ 和 $\delta\boldsymbol{H}_x$ 的任意性，即可得到下列线性方程组

$$\boldsymbol{KU}=\boldsymbol{0} \tag{4.98}$$

式中，系统矩阵 $\boldsymbol{K}$ 为含有大量零元素的 $2n_d$ 阶稀疏对称矩阵，$\boldsymbol{U}$ 为由所有三角单元节点处电场分量 E_x 和磁场分量 H_x 构成的列向量，其维数为 $2n_d$。考虑到外边界条件，用直接法或迭代法解线性方程组（4.98），得到与走向平行的电场分量 E_x 和磁场分量 H_x，并进而可以按照下列公式求得其他电磁场分量

$$E_y=\frac{\sigma_{yz}}{D}\frac{\partial H_x}{\partial y}+\frac{\sigma_{zz}}{D}\frac{\partial H_x}{\partial z}+BE_x \tag{4.99}$$

$$E_z=-\frac{\sigma_{yy}}{D}\frac{\partial H_x}{\partial y}-\frac{\sigma_{zy}}{D}\frac{\partial H_x}{\partial z}+AE_x \tag{4.100}$$

$$H_y=\frac{1}{i\omega\mu_0}\frac{\partial E_x}{\partial z} \tag{4.101}$$

$$H_z=-\frac{1}{i\omega\mu_0}\frac{\partial E_x}{\partial y} \tag{4.102}$$

在陆地大地电磁测深中，接收仪被放置在地球表面。在海洋大地电磁测深中，接收仪被布放在海底面上，因而接收仪的姿态与测点处地形形态有关。如果接收仪位于水平地形上，它测量的是电磁场的水平分量和垂直分量。如果接收仪位于倾斜地形上，它测量的是沿斜坡的电磁场分量（$E_{\parallel}$ 和 $H_{\parallel}$）以及垂直斜坡面的电磁场分量（$E_{\perp}$ 和 $H_{\perp}$），其水平分量和垂直分量可以由下式计算得到

$$E_y = E_{\parallel}\cos\phi - E_{\perp}\sin\phi,\qquad E_z = E_{\parallel}\sin\phi + E_{\perp}\cos\phi \tag{4.103}$$

$$H_y = H_{\parallel}\cos\phi - H_{\perp}\sin\phi,\qquad H_z = H_{\parallel}\sin\phi + H_{\perp}\cos\phi \tag{4.104}$$

式中，ϕ 为斜坡与水平轴 y 的夹角。

4.4　电阻率各向异性对大地电磁响应的影响

为了讨论电阻率水平各向异性和垂直各向异性以及倾斜各向异性对大地电磁响应的影响，我们设计了两个简单的二维电阻率各向异性模型，如图 4.9 和图 4.12 所示。一个二维电阻率各向异性块体嵌入在电阻率为$1000\Omega\cdot\text{m}$ 的各向同性半空间中。二维异常体的大小为$8\text{km}\times2\text{km}$，其上边界位于地表面下方 1km 处。

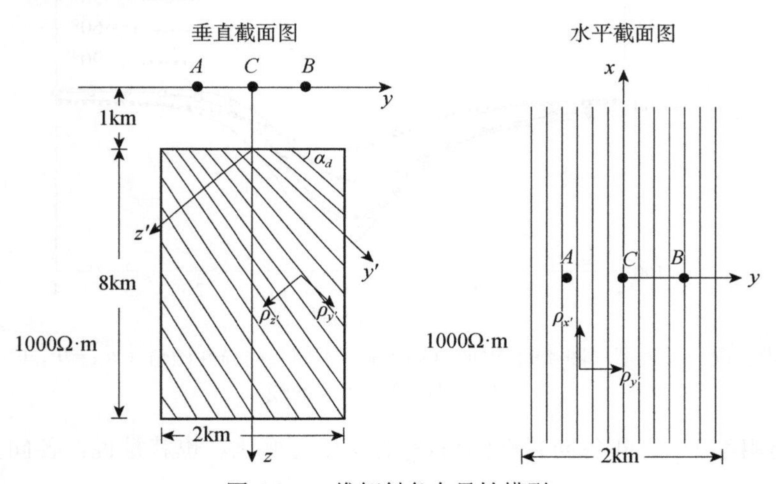

图 4.9　二维倾斜各向异性模型

一个具有电阻率倾斜各向异性的 2D 矩形块体嵌入在电阻率为$1000\Omega\cdot\text{m}$ 的各向同性半空间中。2D 各向异性体的电阻率张量由主轴电阻 $\rho_{x'}/\rho_{y'}/\rho_{z'}=500/10/500\Omega\cdot\text{m}$ 和各向异性倾角 α_d 确定

下面，以图 4.9 和图 4.12 所示模型为例，我们讨论各种电阻率各向异性类型的大地电磁响应特征。然后，我们介绍智利南部大地电磁测深资料和二维电阻率各向异性模型。

4.4.1　倾斜各向异性

在倾斜各向异性情形下，二维异常体电阻率张量的主轴方向如图 4.9 所示。电导率张量的主轴 x' 与走向方向 x 保持平行，而其余两个主轴 y' 和 z' 位于垂直面（y,z）内，并与 y 轴形成一个夹角 α_d。假定二维各向异性异常体的主轴电阻率为 $\rho_{x'}/\rho_{y'}/\rho_{z'}=500/10/500\Omega\cdot\text{m}$，各向异性倾角 α_d 为一变化量。图 4.10 给出周期为 10s 时 4 个不同各向异性倾角（$\alpha_d=0°,30°,60°,90°$）的大地电磁视电阻率曲线。由图 4.10 可见，倾斜各向异性模型大地电磁视电阻率曲线具有如下显著特征。

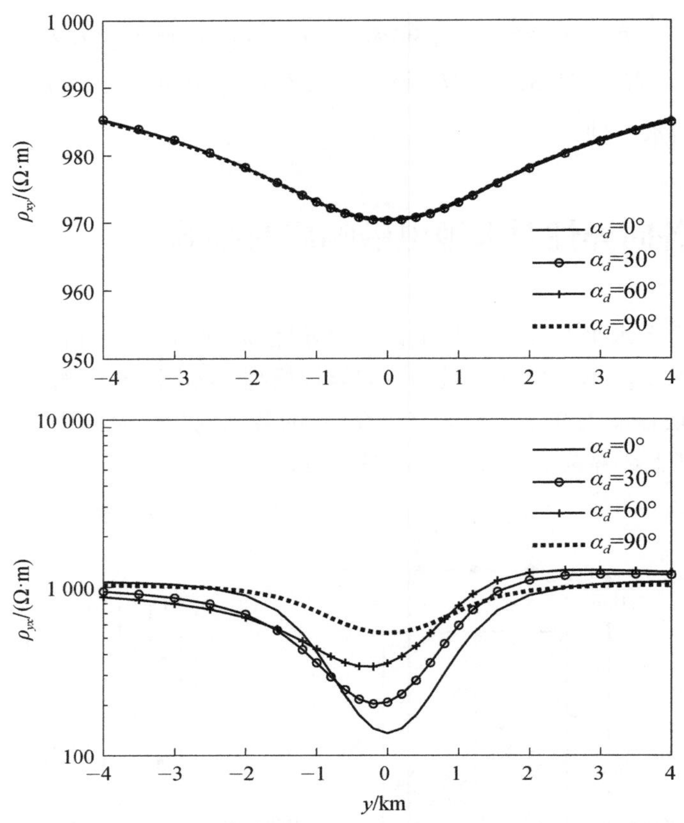

图 4.10 二维各向异性模型（图 4.9）周期 10s 时 4 个不同各向异性倾角（$\alpha_d = 0°,30°,60°,90°$）的大地电磁视电阻率曲线

（1）视电阻率 ρ_{xy} 不随各向异性倾角 α_d 的变化而变化。也就是说，各向异性倾角变化对 ρ_{xy} 没有产生影响。这是因为 TE 模式的大地电磁场依赖于走向方向的电阻率 $\rho_{xx}=\rho_{x'}$，而走向方向的电阻率与倾角 α_d 无关。

（2）视电阻率 ρ_{yx} 受到各向异性倾角 α_d 的强烈影响。视电阻率 ρ_{yx} 曲线关于模型中心不对称，异常最小值偏向模型中心的左侧，且其偏移程度随着各向异性倾角的增加而增大。

（3）$\alpha_d=0°$ 时，视电阻率 ρ_{yx} 与方位各向同性模型（y 方向电阻率为$10\Omega\cdot\text{m}$，(x,z) 垂直面内电阻率为$500\Omega\cdot\text{m}$）的视电阻率相同。

（4）$\alpha_d=90°$ 时，视电阻率 ρ_{yx} 相当于垂直各向异性模型（即，(x,y) 平面内的电阻率为$500\Omega\cdot\text{m}$，垂直 z 方向的电阻率为$10\Omega\cdot\text{m}$）的视电阻率。

图 4.11（a）和（b）分别为二维模型中心正上方 C 点（$y_\text{C}=0$）处 4 个不同各向异性倾角（$\alpha_d=0°,30°,60°,90°$）的大地电磁视电阻率曲线和相位曲线。由图可见，当周期 T 很小时，视电阻率趋于半空间的真实电阻率（$1000\Omega\cdot\text{m}$），相位趋于 45°。但随着周期的增加，视电阻率曲线 ρ_{xy}^C 和 ρ_{yx}^C 出现明显的相互分离，相位曲线 ϕ_{xy}^C 和 ϕ_{yx}^C 也出现了类似的分离。这种分离现象依赖于各向异性倾角 α_d。对于不同的各向异性倾角 α_d，视电阻率曲线

ρ_{yx}^{C} 和相位曲线 ϕ_{yx}^{C} 明显不同且相互分开，而视电阻率曲线 ρ_{xy}^{C} 和相位曲线 ϕ_{xy}^{C} 则完全相同且相互重合在一起。

图 4.11（c）和（d）分别为地表面 A 点（ $y_{\mathrm{A}}=-0.8\mathrm{km}$ ）和 B 点（ $y_{\mathrm{B}}=0.8\mathrm{km}$ ）处的视电阻率曲线和相位曲线。A 点处的视电阻率曲线 ρ_{yx}^{A} 和相位曲线 ϕ_{yx}^{A} 不同于 B 点处的视电阻率曲线 ρ_{yx}^{B} 和相位曲线 ϕ_{yx}^{B}。但是，当 $\alpha_d=0°$ 或 $90°$ 时，它们则完全相同、重合在一起。

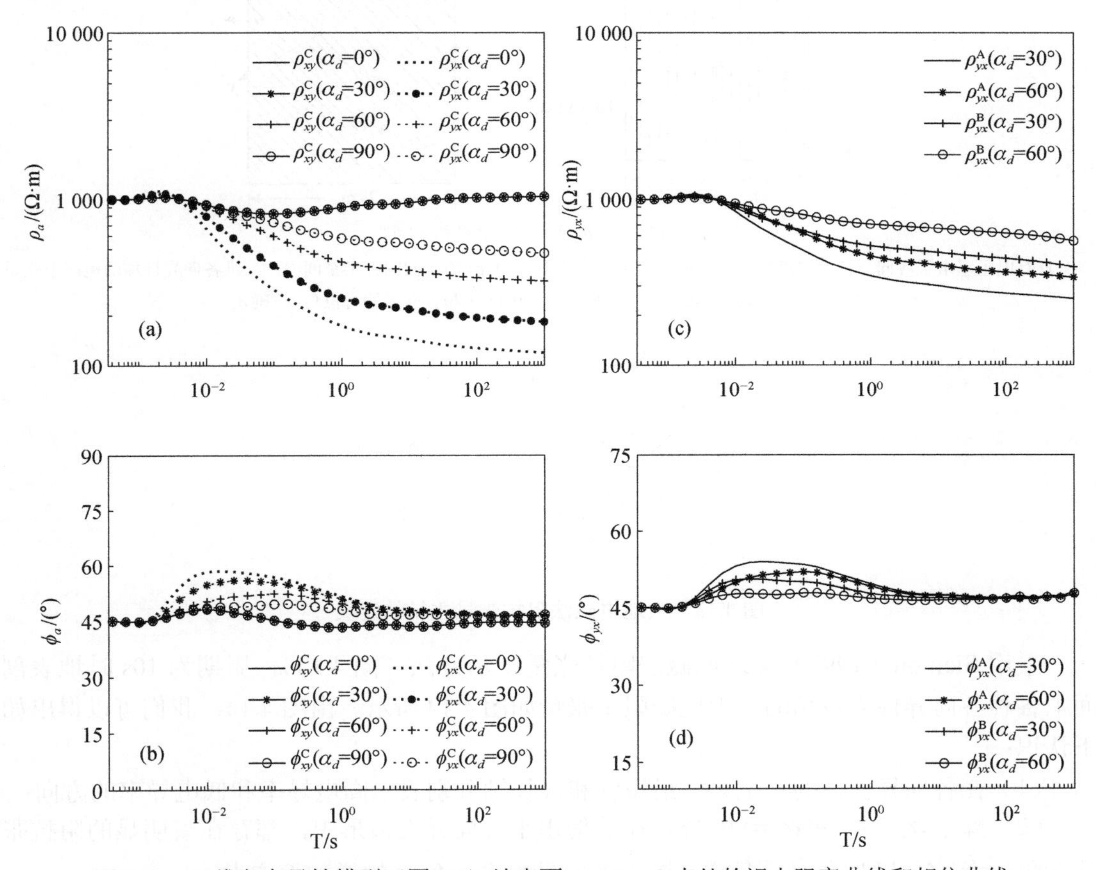

图 4.11　二维各向异性模型（图 4.9）地表面 A、B、C 点处的视电阻率曲线和相位曲线

4.4.2　水平各向异性

在水平各向异性情形下，二维异常体电阻率张量的主轴方向如图 4.12 所示。电导率张量的主轴 z' 垂直，而其余两个主轴 x' 和 y' 位于水平面（x,y）内，并与走向方向 x 轴形成一个夹角 α_s。假定二维各向异性异常体的主轴电阻率为 $\rho_{x'}/\rho_{y'}/\rho_{z'}=500/10/500\Omega\cdot\mathrm{m}$，各向异性方位角 α_s 为一变量。Siemon（1997）介绍了一种大地电磁法阻抗张量的图示方法。首先，沿着 x 轴和 y 轴分别绘出旋转后的阻抗张量非对角元素的绝对值 $|Z_{x'y'}|$ 和 $|Z_{y'x'}|$，再将其旋转到 SWIFT 主轴方向上，然后再把旋转后的阻抗张量对角元素的振幅 $|Z_{x'x'}|$ 和 $|Z_{y'y'}|$ 分别绘制在 $|Z_{x'y'}|$ 和 $|Z_{y'x'}|$ 线段顶端的横轴上，如图 4.13 所示。

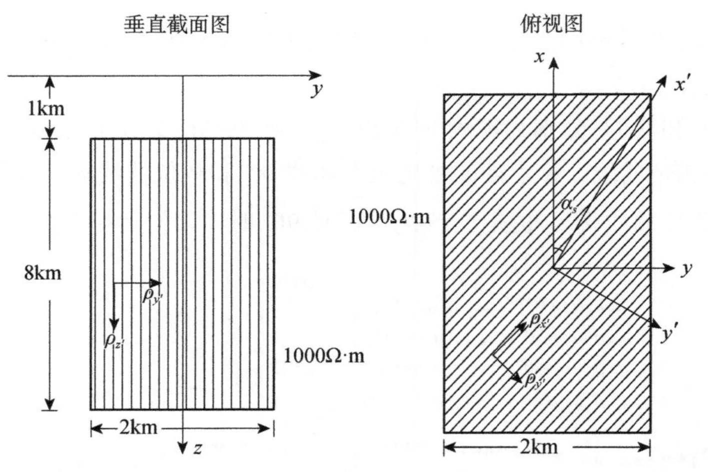

图 4.12 二维水平各向异性模型

一个具有电阻率水平各向异性的二维矩形块体嵌入在电阻率为1000Ω·m 的各向同性半空间中。二维各向异性体的电阻率张量由主轴电阻率 $\rho_{x'}/\rho_{y'}/\rho_{z'}=500/10/500\Omega\cdot\text{m}$ 和各向异性方位角 α_s 确定

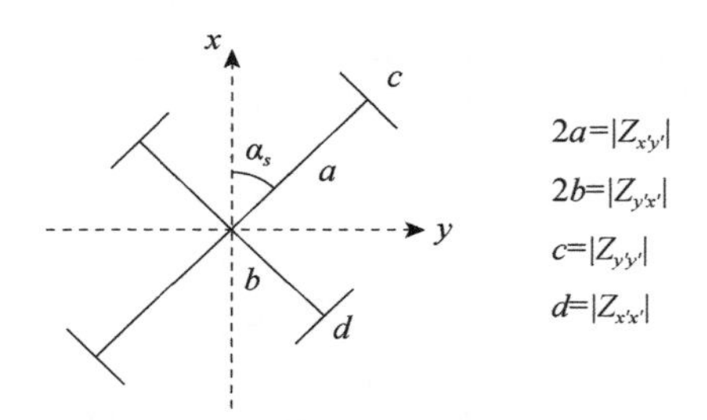

图 4.13 大地电磁法阻抗张量主轴的定义

采用 Siemon（1997）大地电磁法阻抗张量图示方法（图 4.13），周期为 10s 时地表剖面上各种各向异性方位角的大地电磁阻抗张量如图 4.14 所示。由图 4.14，我们可以得出如下认识：

（1）在各向异性体的正上方，最短轴和最长轴分别表示高电导率和低电导率的方向；

（2）除了 $\alpha_s=0°$ 和 $\alpha_s=90°$ 外，在其他水平各向异性情形中，都存在着明显的阻抗张量对角元素 $|Z_{x'x'}|$ 和 $|Z_{y'y'}|$，且它们随着各向异性方位角 α_s 的增加而增大；

（3）在距离异常体很远的地方（$y\to\infty$），异常场消失，阻抗张量非对角元素的振幅相等（$|Z_{x'y'}|=|Z_{y'x'}|$），而对角元素消失（$|Z_{x'x'}|=|Z_{y'y'}|=0$）；在通过异常体边缘进入均匀半空间的过渡带中，阻抗张量的振幅出现了一定程度的减小，特别是当存在浅部电阻率各向异性良导体时，上述阻抗张量出现了明显的畸变。

图 4.15 为沿地表剖面上各种各向异性方位角（$\alpha_s=0°,30°,45°,60°,90°$）电场水平分量的实部[$\text{Re}(E_x)$ 和 $\text{Re}(E_y)$]。在有限元模拟时，假定初始磁场为 $H_0=(0,1,0)$。由该图可见，在各向异性体上方，电场的幅值和方向随各向异性方位角 α_s 的变化而变化。除了 $\alpha_s=0°$ 和 $\alpha_s=90°$ 外，在其他水平各向异性情形下，都存在 y 方向的电场分量 $\text{Re}(E_y)$，且它随着 α_s 的变大而增大。

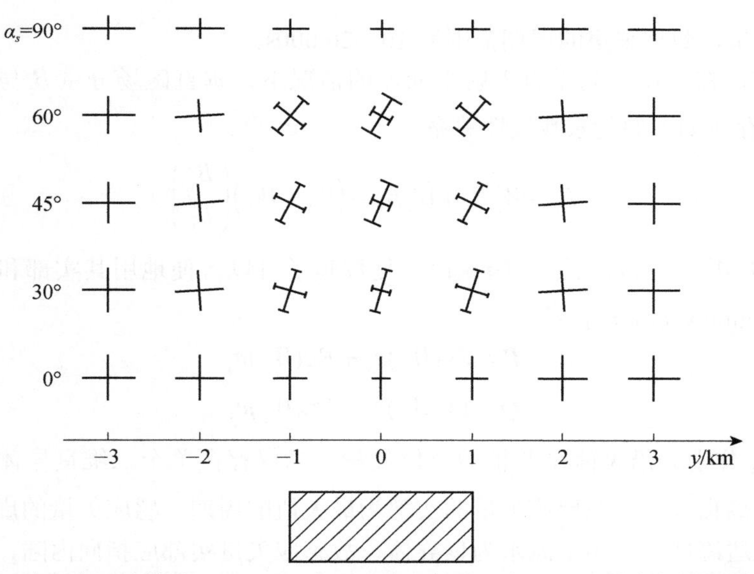

图 4.14　二维各向异性模型（图 4.12）各种各向异性方位角（$\alpha_s = 0°, 30°, 45°, 60°, 90°$）的大地电磁法阻抗张量

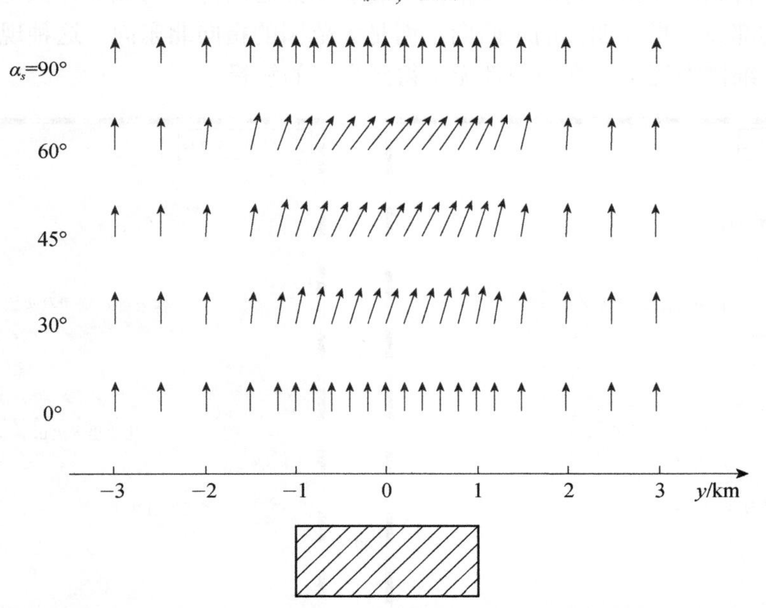

图 4.15　二维各向异性模型（图 4.12）各种水平各向异性情形下沿地表剖面电场水平分量的实部（周期为 10s）

4.4.3　智利南部二维电阻率各向异性地电模型

在 2000～2005 年期间，德国柏林自由大学在智利南部进行了大地电磁测深（MT）调查工作，总共完成了 72 个 MT 测站的数据采集。在每个测点上，观测 2 个水平电场分量

和 3 个磁场分量，数据采集的周期范围为 10～20 000s。

我们知道，在一次场为垂直入射平面波的情况下，垂直磁场分量 B_z 与水平磁场分量 B_x 和 B_y 之间存在如下的复系数线性关系

$$B_z = W_x B_x + W_y B_y = \begin{pmatrix} W_x & W_y \end{pmatrix} \begin{pmatrix} B_x \\ B_y \end{pmatrix} \tag{4.105}$$

其中，$\boldsymbol{W} = (W_x, W_y)^{\mathrm{T}}$ 称为倾子（Tipper）。复数倾子可以方便地用其实部和虚部构成的感应矢量（induction vector）表示

$$\boldsymbol{P} = \mathrm{Re}(W_x)\boldsymbol{e}_x + \mathrm{Re}(W_y)\boldsymbol{e}_y \tag{4.106}$$

$$\boldsymbol{Q} = \mathrm{Im}(W_x)\boldsymbol{e}_x + \mathrm{Im}(W_y)\boldsymbol{e}_y \tag{4.107}$$

其中，$\boldsymbol{e}_x$ 和 $\boldsymbol{e}_y$ 分别为沿 x 轴和 y 轴的单位矢量。当仅存在单个二维良导体时，感应矢量实部的方向背离良导体。在感应矢量的实部为最大值的周期，感应矢量的虚部改变符号。在海洋—陆地边缘地区，由于海水为良导体，故感应矢量实部应指向内陆，并且与海岸线垂直，这种现象称为海岸效应（coast effect）。图 4.16 为智利南部实测大地电磁资料的感应矢量实部。由图 4.16 可见，当周期较小时（如 102s），在近海岸区域，感应矢量的实部像期待的一样背离海洋指向内陆，其幅值也随着测点远离海岸而减小。但是，长周期的电磁感应矢量实部没有指向期待的东西向，而是大范围的指向北东向。这种现象无论用电阻率各向同性二维模型还是三维模型都无法得到合理的解释。

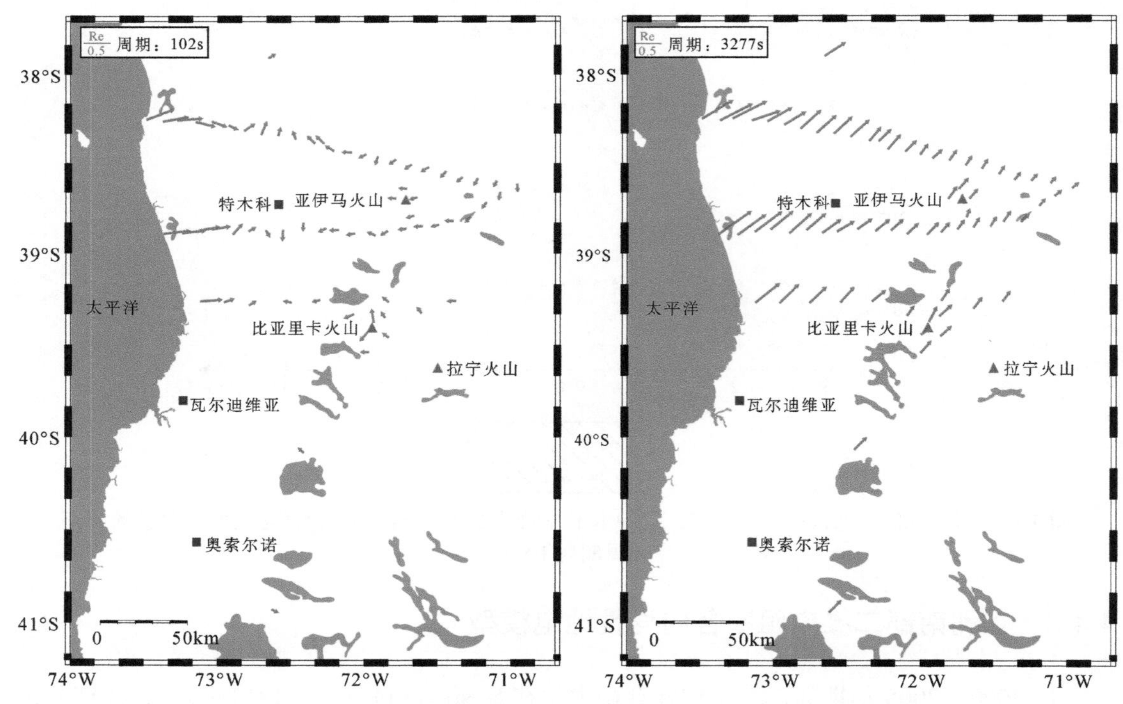

图 4.16 智利南部实测感应矢量实部[据 Brasse 等（2009）修改]

Brasse 等（2009）设计了多种地电模型，利用前节所述的电阻率各向异性二维有限元

程序计算大地电磁场感应矢量，并与实测结果进行比较分析。经过反复地数值模拟，最终发现用二维电阻率各向异性模型（图 4.17）可以很好地解释智利南部实测的感应矢量。

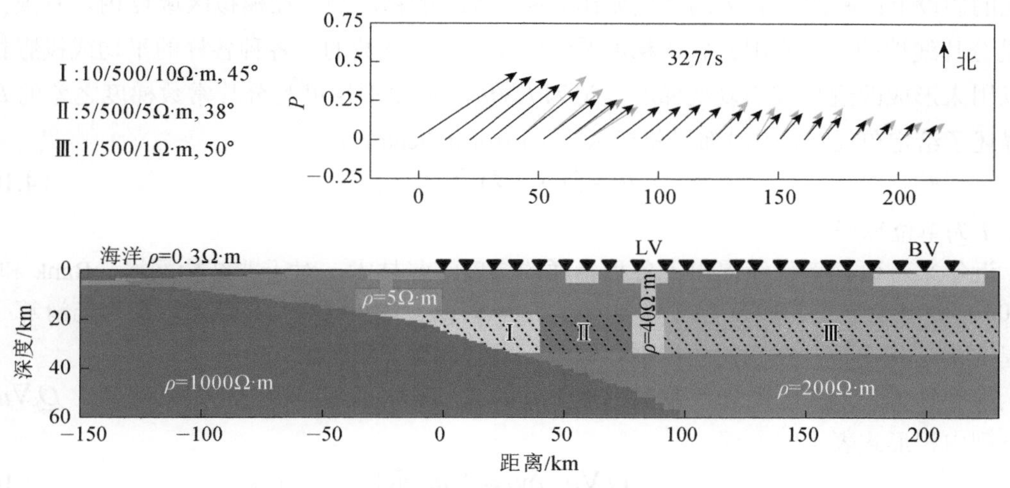

图 4.17　智利南部二维电阻率各向异性模型[据 Brasse 等（2009）修改]

4.5　非结构三角网格自适应有限元方法

4.5.1　后验误差估计和自适应网格细化

前述的有限元方法是在预先设计好的固定网格上离散弱方程（4.39）和（4.42），产生一个关于离散网格节点处电磁场的线性方程组，通过求解该方程组得到有限元数值解。所获得数值解的精度在很大程度上取决于有限元网格，合理可靠的离散化网格设计是获得高精度有限元数值解的关键。对于简单的地电模型，基于经验可以得到较优化的离散网格，而对于复杂模型，仅凭经验难以得到优化网格。

一般地讲，网格越细化，数值解的精度就越高。如果在整个模拟区域内使用充分小的有限元网格，即有可能获得高精度的有限元结果。但是，这种方法常常会产生一个非常庞大的线性方程组。其求解过程非常耗时，并且对计算机存储的需求很大，有可能超出计算机的内存。因而，我们既需要能够自动形成具有最少网格节点数的优化网格，又需要提供高精度有限元解的数值方法。新近发展起来的自适应有限元方法能够自动细化网格，并能够在不显著增加计算时间的条件下提供可靠的计算结果。自适应有限元法是一种通过后验误差估计自动调整算法，以改进求解过程的高可靠性数值方法，所涉及的主要技术问题是后验误差估计和自适应网格细化。

自适应有限元方法的基本工作思想如下：首先，将模型求解区域进行初始剖分，产生一个粗糙的初始网格。在该初始网格上进行有限元正演计算得到有限元解。接着，计算每个单元的局部误差，选取一定比例具有较大局部误差的单元进行网格细化，产生一个新网格。然后，在细化后的新网格上再进行有限元正演计算。重复以上过程，直至有限元解达到要求的精度或达到给定的最大网格细化次数为止。

新近发展的一类后验误差估计方法称为恢复型误差估计。恢复型误差估计方法建立在如此的假设上：有限元解u_h的精度要比其梯度∇u_h的精度高。在模拟区域Ω内，有限元解u_h是分片线性的，而有限元解的梯度∇u_h仅仅是分片常数的。各种各样的平均或投影技术可以用来形成改进型或恢复型梯度，记为$\mathcal{R}\nabla u_h$。恢复型梯度与分片常数梯度之差的L_2范数描述了给定单元e上的局部误差指示子（Error indicator）：

$$\eta_e = \|(\mathcal{R} - \boldsymbol{I})\nabla u_h\|_{L_2(e)} \tag{4.108}$$

这里$\boldsymbol{I}$为单位算子。

近年来，研究者已经提出了各种各样的梯度恢复技术。对于非结构网格，Bank 和 Xu（2003）提出了一个超收敛梯度恢复算子$\mathcal{R} = \boldsymbol{S}^m Q_h$，其中$Q_h$为$L_2$范数，$\boldsymbol{S}$为光滑算子，$m$是光滑迭代次数。在我们的模型计算中，通常取$m = 2$。

换句话说，$Q_h\nabla u_h$是分片常数梯度∇u_h的L_2投影，而后再用$\boldsymbol{S}^m$进行光滑。$Q_h\nabla u_h$满足下列内积形式表示的方程

$$(Q_h\nabla u_h, \delta v) = (\nabla u_h, \delta v) \tag{4.109}$$

或者，可以写成如下积分形式

$$\int_\Omega Q_h \nabla u_h \delta v \mathrm{d}\Omega = \int_\Omega \nabla u_h \delta v \mathrm{d}\Omega \tag{4.110}$$

式中，δv是任一函数v的变分。

将方程（4.110）中的区域积分分解成各个三角形单元的积分之和

$$\sum_{e=1}^{n_e} \int_e Q_h \nabla u_h \delta v \mathrm{d}\Omega = \sum_{e=1}^{n_e} \int_e \nabla u_h \delta v \mathrm{d}\Omega \tag{4.111}$$

方程（4.111）中，三角形单元e上的面积分为

$$\int_e Q_h \nabla u_h \delta v \mathrm{d}\Omega = (\delta v)^{\mathrm{T}} \boldsymbol{K}_{1e}'(Q_h \nabla u_h) \tag{4.112}$$

$$\int_e \nabla u_h \delta v \mathrm{d}\Omega = (\delta v)^{\mathrm{T}} \boldsymbol{p}_e' \tag{4.113}$$

其中

$$\boldsymbol{K}_{1e}' = \frac{\Delta}{12}\begin{pmatrix} 2 & 1 & 1 \\ 1 & 2 & 1 \\ 1 & 1 & 2 \end{pmatrix} \qquad \boldsymbol{p}_e' = \frac{\nabla u_h \Delta}{3}\begin{pmatrix} 1 \\ 1 \\ 1 \end{pmatrix} \tag{4.114}$$

由式（4.111）～式（4.113），可得到下列线性方程组

$$\boldsymbol{K}_1'(Q_h \nabla u_h) = \boldsymbol{P}' \tag{4.115}$$

解上述线性方程组，可得到$Q_h\nabla u_h$，即梯度∇u_h的L_2投影。

对于光滑运算过程，有下列偏微分方程

$$\nabla^2 (Q_h \nabla u_h) = 0 \tag{4.116}$$

利用加权余量法，可导出偏微分方程（4.116）所对应的加权余量方程

$$\int_\Omega \nabla(Q_h \nabla u_h) \cdot \nabla \delta v \mathrm{d}\Omega = \sum_{e=1}^{n_e} \int_e \nabla(Q_h \nabla u_h) \cdot \nabla \delta v \mathrm{d}\Omega = 0 \tag{4.117}$$

方程（4.117）中，给定三角单元e上的面积分为

$$\int_e \nabla(Q_h\nabla u_h)\cdot\nabla\delta v \mathrm{d}\Omega = (\delta v)^{\mathrm{T}} \boldsymbol{K}'_{2e}(Q_h\nabla u_h) \tag{4.118}$$

式中

$$\boldsymbol{K}'_{2e} = \frac{1}{4\Delta}\begin{pmatrix} a_1^2+b_1^2 & a_1a_2+b_1b_2 & a_1a_3+b_1b_3 \\ a_1a_2+b_1b_2 & a_2^2+b_2^2 & a_2a_3+b_2b_3 \\ a_1a_3+b_1b_3 & a_2a_3+b_2b_3 & a_3^2+b_3^2 \end{pmatrix} \tag{4.119}$$

故，由方程（4.117）和（4.118）得到下列线性方程组

$$\boldsymbol{K}'_2(Q_h\nabla u_h) = \boldsymbol{0} \tag{4.120}$$

解上述线性方程组，可得到恢复梯度 $R\nabla u_h$。

当单元面积减少时，后验误差估计

$$\eta_e = \|(\boldsymbol{S}^m Q_h - \boldsymbol{I})\nabla u_h\|_{L_2(e)} \tag{4.121}$$

将渐进地逼近于梯度误差的真实值（Bank and Xu，2003）。

由式（4.121）可知

$$\eta_e = \eta_e^{\mathrm{E}} + \eta_e^{\mathrm{H}} \tag{4.122}$$

其中

$$\eta_e^{\mathrm{E}} = \int_e \left|(\boldsymbol{S}^m Q_h - \boldsymbol{I})\left(\frac{\partial E_x}{\partial y}\right)_h\right| \mathrm{d}\Omega + \int_e \left|(\boldsymbol{S}^m Q_h - \boldsymbol{I})\left(\frac{\partial E_x}{\partial z}\right)_h\right| \mathrm{d}\Omega \tag{4.123}$$

$$\eta_e^{\mathrm{H}} = \int_e \left|(\boldsymbol{S}^m Q_h - \boldsymbol{I})\left(\frac{\partial H_x}{\partial y}\right)_h\right| \mathrm{d}\Omega + \int_e \left|(\boldsymbol{S}^m Q_h - \boldsymbol{I})\left(\frac{\partial H_x}{\partial z}\right)_h\right| \mathrm{d}\Omega \tag{4.124}$$

上述方程中的面积分，可以用高斯数值积分计算得到

$$\int_e f \mathrm{d}\Omega = A_e \sum_{i=1}^{n} \omega_i f(\xi_i, \eta_i, \zeta_i) \tag{4.125}$$

这里，A_e 为三角形单元 e 的面积，ω_i 为加权系数，（ξ_i, η_i, ζ_i）为第 i 个高斯积分点的坐标。我们通常采用 12 点高斯数值积分（Cowper，1973）。

基于局部误差估计式（4.122）的网格自动细化技术能够在整个模拟区域内产生高精度的数值解，但是网格细化产生的单元数常常太大。在许多情形下，我们不需要求得整个模拟区域 Ω 的精确解，只需要求得模拟区域内某些特定位置处（如电磁场观测点处）的高精度数值结果，并且一些网格细化迭代过程可能对这些观测点处数值解的精度影响不大（Li and Key，2007）。

在电磁接收仪测点附近，手动细化网格方法并不一定奏效。如果要减小测点处数值解的误差，网格细化不应该仅仅局限于测点附近的局部区域，而是需要考虑整个区域对局部误差的影响（Babuska et al.，1997；Oden et al.，1998）。

于是，为了减少局部误差，整个区域资料对于局部误差的影响也应该加以考虑（Oden et al.，1998）。解决该问题的一个有效方法是对于误差指示子采用一个加权项，该加权项可由有限元方程的对偶解确定。

对偶加权误差估计方法（Dual Error Estimate Weighting，DEW）（Ovall，2006）和面向目标的误差估计方法（goal-oriented error estimator）（Prudhomme and Oden，1999）在全

局区域内分析网格单元对有限元数值解精度的影响，从而能够很好地解决上述问题。

考虑用泛函 G 来测量方程（4.39）和（4.42）的精确解 u 和有限元数值解 u_h 的误差 $u-u_h$。在一般情况下，精确解 u 是未知的。下面，我们利用解对偶问题近似估计泛函 G 的值。

为了描述泛函 G 的特征，解对偶问题

$$\boldsymbol{B}^*(w,v)=G(v)$$

这里，$\boldsymbol{B}^*$ 为对偶算子或者伴随算子，定义为

$$\boldsymbol{B}^*(w,v)=\boldsymbol{B}(v,w)$$

于是，有

$$G(u-u_h)=\boldsymbol{B}^*(w,u-u_h)=\boldsymbol{B}(u-u_h,w)=\boldsymbol{B}(u-u_h,w-w_h) \tag{4.126}$$

其中，w 和 w_h 分别是对偶问题的精确解和有限元数值解。在导出方程（4.126）的右端最后一项时，利用了正交特性 $\boldsymbol{B}(u-u_h,w_h)=F(w_h)-\boldsymbol{B}(u_h,w_h)=0$。

假如已经求得了有限元解 u_h 和 w_h，方程（4.126）的右端项可以用来计算与误差泛函 G 等价的解：

$$\boldsymbol{B}\left(u-u_h,w-w_h\right)=\int_\Omega \alpha\nabla\left(u-u_h\right)\cdot\nabla\left(w-w_h\right)\mathrm{d}\Omega \tag{4.127}$$

在导出上述方程的过程中，我们忽略了方程（4.39）和（4.42）中另外两项面积分的贡献。

方程（4.127）中的梯度项可以近似为：

$$\nabla(u-u_h)\approx(\mathcal{R}-\boldsymbol{I})\nabla u_h,\quad \nabla(w-w_h)\approx(\mathcal{R}-\boldsymbol{I})\nabla w_h \tag{4.128}$$

于是，有

$$\boldsymbol{B}\left(u-u_h,w-w_h\right)\approx\int_\Omega \alpha\left(\mathcal{R}-\boldsymbol{I}\right)\nabla u_h\cdot\left(\mathcal{R}-\boldsymbol{I}\right)w_h\mathrm{d}\Omega \tag{4.129}$$

根据上式，定义对偶加权误差指示子为

$$\hat{\eta}_e=\eta_e\overline{\eta}_e \tag{4.130}$$

其中

$$\overline{\eta}_e=\alpha\left\|(\mathcal{R}-\boldsymbol{I})\nabla u_h\right\|_{L_2(e)},\qquad \eta_e=\left\|(\mathcal{R}-\boldsymbol{I})\nabla w_h\right\|_{L_2(e)} \tag{4.131}$$

在自适应有限元正演中，只对对偶加权误差估计指示子 $\hat{\eta}_e$ 比较大的单元进行网格细化，并计算网格细化后的有限元解。我们通常选择对 $\hat{\eta}_e$ 值较大的前 5 ~ 10% 单元进行网格细化。重复上述过程，直至达到要求的数值精度或最大网格细化次数为止。

有限元解的收敛性可以由当前网格和前一次迭代网格获得的测点处非主轴视电阻率值和相位值的均方差和相对误差来衡量。经 m 次网格细化后，测点 s 处非主轴视电阻率值和相位值 $p_i^{m,s}(i=1,2,3,4)$ 的相对误差定义为

$$\delta p_i^{m,s}=\frac{|\,p_i^{m,s}-p_i^{m-1,s}\,|}{p_i^{m,s}} \tag{4.132}$$

均方差为

$$\mathrm{RMS}=\sqrt{\frac{1}{n}\sum_{i=1}^{4}\sum_{s=1}^{n_s}(\delta p_i^{m,s})^2} \tag{4.133}$$

式中，$n=4\times n_s$ 为求得的非主轴视电阻率值和相位值的总个数，n_s 为总测点数。当达到最大网格细化次数或者均方差 RMS 和最大相对误差 δp 小于收敛精度时，网格细化循环结束。均方差 RMS 和最大相对误差通常设定为1% 或 2% 。

4.5.2 算法验证

为了验证 4.5.1 节所述自适应有限元正演算法的正确性及有效性，我们用有限元方法模拟一个电阻率各向异性水平层状模型大地电磁场响应，并与其解析结果进行对比。一维各向异性验证模型由 4 个水平地层构成：电阻率为 $0.3\Omega\cdot\mathrm{m}$ ，厚度为1km 的海水层；电阻率为 $1\Omega\cdot\mathrm{m}$ ，厚度为 7km 的海底地层；厚度为 15km ，主轴电阻率为 $\rho_x/\rho_y/\rho_z=10/100/10\Omega\cdot\mathrm{m}$ ，各向异性方位角为 $\alpha_s=30°$ 的各向异性层；电阻率为 $1\Omega\cdot\mathrm{m}$ 的均匀下半空间。

我们计算了周期范围为 10～10^5s 共 21 个周期（每个量级选 5 个频点）的海底大地电磁场响应。有限元模拟区域的宽度和高度均为 200km。对模型进行三角单元网格剖分，得到一个由 1740 个三角单元和 892 个节点组成的粗糙初始网格。在网格细化过程中，计算周期为 100s 时的后验误差估计指示子，再对具有最大后验误差估计三角单元中的 5%单元进行细化，经过 35 次网格细化后，非主轴大地电磁响应的均方差 RMS 和最大相对误差分别达到 0.8%和 1.5%。第 35 次网格细化后形成的最终网格由 101 336 个三角单元和 51 783 个节点组成。在该最终网格上，计算其余 20 个周期的大地电磁场响应。

图 4.18（a）和（b）分别为基于 100s 周期细化网格自适应有限元算法得到的视电阻率曲线和相位曲线。为了对比起见，也绘出了解析结果（实线）。由图 4.18（a）和（b）可见，在所有考虑的周期范围内，有限元算法提供了高精度的模拟结果。在周期范围 10s～3×10^3s 内，有限元法计算得到的视电阻率值和解析解间的相对误差小于 1%[图 4.18（c）]；在周期范围 10s～4×10^4s 内，有限元法计算得到的相位值和解析解间的误差小于 1°[图 4.18（d）]。然而，当周期大于几千秒后，有限元结果的精度有所降低。这表明基于 100s 周期后验误差估计指示子指导的细化网格，对于长周期大地电磁场模拟并不是最好的。

利用 10^4s 周期的后验误差估计指示子指导网格细化进行一次同样的网格细化迭代过程。经过 34 次网格细化后，非主轴大地电磁响应的均方差 RMS 和最大相对误差分别收敛于 0.4%和 0.8%。图 4.19（a）和（b）分别给出基于 10^4s 周期细化网格自适应有限元结果和解析解之间视电阻率的相对误差和相位误差。对于大于 10^3s 的长周期，视电阻率的相对误差和相位的绝对误差分别小于 2%和 0.5°。当周期小于几百秒时，误差较大，有限元结果的精度较低。这些算例说明，有限元细化网格与计算周期有关，基于单一周期细化的网格难以保证在整个周期范围内获得高精度的数值结果。

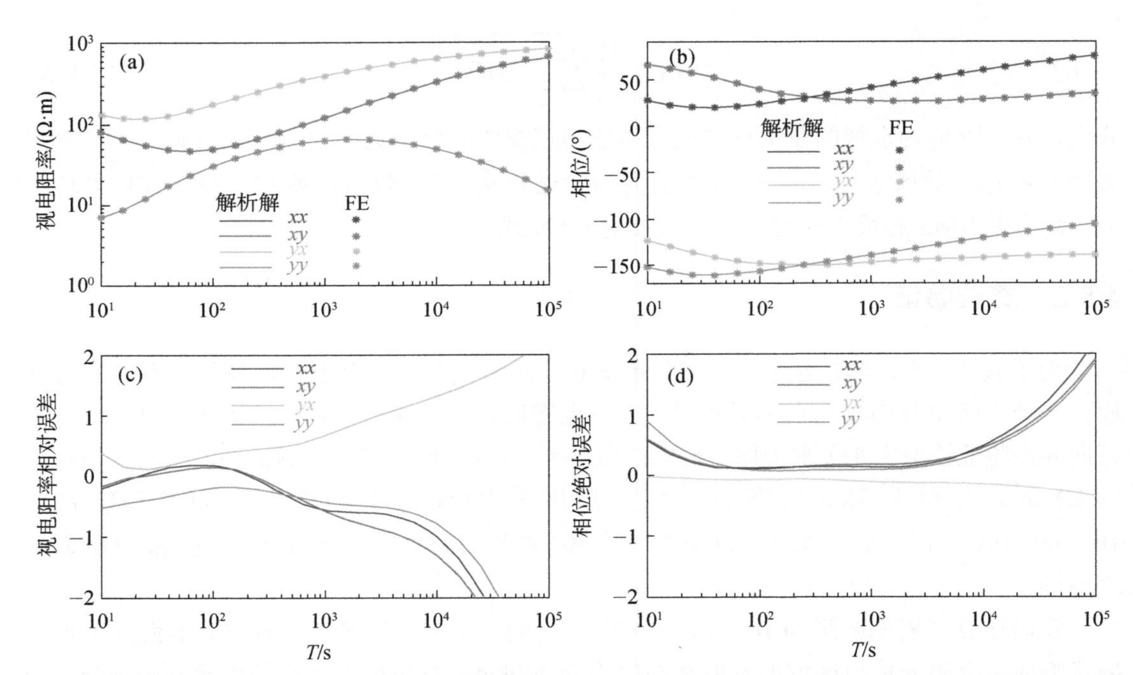

图 4.18 一维电阻率各向异性海洋地电模型海底大地电磁视电阻率曲线（a）和相位曲线（b）

实线为解析解，符号为自适应有限元结果；视电阻率相对误差（c）和相位绝对误差（d）。[据 Li 和 Pek（2008）修改]

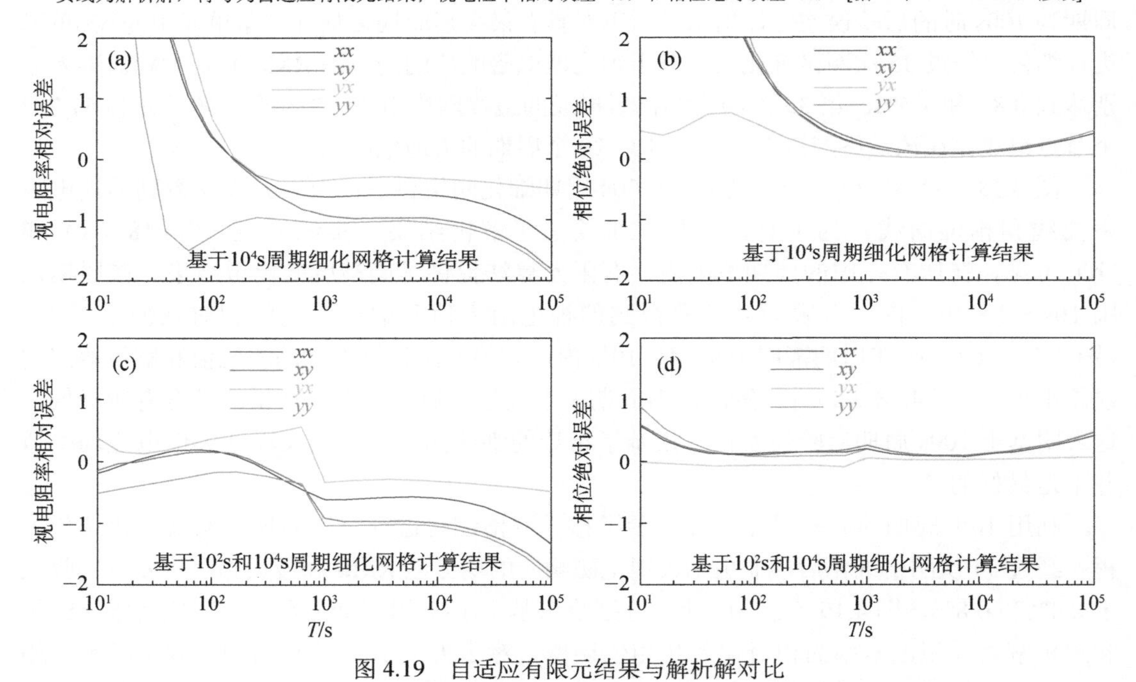

图 4.19 自适应有限元结果与解析解对比

（a）、（b）为基于 10^4s 周期细化网格；（c）、（d）为基于 10^2s 和 10^4s 两个周期细化网格[据 Li 和 Pek（2008）修改]

为了获得高精度有限元结果，最理想的方法是对每个周期都进行自适应网格细化，但这种方法需要大量的计算时间。算例表明，如果利用基于某个周期的后验误差估计得到的自适应细化网格计算该周期两侧各一个数量级内的大地电磁场响应的话，自适应有限元算法能够提供高精度的结果。我们利用基于 10^2s 和 10^4s 周期细化的网格分别计算周期范围从 10s～10^3s 和从 10^3s～10^5s 的大地电磁场响应，图 4.19（c）和（d）分别为自适应有限元结果与解析解之间的视电阻率相对误差和相位绝对误差。

4.5.3　算例

1. 模型 1：海底桌状山

模型 1 为一个简化的海底地形特征——桌状山，之所以特意选择这种类型的模型是因为有限差分网格能够精确模拟电性界面，以便对上述自适应有限元算法所得结果与有限差分结果进行深入对比分析。考虑如图 4.20 所示的三层模型。第一层是厚度为 1km、电阻率为 $0.3\Omega\cdot m$ 的海水层；第三层是电阻率为 $100\Omega\cdot m$ 的各向同性均匀下半空间；中间层为 6km 厚的电阻率各向异性层。在各向异性层的顶部存在一个 2km 宽、0.2km 高的桌状海山，另有一个电阻率为 $100\Omega\cdot m$ 的各向同性倾斜板嵌入在各向异性层中。各向异性层的电性特征可以通过电阻率张量或者三个主轴电阻率和三个欧拉角来描述。虽然我们的程序可以模拟电阻率任意各向异性倾斜模型的大地电磁场响应，但是考虑到由于各向异性方位角（α_s）和偏角（α_l）之间的强烈耦合产生的大地电磁场响应非常复杂，在下面的算例中，我们假定各向异性偏角保持为常数且为零（$\alpha_l = 0$）。另外，在下面的所有模型计算中，我们还假定各向异性层水平电阻率（ρ_x 和 ρ_y）保持不变，且为 $1\Omega\cdot m$，而允许垂直电阻率 ρ_z 和各向异性方位角（α_s）及倾角（α_d）发生变化。

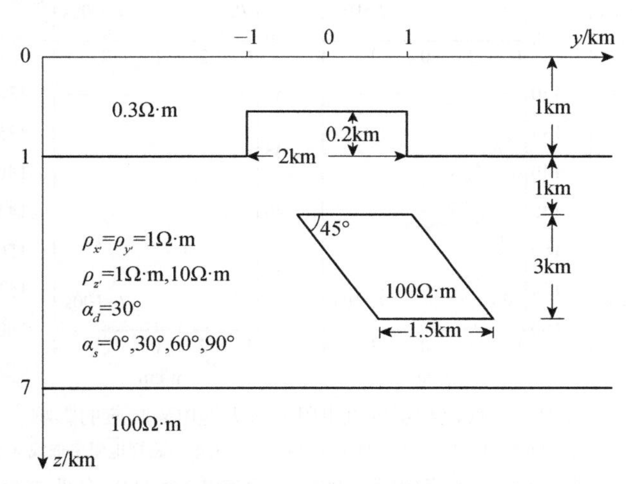

图 4.20　海底桌状山模型

首先，研究各向异性层垂直电阻率对大地电磁响应的影响。正如在第 3 章中所述，利用平面电磁波激发的大地电磁场无法求得水平层状介质的垂直电阻率，即在一维介质中垂直电阻率参数是不可解的。但在横向不均匀介质中，可以通过研究垂直电阻率对感应电磁场的影响来探测垂直电阻率的变化。研究和理解存在小规模局部海底地形起伏和大规模深部不均匀体影响时海底电阻率各向异性沉积层中海底大地电磁场响应特征是很有意义的。

图 4.21 给出沿海底剖面上两个周期（10s 和 100s）和两个垂直电阻率（$\rho_z=1\Omega\cdot\text{m}$ 和 $10\Omega\cdot\text{m}$）的大电磁视电阻率曲线（上）和相位曲线（下），实线表示自适应有限元（图中简写为 FE，Finite Element）算法所得结果，符号表示利用有限差分（图中简写为 FD，Finite Difference）方法（Pek and Toh，2000）得到的数值结果，两个算法的结果非常吻合。由图 4.21 可见，TE 模式大地电磁测深曲线（即 ρ_{xy} 和 ϕ_{xy}）是不依赖于垂直电阻率的，它们没有受到垂直各向异性的影响，而 TM 模式大地电磁测深曲线（即 ρ_{yx} 和 ϕ_{yx}）受到垂直电阻率的较大影响。我们观察到两种模式的大地电磁场都明显地受到地形起伏的影响。在地形抬升的上方，TE 模式视电阻率较小，而 TM 模式视电阻率较大，且在地形剧烈变化处变化剧烈。大地电磁曲线关于 $y=0$ 的微弱非对称性是由于深部倾斜不均匀体造成的。虽然桌状海山对海底大地电磁场响应的影响相当剧烈，但是海底垂直电阻率各向异性对它影响不大。当垂直电阻率从 $1\Omega\cdot\text{m}$ 增大到 $10\Omega\cdot\text{m}$ 时，海山中心处所考虑的两个周期（10s 和 100s）TM 模式视电阻率的相对变化不超过 11%，最大相位差小于 2°。

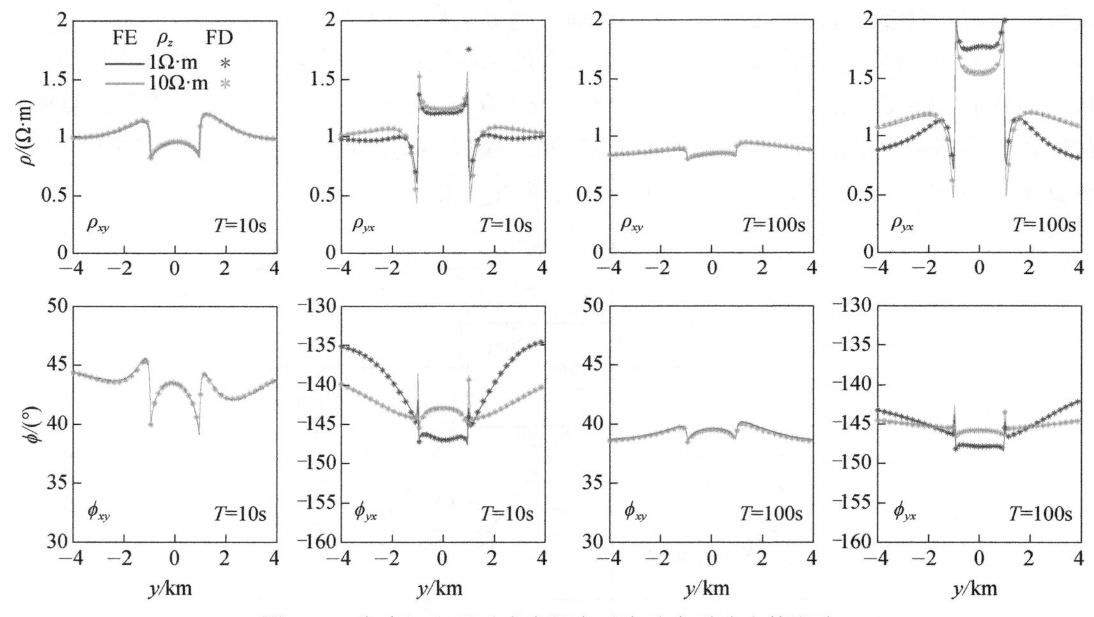

图 4.21 海底沉积层垂直电阻率对大地电磁响应的影响

海底桌状山模型（图 4.20）垂直各向异性沉积层（$\rho_z=1\Omega\cdot\text{m}$ 和 $10\Omega\cdot\text{m}$）大地电磁视电阻率曲线（上）和相位曲线（下），周期为 10s 和 100s。实线和符号分别表示自适应有限元（FE）结果和有限差分（FD）结果[据 Li 和 Pek（2008）修改]

在引入倾斜不均匀体后，TM 模式视电阻率的差异仍然很小，不超过 10%，但是垂直电阻率由 $1\Omega\cdot\text{m}$ 到 $10\Omega\cdot\text{m}$ 的变化使得海山正上方和其两侧的阻抗相位 ϕ_{yx} 与各向同性情况相比分别增大和减少了 5°。

其次，我们考虑一般各向异性情形，将非零的各向异性方位角和各向异性倾角引入到上述垂直各向异性模型中。该模型可以模拟海底倾斜沉积地层，其沉积层各向异性主轴x'与模型走向之间具有一个夹角α_s。图 4.22 给出了沿海底剖面上不同各向异性方位角α_s的大地电磁视电阻率曲线（上）和相位曲线（下），各向异性倾角α_d为固定值 30°，周期为 10s 和 100s。实线和符号分别表示用自适应有限元算法和有限差分算法（Pek and Toh，2000）获得的大地电磁场响应。由图可见，无论是 TE 模式的大地电磁场还是 TM 模式的大地电磁场都受到各向异性的影响，并且也产生了对角线阻抗。另外，对于桌状海山模型和后面要讨论的海丘模型来说，主轴（对角线）视电阻率分量都非常小（小于$0.3\Omega\cdot\text{m}$），将不绘出其曲线图。通过改变各向异性方位角，等效水平电阻率ρ_x^h和ρ_y^h的主轴方向也随之发生改变，这就是各向异性方位角α_s不同时大地电磁场响应存在较大差异的原因。

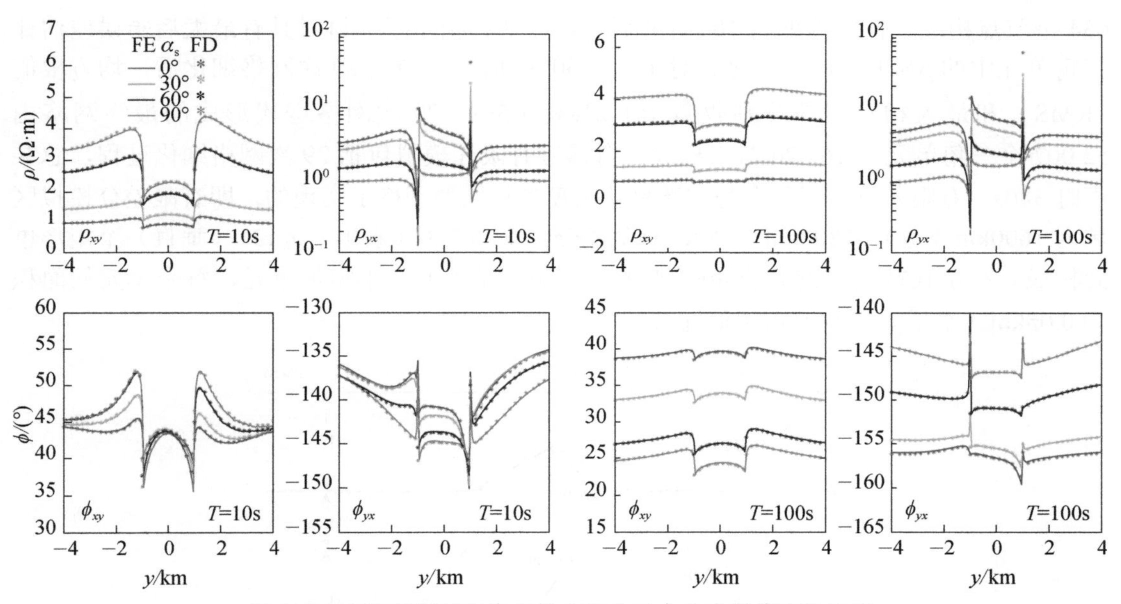

图 4.22　海底沉积层各向异性方位角对大地电磁响应的影响

海底桌状山模型（图 4.20）沉积层具有一般电阻率各向异性时的大地电磁场视电阻率曲线（上）和相位曲线（下），各向异性方位角（α_s）变化，而各向异性倾角（α_d）恒定为 30°，计算周期为 10s 和 100s[据 Li 和 Pek（2008）修改]

在上述有限元数值模拟中，模拟区域的宽度为 200km，高度亦为 200km（包括 100km 的空气层）。总共 215 个测点位于沿海底 y=−5km 和 5km 的剖面上。对模拟区域进行三角单元网格剖分，得到一个由 1382 个三角单元和 714 个节点构成的初始网格。在网格细化过程中，计算周期为 10s 时的后验误差估计指示子，再对具有最大后验误差估计三角单元中的 5%单元进行细化。对于大多数模型，经过 25 次网格细化后，均方根值（RMS）和最大相对差异收敛到小于 2%。例如，对于各向异性方位角和倾角均为30°的各向异性海底沉积层情形（即$\alpha_s=\alpha_d=30°$），经过 25 次网格细化后，形成的最终网格由 34 154 个三角单元和 17 100 个节点组成。在该最终网格上，均方根值（RMS）和最大相对误差分别收敛到 0.2%和 1.6%。在计算 10s 和 100s 两个周期的大地电磁场时，25 次网格细化共用时 200s，计算两个周期的大地电磁场响应用时 88s。

在有限差分数值模拟计算中，我们使用了由 281 条水平线和 132 条垂直线构成的矩形单元网格。在垂直方向上，空气层被剖分成 40 层，而导电大地被分成 91 层。水平方向和垂直方向上的最小步长分别为 50m 和 20m。有限差分模拟区域的水平宽度约为 1600km、垂直高度约为 800km，其中空气层中的垂直高度约为 500km。采用如此参数的网格，计算具有电阻率各向异性模型两个周期大地电磁场响所用时间约 100s（PC Intel Xeon 3 GHz）。

2. 模型 2：海山

在这一小节中，我们讨论当地电模型含有倾斜界面时自适应有限元方算法和有限差分数值模拟方法的性能。二维地电模型如图 4.23 所示，该模型与前面图 4.20 所示的二维模型类似，但用一个三角形山代替了海底桌状山。有限元初始网格由 1263 个三角单元和 654 个节点构成。计算周期为 10s 时的后验误差估计指示子，再对具有最大后验误差估计三角单元中的 5%单元进行细化。对于 $\alpha_d = 30°$ 的情形，经过 29 次网格细化后，均方根值（RMS）和最大相对误差分别收敛于 0.2%和 1.5%。29 次网格迭代形成的最终网格由 52 007 个三角单元和 26 026 节点构成。自适应有限元模拟包括 29 次网格细化过程，总共用时 380s。有限差分模拟是在与前述桌状山模型相同的网格上实现的，即有限差分模拟区域为 1600km（宽）×800km（高），有限差分网格由 280（水平）×131（垂直）个矩形单元构成。小山丘被近似剖分成 40（水平）×20（垂直）个小矩形单元，每个单元的面积为 0.05km（水平）×0.01km（垂直）。

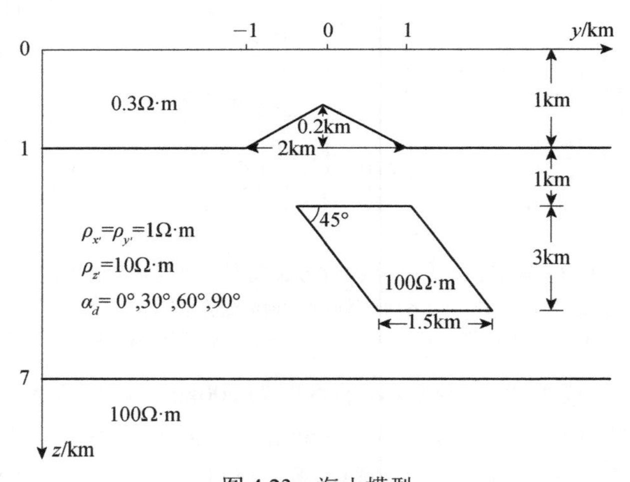

图 4.23 海山模型

与图 4.20 所示二维模型类似，但海底地形为三角形山丘

图 4.24 给出关于各种各向异性倾角的视电阻率曲线和相位曲线。地形起伏对两种模式的大地电磁场响应都产生了严重的畸变影响。有限元法得到的 TE 模式视电阻率曲线和相位曲线与有限差分吻合得相当好。而对于 TM 模式，只有当海底地形水平时，两种数值方法的结果一致。在斜坡地形上，有限差分法得到的视电阻率 ρ_{yx} 和相位 ϕ_{yx} 曲线呈锯齿状，围绕着有限元结果上下来回振荡，这是由于有限差分方法使用一系列阶梯状折线近似倾斜界面所造成的。

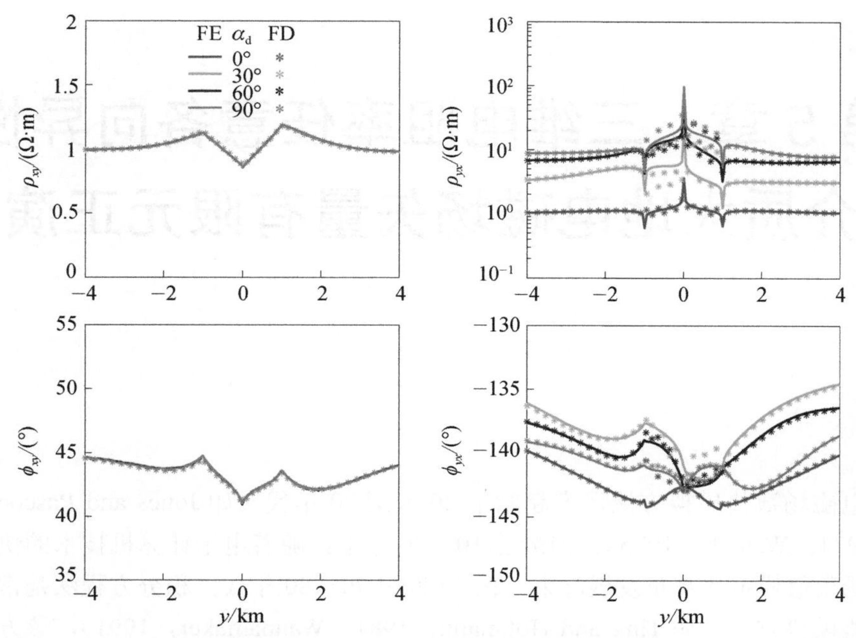

图 4.24　海底沉积层各向异性倾角对大地电磁响应的影响

海山模型（图 4.23）海底沉积层具有各种倾斜电阻率各向异性时的大地电磁场视电阻率曲线（上）和相位曲线（下）；实线和符号分别表示自适应有限元（FE）结果和有限差分结果，TM 模式有限差分（FD）结果在斜坡上呈锯齿状上下振荡；计算周期为 10s[据 Li 和 Pek（2008）修改]

4.6　本章小结

本章详细地介绍了两种二维电导率任意各向异性介质大地电磁场有限元正演算法，一种是基于矩形网格或非结构三角形网格的常规有限元方法，另一种是基于非结构三角形网格的自适应有限元方法。非结构三角形网格能够准确地模拟起伏地形和复杂地质构造，也非常适用于模拟多尺度构造，如嵌入大规模区域构造中的许多小尺度非均匀体。自适应有限元方法是在常规有限元方法的基础上，通过后验误差估计和网格自动调整来不断提高数值解精度，是模拟复杂电导率各向异性介质大地电磁场响应的有效方法。

二维地电模型由一维层状背景构造和二维各向异性块体构成，每个块体和水平地层的各向异性用二阶对称电导率张量表示。本章所述方法可以模拟二维任意电导率各向异性（包括水平各向异性、倾斜各向异性和垂直各向异性等特殊类型的各向异性）介质大地电磁场响应。大地电磁测深法对一维层状介质垂直电导率完全不敏感，但是垂直电导率各向异性对二维大地电磁响应的影响很明显，是不可忽略的。在垂直各向异性构造中，垂直电阻率对 TM 模式大地电磁响应有较大影响，但对 TE 模式大地电磁测深视电阻率曲线和相位曲线没有影响。在电导率任意各向异性情形下，两种模式（TE 和 TM）的大地电磁响应都受到各向异性的影响，并且通常也会产生非零的主轴（对角线）视电阻率分量。

第 5 章　三维电阻率任意各向异性介质大地电磁场矢量有限元正演

三维电磁场数值模拟方法研究起始于 20 世纪 70 年代（如 Jones and Pascoe，1972；Raiche，1974；Weidelt，1975），但最近 10～20 年来，随着电子计算机技术的快速进步，三维电磁场数值模拟才真正发展起来。在 20 世纪 70～80 年代，积分方程法是常用的三维电磁场数值模拟方法（如 Ting and Hohmann，1981；Wannamaker，1991），该方法只需对异常体进行剖分，极大地减少了计算量和内存需求，但积分方程方法在求解复杂模型的格林函数时遇到较大困难，因而它只能应用于较简单地电模型的电磁场数值模拟中。20 世纪 90 年代以来，交错网格有限差分法被广泛地应用于三维电磁场数值模拟中（如 Mackie et al.，1993；Newman and Alumbaugh，1997）。有限差分法能够模拟较为复杂的三维地电模型，但有限差分法常采用结构化正交网格，处理起伏地形、倾斜界面等更复杂地电模型较为困难。Coggon（1971）首先将有限单元法应用于电磁场数值模拟中。

本章介绍三维电阻率任意各向异性介质大地电磁场正演自适应有限元算法。首先，我们讨论三维各向异性电磁场有限元数值模拟方法。接着，将给出一些三维模型有限元数值结果，以及有限元结果与积分方程法和有限差分法数值模拟结果的对比。最后，我们将讨论三维电阻率各向异性对大地电磁场响应的影响。

5.1　三维电阻率任意各向异性介质大地电磁场边值问题

5.1.1　电磁场控制方程

考虑三维电阻率任意各向异性模型。采用直角坐标系，设 z 轴正向垂直向下指向大地。假定时间因子为 $e^{i\omega t}$，在似稳态情形下，电场 $\boldsymbol{E}$ 和磁场 $\boldsymbol{H}$ 满足的控制方程为

$$\nabla \times \boldsymbol{E} = i\omega\mu_0 \boldsymbol{H} \tag{5.1}$$

$$\nabla \times \boldsymbol{H} = \underline{\underline{\sigma}}\boldsymbol{E} \tag{5.2}$$

这里，μ_0 为真空中的磁导率，ω 为角频率，$\underline{\underline{\sigma}}$ 为电导率张量

$$\underline{\underline{\sigma}} = \begin{pmatrix} \sigma_{xx} & \sigma_{xy} & \sigma_{xz} \\ \sigma_{yx} & \sigma_{yy} & \sigma_{yz} \\ \sigma_{zx} & \sigma_{zy} & \sigma_{zz} \end{pmatrix}$$

在电阻率各向异性介质中，电流密度 $\boldsymbol{J}$ 与电场强度 $\boldsymbol{E}$ 的关系满足广义欧姆定律

$$\boldsymbol{J} = \underline{\underline{\sigma}}\boldsymbol{E} \tag{5.3}$$

由方程（5.1）和（5.2），可以得到关于电场 $\boldsymbol{E}$ 的偏微分方程

$$\nabla \times \left(\frac{1}{\xi} \nabla \times \boldsymbol{E} \right) + \underline{\underline{\sigma}}\boldsymbol{E} = 0 \tag{5.4}$$

式中 $\xi = -i\omega\mu_0$。我们利用有限元求解上述偏微分方程。

5.1.2　边界条件

1. 外边界条件

假设模拟区域 Ω 包含三维电阻率各向异性不均匀体，且在所有三个方向上延展至足够远，以便三维异常体的影响在其区域边界面上可以忽略。

在模拟区域外边界上，采用狄利克雷（Dirichlet）边界条件。它们由左、右边界处一维层状各向异性介质大地电磁场解析解构成。顶、底边界条件由左、右边界处一维各向异性层状模型解析解的线性插值确定。

2. 内边界条件

在两种导电介质的分界面上，电场切向分量 $\boldsymbol{E}_t$ 和磁场切向分量 $\boldsymbol{H}_t$ 是连续的。电磁场切向分量可以表示成

$$\boldsymbol{E}_t = \boldsymbol{n} \times \boldsymbol{E} \tag{5.5}$$

和

$$\boldsymbol{H}_t = \boldsymbol{n} \times \boldsymbol{H} = -\boldsymbol{n} \times \left(\frac{1}{\xi} \nabla \times \boldsymbol{E} \right) \tag{5.6}$$

这里 $\boldsymbol{n}$ 为异常体边界面单位外法向矢量。

在两种介质的分界面上，电流密度法向分量 $\boldsymbol{J}_n$ 和磁感应强度法向分量 $\boldsymbol{B}_n$ 均连续。$\boldsymbol{J}_n$ 和 $\boldsymbol{B}_n$ 可以表示成

$$\boldsymbol{J}_n = \boldsymbol{n} \cdot (\underline{\underline{\sigma}}\boldsymbol{E}) \tag{5.7}$$

和

$$\boldsymbol{B}_n = \boldsymbol{n} \cdot \left(\frac{1}{i\omega} \nabla \times \boldsymbol{E} \right) \tag{5.8}$$

5.2　加权余量方程

下面，我们导出加权余量方程。为此，将方程（5.4）左右两边乘以电场的任意变分

$\delta \boldsymbol{E}$，并对模拟区域 Ω 积分

$$\int_{\Omega}\left(\nabla\times\left(\frac{1}{\xi}\nabla\times\boldsymbol{E}\right)+\underline{\underline{\sigma}}\boldsymbol{E}\right)\cdot\delta\boldsymbol{E}\mathrm{d}\Omega=0 \tag{5.9}$$

利用高斯公式

$$\int_{\Omega}\nabla\cdot\boldsymbol{A}\mathrm{d}\Omega=\oint_{\Gamma}\boldsymbol{A}\cdot\boldsymbol{n}\mathrm{d}\Gamma \tag{5.10}$$

和

$$(\nabla\times\boldsymbol{A})\cdot\boldsymbol{B}=\nabla\cdot(\boldsymbol{A}\times\boldsymbol{B})+(\nabla\times\boldsymbol{B})\cdot\boldsymbol{A} \tag{5.11}$$

式（5.9）左端的第一个体积分变成为

$$\begin{aligned}&\int_{\Omega}\nabla\times\left(\frac{1}{\xi}\nabla\times\boldsymbol{E}\right)\cdot\delta\boldsymbol{E}\mathrm{d}\Omega\\&=\int_{\Omega}\nabla\cdot\left(\frac{1}{\xi}\nabla\times\boldsymbol{E}\times\delta\boldsymbol{E}\right)\mathrm{d}\Omega+\int_{\Omega}(\nabla\times\delta\boldsymbol{E})\cdot\left(\frac{1}{\xi}\nabla\times\boldsymbol{E}\right)\mathrm{d}\Omega\\&=\oint_{\Gamma}\left(\frac{1}{\xi}\nabla\times\boldsymbol{E}\times\delta\boldsymbol{E}\right)\cdot\boldsymbol{n}\mathrm{d}\Gamma+\int_{\Omega}(\nabla\times\delta\boldsymbol{E})\cdot\left(\frac{1}{\xi}\nabla\times\boldsymbol{E}\right)\mathrm{d}\Omega\end{aligned} \tag{5.12}$$

这里 Γ 为包围区域 Ω 的边界面，$\boldsymbol{n}$ 为 Γ 的单位外法向矢量。

将式（5.12）代入式（5.9），得到如下加权余量方程：

$$\int_{\Omega}(\nabla\times\delta\boldsymbol{E})\cdot\left(\frac{1}{\xi}\nabla\times\boldsymbol{E}\right)\mathrm{d}\Omega+\int_{\Omega}\underline{\underline{\sigma}}\boldsymbol{E}\cdot\delta\boldsymbol{E}\mathrm{d}\Omega=-\oint_{\Gamma}\left(\boldsymbol{n}\times\frac{1}{\xi}\nabla\times\boldsymbol{E}\right)\cdot\delta\boldsymbol{E}\mathrm{d}\Gamma \tag{5.13}$$

可以采用常规节点有限元方法或矢量有限元方法求解加权余量方程（5.13）。但采用节点有限元法求解时，电流密度法向分量连续和电磁场散度为零的条件得不到保证，因而有可能出现伪解。在方程中添加罚项可以在一定程度上压制伪解，但不能将伪解完全消除，而且可能降低数值解的精度。而采用矢量有限元方法则可以克服上述问题。

矢量有限元通过将待求场量置于离散单元的边上，要求待求解场量的切向连续，避免了电场法向不连续带来的问题。同时，矢量有限元的基函数自动满足散度为零的条件。

5.3 矢量有限单元法

5.3.1 四面体单元剖分

将求解区域 Ω 分解成 n_e 个不规则四面体单元，单元编号记为 $e=1,2,\cdots,n_e$。于是，方程（5.13）的体积分转换为各个四面体单元的体积分之和

$$\sum_{e=1}^{n_e}\int_{\Omega_e}\nabla\times\delta\boldsymbol{E}\cdot\left(\frac{1}{\xi}\nabla\times\boldsymbol{E}\right)\mathrm{d}\Omega+\sum_{e=1}^{n_e}\int_{\Omega_e}\underline{\underline{\sigma}}\boldsymbol{E}\cdot\delta\boldsymbol{E}\mathrm{d}\Omega=\sum_{e=1}^{n_e}\int_{\Gamma_e}\boldsymbol{H}_t\cdot\delta\boldsymbol{E}\mathrm{d}\Gamma \tag{5.14}$$

式中，Ω_e 和 Γ_e 分别为四面体单元 e 的空间区域和边界面。上述方程中面积分的被积函数是利用了式（5.6）后得到的。

现在来考虑边界条件。在内边界 Γ_e 上，磁场切向分量 $\boldsymbol{H}_t$ 连续。在求积分过程中，沿

着每个边界都进行了两次积分，而两次积分的方向正好相反。于是所有内边界面的积分之和为零。在外边界上我们采用狄利克雷边界条件，即外边界上的电场值是已知的，因此电场的变分 $\delta\boldsymbol{E}$ 等于零。于是，所有面积分之和等于零。这样，方程（5.14）变成为

$$\sum_{e=1}^{n_e}\int_{\Omega_e}\nabla\times\delta\boldsymbol{E}\cdot\left(\frac{1}{\xi}\nabla\times\boldsymbol{E}\right)\mathrm{d}\Omega+\sum_{e=1}^{n_e}\int_{\Omega_e}\underline{\underline{\sigma}}\boldsymbol{E}\cdot\delta\boldsymbol{E}\mathrm{d}\Omega=0 \tag{5.15}$$

5.3.2 矢量基函数

考虑如图 5.1 所示的四面体单元，它由 4 个三角形表面、6 条棱边和 4 个节点组成。

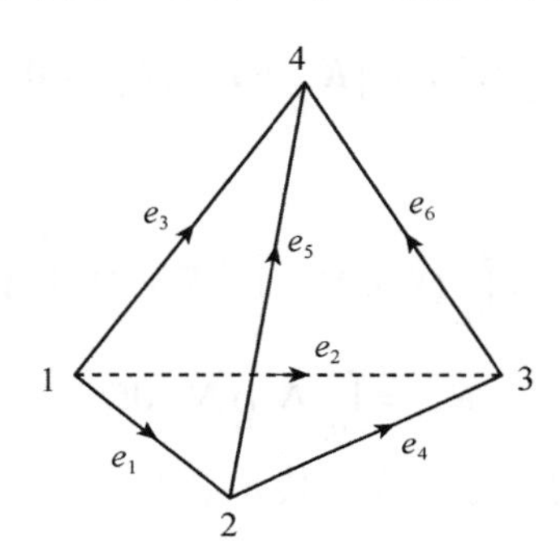

图 5.1　四面体单元

定义四面体单元棱边上的 Nédélec 型矢量基函数具有如下形式（Jin，2002）

$$\boldsymbol{N}_i=l_i(L_{i1}\nabla L_{i2}-L_{i2}\nabla L_{i1})\qquad i=1,2,\cdots,6 \tag{5.16}$$

式中，l_i 为四面体第 i 条边的长度，L_{i1} 和 L_{i2} 分别为第 i 条边的起点节点形函数和终点节点形函数，∇L_{i1} 和 ∇L_{i2} 为节点形函数的梯度，可知 $\boldsymbol{N}_i$ 为矢量。在 2.4.3 节中，我们已经导出了四面体单元的节点形函数，即方程式（2.43）。

对矢量基函数（5.16）取散度，可得

$$\nabla\cdot\boldsymbol{N}_i=0 \tag{5.17}$$

即矢量基函数 $\boldsymbol{N}_i$ 自动满足散度为零的条件。

对矢量基函数（5.16）取旋度，可得

$$\nabla\times\boldsymbol{N}_i=2l_i\nabla L_{i1}\times\nabla L_{i2} \tag{5.18}$$

5.3.3 单元分析

假定在每个四面体单元内，任一点的电场值都是 x，y 和 z 的线性函数，并可近似为

$$\boldsymbol{E}=\sum_{i=1}^{6}\boldsymbol{N}_iE_i \tag{5.19}$$

其中 E_i 为第 i 条边的切向电场值。

如果将四面体单元的 6 个矢量基函数和 6 个单元棱边上的电场值分别写成矩阵形式：

$$\boldsymbol{N}_e^{\mathrm{T}}=(N_1,\cdots,N_6),\qquad \boldsymbol{E}_e^{\mathrm{T}}=(E_1,\cdots,E_6)$$

则式（5.19）可以表示为

$$\boldsymbol{E}=\boldsymbol{N}_e^{\mathrm{T}}\boldsymbol{E}_e \tag{5.20}$$

同样地，有

$$\delta\boldsymbol{E}=\delta\boldsymbol{E}_e^{\mathrm{T}}\boldsymbol{N}_e \tag{5.21}$$

其中，$\delta\boldsymbol{E}_e^{\mathrm{T}}=(\delta E_1,\cdots,\delta E_6)$。

将式（5.20）和式（5.21）带入式（5.15），得

$$\sum_{e=1}^{n_e}(\delta\boldsymbol{E}_e)^{\mathrm{T}}\left[\int_{\Omega_e}(\nabla\times\boldsymbol{N}_e)\cdot\left(\frac{1}{\xi}\nabla\times\boldsymbol{N}_e\right)^{\mathrm{T}}\mathrm{d}\Omega+\int_{\Omega_e}\boldsymbol{N}_e\underline{\underline{\sigma}}\boldsymbol{N}_e^{\mathrm{T}}\mathrm{d}\Omega\right]\boldsymbol{E}_e=0 \tag{5.22}$$

或者

$$\sum_{e=1}^{n_e}(\delta\boldsymbol{E}_e)^{\mathrm{T}}[\boldsymbol{K}_{1e}+\boldsymbol{K}_{2e}]\boldsymbol{E}_e=0 \tag{5.23}$$

式中

$$\boldsymbol{K}_{1e}=\int_{\Omega_e}(\nabla\times\boldsymbol{N}_e)\cdot\left(\frac{1}{\xi}\nabla\times\boldsymbol{N}_e\right)^{\mathrm{T}}\mathrm{d}\Omega \tag{5.24}$$

$$\boldsymbol{K}_{2e}=\int_{\Omega_e}\boldsymbol{N}_e\underline{\underline{\sigma}}\boldsymbol{N}_e^{\mathrm{T}}\mathrm{d}\Omega \tag{5.25}$$

单元矩阵$\boldsymbol{K}_{1e}$为一个6×6的对称矩阵，其元素为

$$\begin{aligned}K_{ij}^{1e}&=\int_{\Omega_e}\left[(\nabla\times\boldsymbol{N}_i)\cdot\left(\frac{1}{\xi}\nabla\times\boldsymbol{N}_j\right)^{\mathrm{T}}\right]\mathrm{d}\Omega\\&=\frac{l_il_j}{324V^3\xi}[(b_{i1}c_{i2}-b_{i2}c_{i1})(b_{j1}c_{j2}-b_{j2}c_{j1})+(a_{i2}c_{i1}-a_{i1}c_{i2})(a_{j2}c_{j1}-a_{j1}c_{j2})\\&\quad+(a_{i1}b_{i2}-a_{i2}b_{i1})(a_{j1}b_{j2}-a_{j2}b_{j1})]\qquad(i,j=1,2,\cdots,6)\end{aligned} \tag{5.26}$$

式中，V为四面体单元的体积，i、j为当前四面体单元的边编号。需特别注意的是，总体网格中棱边的方向在网格形成时即已确定，可能存在与单元编号边的方向相反的情况。l_i、l_j分别为第i和j条边的长度。a_{ik}、b_{ik}、c_{ik}、d_{ik} $(i=1,\cdots,6;k=1,2)$与四面体单元节点坐标有关，它们由式（2.44）确定。

单元矩阵$\boldsymbol{K}_{2e}$为一个6×6的对称矩阵，其元素为

$$K_{ij}^{2e}=\int_{\Omega_e}\boldsymbol{N}_i\cdot\underline{\underline{\sigma}}\cdot\boldsymbol{N}_j^{\mathrm{T}}\mathrm{d}\Omega\qquad(i,j=1,2,\cdots,6) \tag{5.27}$$

下面，我们导出式（5.27）中被积函数的表达式：

$$\begin{aligned}\boldsymbol{N}_i\cdot\underline{\underline{\sigma}}\cdot\boldsymbol{N}_j^{\mathrm{T}}&=\begin{pmatrix}N_{ix}&N_{iy}&N_{iz}\end{pmatrix}\begin{pmatrix}\sigma_{xx}&\sigma_{xy}&\sigma_{xz}\\\sigma_{yx}&\sigma_{yy}&\sigma_{yz}\\\sigma_{zx}&\sigma_{zy}&\sigma_{zz}\end{pmatrix}\begin{pmatrix}N_{jx}\\N_{jy}\\N_{jz}\end{pmatrix}\\&=(\sigma_{xx}N_{ix}+\sigma_{yx}N_{iy}+\sigma_{zx}N_{iz})N_{jx}+(\sigma_{xy}N_{ix}+\sigma_{yy}N_{iy}+\sigma_{zy}N_{iz})N_{jy}\\&\quad+(\sigma_{xz}N_{ix}+\sigma_{yz}N_{iy}+\sigma_{zz}N_{iz})N_{jz}\end{aligned} \tag{5.28}$$

式中，N_{ix}、N_{iy}和N_{iz}分别为矢量基函数$\boldsymbol{N}_i$的x、y和z分量，其表达式为$N_{ix}=\frac{l_i}{6V}(L_{i1}a_{i2}-L_{i2}a_{i1})$，$N_{iy}=\frac{l_i}{6V}(L_{i1}b_{i2}-L_{i2}b_{i1})$，$N_{iz}=\frac{l_i}{6V}(L_{i1}c_{i2}-L_{i2}c_{i1})$。$N_{jx}$、$N_{jy}$和

N_{jz} 分别为矢量基函数 $\boldsymbol{N}_j$ 的 x、y 和 z 分量，其表达式与上式类似。

在进行单元矩阵求和之前，先将 6 阶单元向量 $\boldsymbol{E}_e$ 和 $\delta\boldsymbol{E}_e$ 扩展成 n_l 阶 $\delta\boldsymbol{E}$，这里 n_l 为总棱边数，将 6×6 的单元矩阵 $\boldsymbol{K}_{1e}$ 和 $\boldsymbol{K}_{2e}$ 分别扩展成 n_l 阶矩阵 $\boldsymbol{K}_{1e}$ 和 $\boldsymbol{K}_{2e}$。然后，将所有单元上的扩展矩阵相加，则由式（5.23），可得

$$\delta\boldsymbol{E}^{\mathrm{T}}\boldsymbol{K}\boldsymbol{E}=0 \tag{5.29}$$

其中，$\boldsymbol{K}=\sum_{e=1}^{n_e}(\overline{\boldsymbol{K}_{1e}}+\overline{\boldsymbol{K}_{2e}})$。

考虑到 $\delta\boldsymbol{E}$ 的任意性，可得到下列方程组

$$\boldsymbol{K}\boldsymbol{E}=\boldsymbol{0} \tag{5.30}$$

这里，$\boldsymbol{K}$ 为 n_l 阶复数对称稀疏矩阵。为了节省计算机内存，采用按行压缩存储技术，仅存储主对角线及其下方三角形矩阵中的非零元素（Liu et al.，2018）。代入外边界条件后，采用直接法开源软件 MUMPS（MUltifrontal Massively Parallel Sparse direct Solver）求解上述线性方程组（Amestory et al.，2006），即可得到所有棱边上的电场值。利用式（5.19）可以计算得到模拟域内任意点电场的所有分量（E_x,E_y,E_z）。

5.4　面向目标的自适应有限元方法

5.4.1　残量型后验误差估计

在自适应有限元网格细化过程中，通常利用后验误差估计指导网格的细化和调整，即利用上一次网格计算出的误差来指导下一次的网格剖分。有限元后验误差估计主要分为两类：残量型和重构型。重构型后验误差估计是一种基于有限元的超收敛性质和有限元解的梯度重构技术的误差估计方法。残量型后验误差估计通过计算局部区域残量得到误差估计。

下面，我们首先讨论有限元近似解的残量。采用内积的形式，方程（5.13）可以表示为

$$B(\boldsymbol{u},\boldsymbol{v})=F(\boldsymbol{v}) \tag{5.31}$$

式中

$$B(\boldsymbol{u},\boldsymbol{v})=\int_{\Omega}\left[(\nabla\times\boldsymbol{u})\cdot\left(\frac{1}{\xi}\nabla\times\boldsymbol{v}\right)+\boldsymbol{\beta}\boldsymbol{u}\cdot\boldsymbol{v}\right]\mathrm{d}\Omega \tag{5.32}$$

$$F(\boldsymbol{v})=-\oint_{\Gamma}\left(\boldsymbol{n}\times\frac{1}{\xi}\nabla\times\boldsymbol{u}\right)\cdot\boldsymbol{v}\mathrm{d}\Gamma \tag{5.33}$$

这里 $\boldsymbol{u}=\boldsymbol{E}$，$\boldsymbol{v}=\delta\boldsymbol{E}$，$\boldsymbol{\beta}=\underline{\underline{\sigma}}$。

设 $\boldsymbol{u}_h$ 为有限元近似解，依据方程（5.4），定义电场的体积残量为

$$R_1(\boldsymbol{u}_h)=\nabla\times\left(\frac{1}{\xi}\nabla\times\boldsymbol{u}_h\right)+\boldsymbol{\beta}\boldsymbol{u}_h \tag{5.34}$$

依据方程（5.3），定义电流密度的体积残量 $R_2(\boldsymbol{u}_h)$ 为

$$R_2(\boldsymbol{u}_h)=\nabla\cdot(\boldsymbol{\beta}\boldsymbol{u}_h) \tag{5.35}$$

在任意四面体单元中，采用 Nédélec 型矢量基函数，这使得两个相邻四面体单元的交界面 Γ_e 上电场切向分量连续的条件得以满足，即 $[\boldsymbol{E}_t]_{\Gamma_e}=[\boldsymbol{n}\times\boldsymbol{u}_h]_{\Gamma_e}=0$。在两个相邻四面体单元的交界面上，磁感应强度法向分量的跃变为零（Ren et al.，2013）

$$[\boldsymbol{n}\cdot\boldsymbol{B}]_{\Gamma_e}=\left[\boldsymbol{n}\cdot\left(\frac{1}{i\omega}\nabla\times\boldsymbol{u}_h\right)\right]_{\Gamma_e}=\left[-\frac{1}{i\omega}\nabla\cdot\boldsymbol{n}\times\boldsymbol{u}_h\right]_{\Gamma_e}=0$$

也就是说，磁感应强度法向分量连续的边界条件是满足的。但是，在交界面上，电流密度法向分量连续和磁场强度切向分量连续的条件不再满足。

在相邻两个四面体单元的交界面上，我们可以定义磁场和电流密度的边界残量分别为

$$J_1(\boldsymbol{u}_h)=[\nabla\times\boldsymbol{u}_h\times\boldsymbol{n}]_{\Gamma_e} \tag{5.36}$$

和

$$J_2(\boldsymbol{u}_h)=[(\boldsymbol{\beta}\boldsymbol{u}_h)\cdot\boldsymbol{n}]_{\Gamma_e} \tag{5.37}$$

这里，$[\nabla\times\boldsymbol{u}_h\times\boldsymbol{n}]_{\Gamma_e}$ 和 $[(\boldsymbol{\beta}\boldsymbol{u}_h)\cdot\boldsymbol{n}]_{\Gamma_e}$ 分别表示磁场切向分量和电流密度法向分量在边界面 Γ_e 上的跃度。

综合上述讨论，构造四面体单元 e 的后验误差指示子（Zhong et al，2012）为

$$\eta_e^2(\boldsymbol{u}_h)=h_e^2\left[\|R_1(\boldsymbol{u}_h)\|_{\Omega_e}^2+\|R_2(\boldsymbol{u}_h)\|_{\Omega_e}^2\right]+h_F\left[\|J_1(\boldsymbol{u}_h)\|_F^2+\|J_2(\boldsymbol{u}_h)\|_f^2\right] \tag{5.38}$$

这里，F 为四面体的表面，它由构成四面体的四个三角形组成，h_e 和 h_F 分别表示四面体的最大直径和每个三角形的最大直径。

5.4.2 面向目标的自适应网格细化

在大地电磁场数值模拟中，一方面，我们常常不需要求得整个模拟区域的高精度数值解，而仅仅需要求得地表面或海底观测点附近的高精度数值结果。另一方面，我们知道椭圆型偏微分方程问题的解依赖于整个模拟区域的数据（Babuska et al.，1997；Oden et al.，1998）。于是，如果想要减少局部误差，网格细化就不能仅仅限制在局部区域内。整个区域数据对于局部误差的影响也应该加以考虑（Oden et al.，1998）。解决该问题的一个有效方法是对于误差估计子采用一个加权项，该加权项由有限元方程的对偶解来确定。

定义泛函 G 是关于精确解 $\boldsymbol{u}$ 与有限元数值解 $\boldsymbol{u}_h$ 之差 $\boldsymbol{u}-\boldsymbol{u}_h$ 的函数。为了确定 G，构造如下对偶方程

$$\boldsymbol{B}^*(\boldsymbol{w},\boldsymbol{v})=G(\boldsymbol{v}) \tag{5.39}$$

式中，$\boldsymbol{B}^*$ 是对偶算子或者伴随算子

$$G(\boldsymbol{v})=\frac{1}{|\nabla\times\boldsymbol{u}|_{L^2(\Omega)}^2}\left(\int_\Omega\left[(\nabla\times\boldsymbol{u})\cdot\left(\frac{1}{\xi}\nabla\times\boldsymbol{v}\right)+\boldsymbol{\beta}\boldsymbol{u}\cdot\boldsymbol{v}\right]\mathrm{d}V+\oint_{\partial\Omega}\left(\boldsymbol{n}\times\frac{1}{\xi}\nabla\times\boldsymbol{u}\right)\cdot\boldsymbol{v}\mathrm{d}S\right) \tag{5.40}$$

式中，Ω 为包含接收点的任意连续封闭区域，$\partial\Omega$ 为连续区域的边界，$\boldsymbol{v}$ 为任意向量，式中括号内为包含接收点（目标）区域内所有单元的残差量，分母用于归一化，使得所有接

收点的误差水平基本一致（Liu et al.，2018）。

假定 $\boldsymbol{B}^*(\boldsymbol{w},\boldsymbol{v})=\boldsymbol{B}(\boldsymbol{v},\boldsymbol{w})$，则有

$$G(\boldsymbol{u}-\boldsymbol{u}_h)=\boldsymbol{B}^*(\boldsymbol{w},\boldsymbol{u}-\boldsymbol{u}_h)=\boldsymbol{B}(\boldsymbol{u}-\boldsymbol{u}_h,\boldsymbol{w})=\boldsymbol{B}(\boldsymbol{u}-\boldsymbol{u}_h,\boldsymbol{w}-\boldsymbol{w}_h) \tag{5.41}$$

式中，$\boldsymbol{w}$ 和 $\boldsymbol{w}_h$ 分别为对偶问题的精确解和有限元解。求得原方程和对偶方程的有限元解 $\boldsymbol{u}_h$ 和 $\boldsymbol{w}_h$ 后，可以利用柯西-施瓦兹不等式定义误差指示子

$$\begin{aligned}|G(\boldsymbol{u}-\boldsymbol{u}_h)|&=|\boldsymbol{B}(\boldsymbol{u}-\boldsymbol{u}_h,\boldsymbol{w}-\boldsymbol{w}_h)|\\&\leqslant\sum_{e=1}^{n_e}|\boldsymbol{B}(\boldsymbol{u}-\boldsymbol{u}_h,\boldsymbol{w}-\boldsymbol{w}_h)|_{\Omega_e}\leqslant\sum_{e=1}^{n_e}\|\boldsymbol{u}-\boldsymbol{u}_h\|_{\Omega_e}\|\boldsymbol{w}-\boldsymbol{w}_h\|_{\Omega_e}\\&\approx\sum_{e=1}^{n_e}C_e\|\boldsymbol{u}-\boldsymbol{u}_h\|_{L_2(\Omega_e)}\|\boldsymbol{w}-\boldsymbol{w}_h\|_{L_2(\Omega_e)}\end{aligned} \tag{5.42}$$

这里，C_e 是一个依赖于网格大小、电阻率张量和 ξ 的正常数，$\|\cdot\|_{\Omega_e}=\sqrt{|\boldsymbol{B}(,)|}$ 为双线性形式 $\boldsymbol{B}(,)$ 的能量范数。由于电场的精确解是未知的，直接计算有限元数值解与精确解误差的能量范数 $\|\boldsymbol{u}-\boldsymbol{u}_h\|_{\Omega_e}$ 是很困难的，甚至是不可能的。为了避免计算能量范数的困难，我们用与其等价的 L_2 范数代替能量范数（Ren et al，2013）。

泛函 $G(\boldsymbol{u}-\boldsymbol{u}_h)$ 的后验误差估计指示子可以定义为

$$\eta=\sum_{e=1}^{n_e}\eta_e(\boldsymbol{u}_h)\eta_e(\boldsymbol{w}_h) \tag{5.43}$$

式中，$\eta_e(\boldsymbol{w}_h)$ 的表达式与式（5.40）类似。

在面向目标的自适应有限元正演中，对后验误差估计指示子比较大的单元进行网格细化，并计算网格细化后的有限元解。重复该过程，直至达到要求的数值精度或最大网格细化次数为止。

5.5　大地电磁场阻抗

一旦得到所有棱边处电场值后，磁场分量可由下列公式得到

$$H_x=\frac{1}{i\omega\mu_0}\left(\frac{\partial E_z}{\partial y}-\frac{\partial E_y}{\partial z}\right) \tag{5.44}$$

$$H_y=\frac{1}{i\omega\mu_0}\left(\frac{\partial E_x}{\partial z}-\frac{\partial E_z}{\partial x}\right) \tag{5.45}$$

$$H_z=\frac{1}{i\omega\mu_0}\left(\frac{\partial E_y}{\partial x}-\frac{\partial E_x}{\partial y}\right) \tag{5.46}$$

上式中的偏导数可由二维三次样条插值求得（Späth，1995）。

利用两个相互垂直的线形极化场源（如 x 方向的初始磁场，用下标 1 表示，y 方向的初始磁场，用下标 2 表示）产生的电磁场可以求得阻抗张量：

$$E_{1x}=Z_{xx}H_{1x}+Z_{xy}H_{1y},\qquad E_{1y}=Z_{yx}H_{1x}+Z_{yy}H_{1y} \tag{5.47}$$

$$E_{2x}=Z_{xx}H_{2x}+Z_{xy}H_{2y},\qquad E_{2y}=Z_{yx}H_{2x}+Z_{yy}H_{2y} \tag{5.48}$$

由上式，可得阻抗张量元素

$$Z_{xx}=(E_{1x}H_{2y}-E_{2x}H_{1y})/\det,\qquad Z_{xy}=(E_{2x}H_{1x}-E_{1x}H_{2x})/\det \tag{5.49}$$

$$Z_{yx}=(E_{1y}H_{2y}-E_{2y}H_{1y})/\det,\qquad Z_{yy}=(E_{2y}H_{1x}-E_{1y}H_{2x})/\det \tag{5.50}$$

$$\det=H_{1x}H_{2y}-H_{2x}H_{1y}$$

视电阻率和相位为

$$\rho_{aij}=\frac{1}{\omega\mu_0}|Z_{ij}|^2 \tag{5.51}$$

$$\phi_{ij}=\tan^{-1}\frac{\mathrm{Im}|Z_{ij}|}{\mathrm{Re}|Z_{ij}|}\qquad (i,j=x,y) \tag{5.52}$$

5.6 算法验证

5.6.1 三维电阻率各向同性模型：有限元解与有限差分结果的对比

为了验证前述自适应有限元算法的正确性和有效性，我们模拟三维电阻率各向同性模型（图 5.2）大地电磁场响应，并与有限差分结果进行对比。地电模型由三层构成，第一层电阻率为$10\Omega\cdot\mathrm{m}$，厚度为$10\,\mathrm{km}$，在中心部位处包含两个$40\,\mathrm{km}\times20\,\mathrm{km}\times10\,\mathrm{km}$的矩形块体，其电阻率分别为$1\Omega\cdot\mathrm{m}$和$100\Omega\cdot\mathrm{m}$；第二层电阻率为$100\Omega\cdot\mathrm{m}$，厚度为$20\,\mathrm{km}$；均匀下半空间的电阻率为$0.1\Omega\cdot\mathrm{m}$。计算频率为$0.01\mathrm{Hz}$。

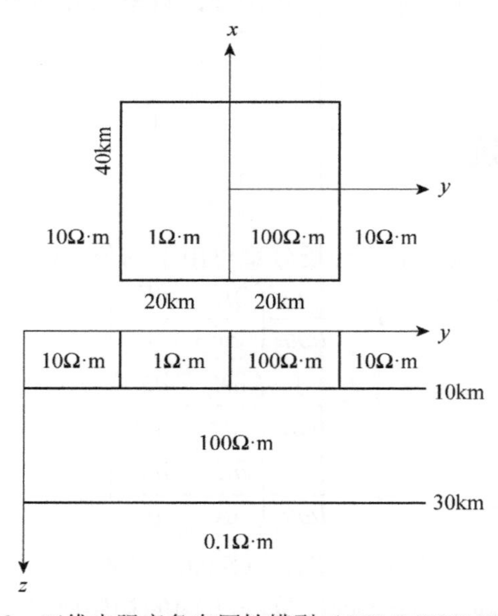

图 5.2 三维电阻率各向同性模型（COMMEMI 3D-2）

我们的自适应有限元模拟过程如下：首先，利用开源软件 Tetgen（Si，2015）生成非结构化四面体初始网格，可以用开源软件 ParaView（Ayachit，2015）显示和查看生成的网格。然后，在初始网格上进行有限元正演模拟得到有限元解，并根据式（5.43）计算各个单元的后验误差。选取一定比例误差较大的单元进行网格细化，得到一个新的网格。重复上述过程，直到网格细化前后有限元解的均方根误差满足精度要求或者达到设定的最大网格细化次数为止。

我们分析了不同网格细化比例对有限元模拟结果的影响。结果表明，当网格细化比例较小时，虽然在局部地区（误差较大区域）网格得到了细化，但在某些接收点附近和电导率差异较大的分界面处网格细化不足，从而难以保证所有接收点处模拟结果的精度。当网格细化比例较大时，每次细化产生大量的四面体单元，网格单元数增加很快，在网格细化次数足够多的情况下通常能够得到理想的数值结果，但是，在同样的计算机内存需求下，网格迭代次数较少时，往往难以达到满意的细化效果，从而导致计算精度不高。在 Intel Xeon E5630 处理器上，分别选用 1%、3%、5%和 10%四个不同的网格细化百分比进行测试。最大网格细化次数设定为 15。对于 10%和 5%的网格细化比例，网格细化过程在第 7 和第 11 次细化后由于计算机内存消耗过大而停止，网格细化详细信息见表 5.1。当网格细化比例为 1%时，每次网格细化新增的单元数量很少，计算速度快，且经过 10 次网格细化迭代后均方根收敛到 1.0。而当网格细化比例为 10%时，每次细化新增的单元数量很大，导致细化 7 次后计算终止。

表 5.1　网格细化详细信息

	单元数/10^3				占用内存/Mbit			
细化次数	1%	3%	5%	10%	1%	3%	5%	10%
1	6.8	6.8	6.8	6.8	48	48	48	48
2	13.4	14.8	22.2	26.0	130	149	250	317
3	19.8	32.5	53.4	83.5	221	448	771	1 370
4	29.2	60.2	112	222	358	874	1 868	4 309
5	44.1	102	211	514	594	1 629	4 055	12 161
6	626.6	171	371	1 010	886	3 116	8 139	28 250
7	86.2	263	606	1 812	1 365	5 217	14 579	56 411
8	110.8	387	922	/	1 752	8 475	23 772	/
9	138.9	541	1 328	/	2 355	12 860	37 538	/
10	175.6	728	1 861	/	3 199	19 415	58 394	/
11	/	934	2 494	/	/	24 565	86 923	/
12	/	1 191	/	/	/	33 764	/	/
13	/	1 484	/	/	/	44 365	/	/
14	/	1 823	/	/	/	57 016	/	/
15	/	2 203	/	/	/	73 428	/	/
	均方根（RMS）				CPU 时间/s			
细化次数	1%	3%	5%	10%	1%	3%	5%	10%
1	/	/	/	/	4	4	4	4
2	5	9.6	6.8	9.4	8	8	13	16

续表

细化次数	均方根（RMS）				CPU 时间/s			
	1%	3%	5%	10%	1%	3%	5%	10%
3	10.3	17.4	40.5	5.1	13	24	42	81
4	3.6	13	3.6	4.6	19	48	114	304
5	3.1	6.7	3.2	4.9	32	98	279	1 086
6	2.4	10.9	3.3	4.1	47	205	664	9 170
7	1.8	5	4	3.5	81	987	1 358	7 670
8	1.6	3.4	5.7	/	101	673	2 499	/
9	1.1	3.4	5.7	/	101	673	2 499	/
10	1.0	3.3	1.9	/	215	1 991	7 757	/
11	/	4.2	1.8	/	/	2 617	14 193	/
12	/	2.1	/	/	/	4 032	/	/
13	/	2.5	/	/	/	5 698	/	/
14	/	1.9	/	/	/	7 817	/	/
15	/	1.9	/	/	/	10 843	/	/

图 5.3 为初始网格的中间区域和分别采用网格细化比例 1%、3%、5%和 10%时经过 10 次细化后形成网格的中间部分（主要细化部分）。从图 5.3 可以看出，在高电导率区域以及存在电导率突变的界面处网格得到很好的加密，但是采用不同的细化比例得到的网格存在一定程度的差异。当细化比例为 10%时，最终网格显示其在电导率分界面处和模拟区域内部都有较好地细化，但由于内存的限制，细化次数不足，导致在接收点处的细化不够；当细化比例为 1%时，最终网格在接收点附近细化效果很好，但其在电导率突变边界和内部区域并不理想；而当细化比例为 3%和 5%时，最终网格在电导率块边界和内部以及接收点附近都得到较好的细化。

图 5.4 显示三维电阻率各向同性模型（图 5.2）$y=0$km 测线上的视电阻率和相位曲线。为了对比起见，也给出了有限差分计算结果（Mackie，1993）。从图 5.4 可以看出，有限元结果和有限差分结果整体上吻合得较好，只是两种数值方法计算得到的相位 ϕ_{xy} 和 ϕ_{yx} 分别在良导块体上方和高阻导块体上方存在一定的差异，这可能是由于两种数值方法的不同所致。从图 5.4（e）和 5.4（f）可见，采用网格细化比例 3%和 5%两个方案所获得的相位曲线几乎完全重合在一起，而且网格细化次数也比较合理，这说明有限元数值解是可靠的。

5.6.2 二维电阻率各向异性模型：有限元解与有限差分结果的对比

在上节中，采用三维电阻率各向同性模型，将自适应有限元结果与有限差分结果进行了对比。为了进一步验证自适应有限元算法的正确性，用第四章已经分析过的二维水平电阻率各向异性模型（图 4.7）进行模拟计算。图 5.5 为分别用本章三维自适应有限元算法和第 4 章所述二维有限元算法计算得到的视电阻率和相位曲线。可以看出用两种算法获得的结果吻合得非常好。在三维自适应有限元模拟中，初始网格由 159 020 个四面体构成，经过 13 次网格细化后，均方根收敛于 RMS=2.0，形成的最终网格由约 2.6×10^6 个四面体单元构成。

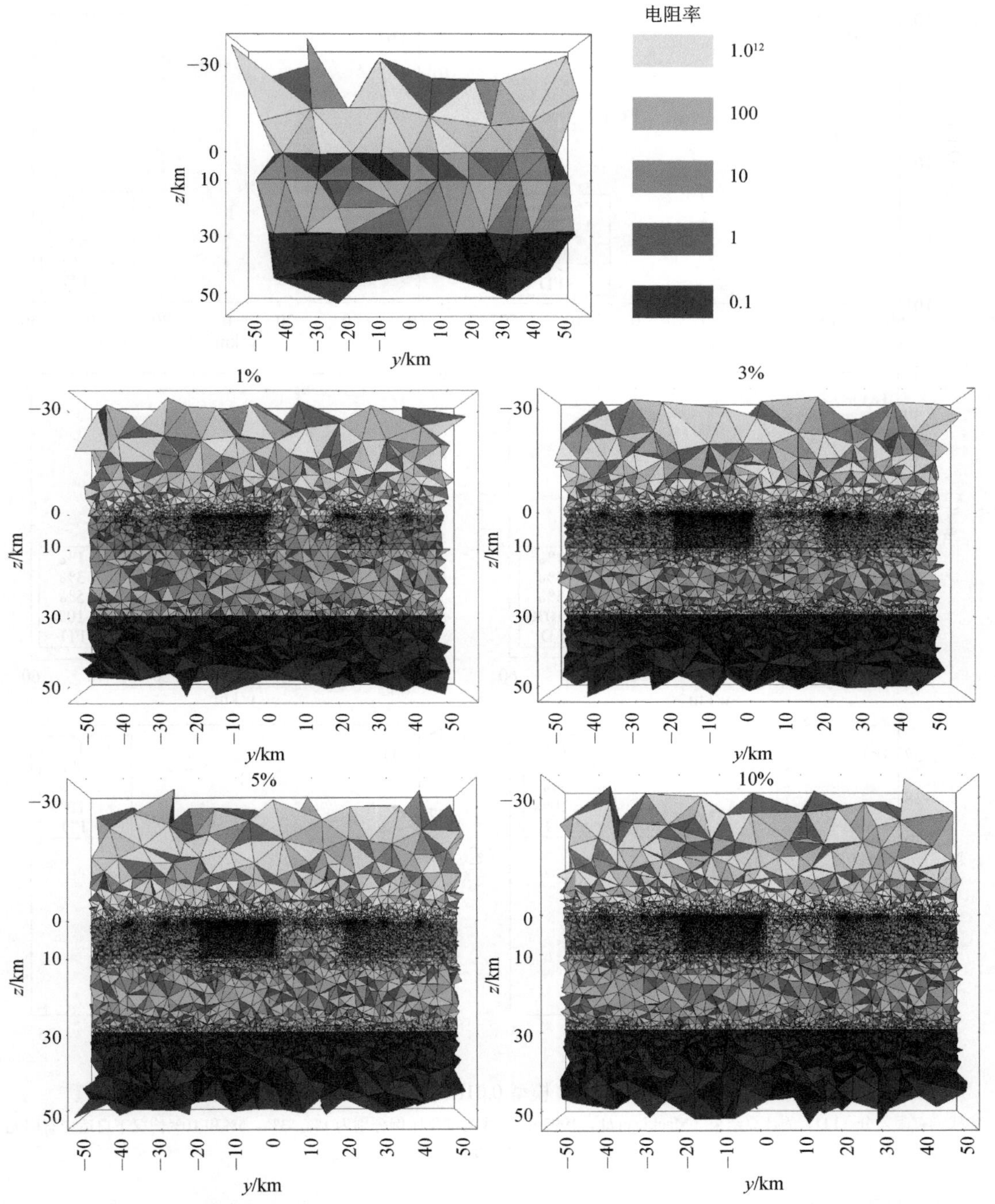

图 5.3　初始网格和分别采用网格细化比例 1%、3%、5%和 10%时经过 10 次细化形成网格的中央区域

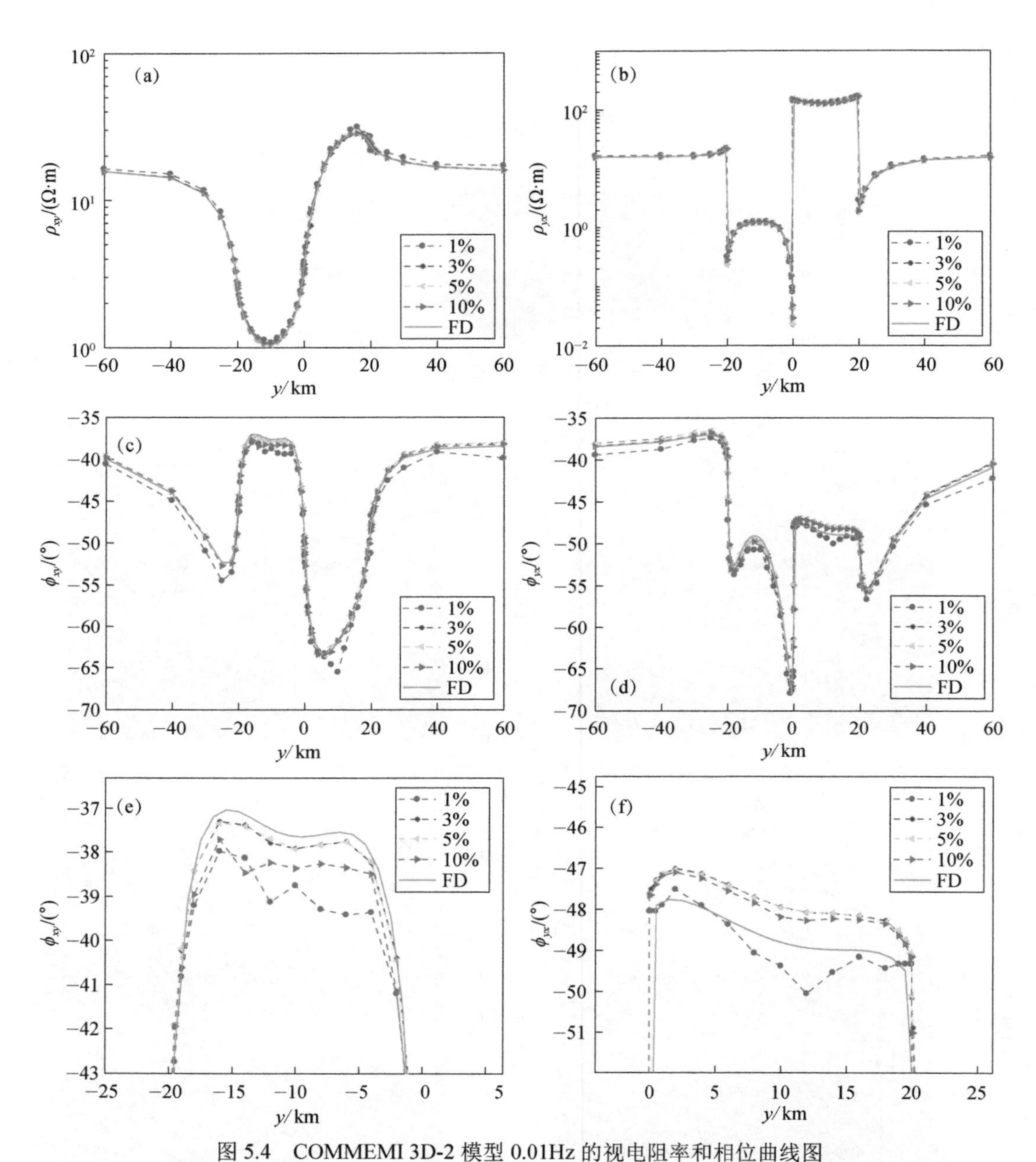

图 5.4 COMMEMI 3D-2 模型 0.01Hz 的视电阻率和相位曲线图

实线为有限差分（FD）的计算结果（Mackie et al.，1993）；虚线为细化比例分别为 1%，3%，5%和 10%情况下自适应有限元的结果

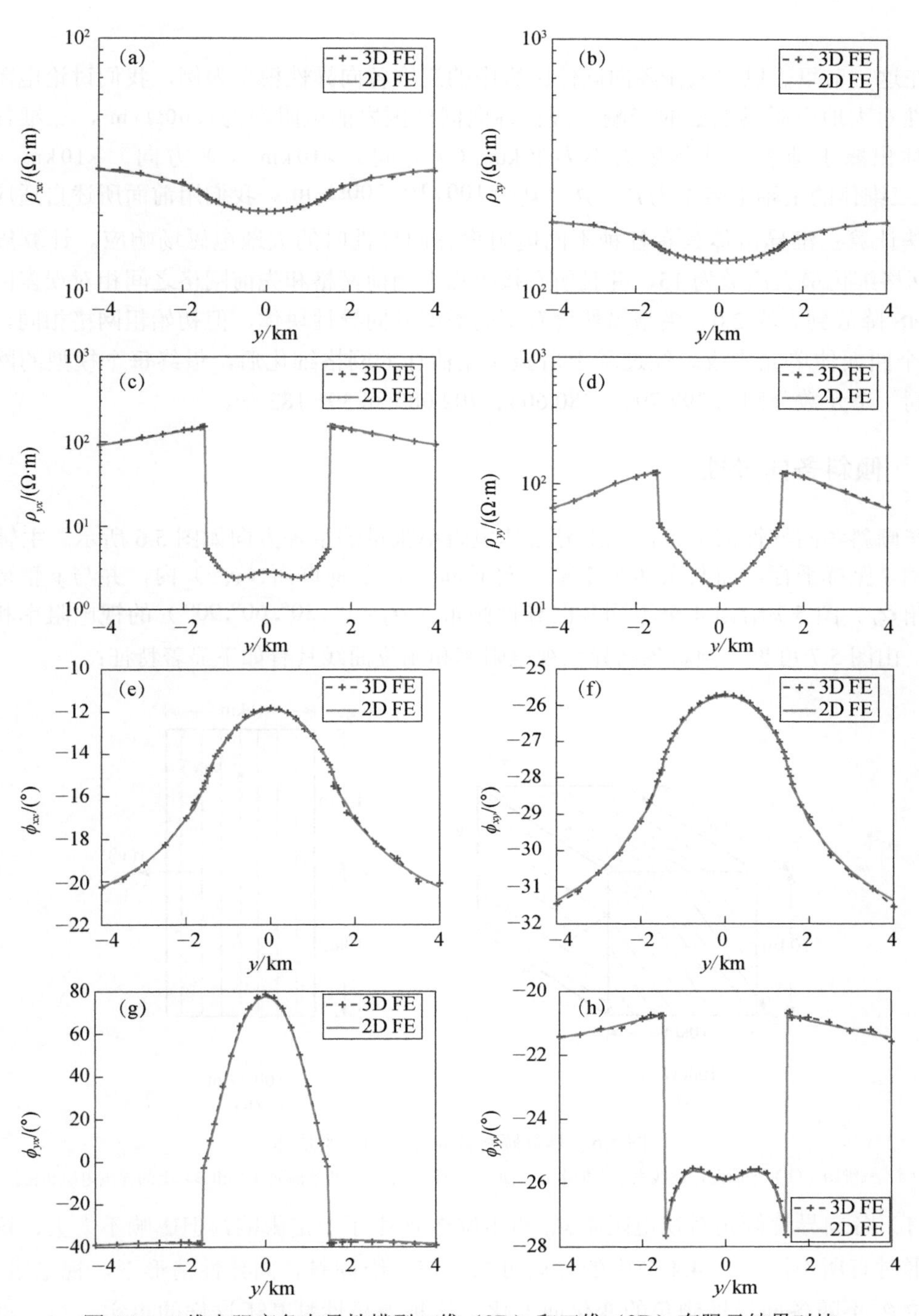

图 5.5　二维电阻率各向异性模型二维（2D）和三维（3D）有限元结果对比

5.7 算例

在这一节里，以嵌入在各向同性围岩中的三维各向异性模型为例，我们讨论电阻率各向异性对大地电磁场响应的影响。假设各向同性围岩的电阻率为$1000\Omega\cdot\text{m}$，三维各向异性块体出露于地表，其体积大小为20km（x方向）×10km（y方向）×10km（z方向），三维体的主轴电阻率为$\rho_{x'}/\rho_{y'}/\rho_{z'}=100/10/100\Omega\cdot\text{m}$。我们用前面所述自适应有限元算法计算三维异常体具有各种不同电阻率各向异性时的大地电磁场响应。计算周期为1s。网格细化最大次数为15，并且所有接收点上当前网格和先前网格之间相对误差的均方根RMS降低到大约2.0。模型虽然含有不同类型各向异性块体，但初始粗网格相同，它由5003个四面体单元构成。经过基于后验误差估计的网格细化后，最终每个模型的网格有所不同，单元数分别为397 794、380 604、402 089和391 183个。

5.7.1 倾斜各向异性

在倾斜各向异性情形下，三维异常体电阻率张量的主轴方向如图5.6所示。主轴x'与坐标轴x保持平行，而其余两个主轴方向y'和z'位于垂直面（y,z）内，并与y轴形成一个夹角α_d。图5.7给出4个不同各向异性倾角（$\alpha_d=0°,30°,60°,90°$）的视电阻率和相位曲线。由图5.7可见，倾斜各向异性视电阻率和相位曲线具有如下显著特征：

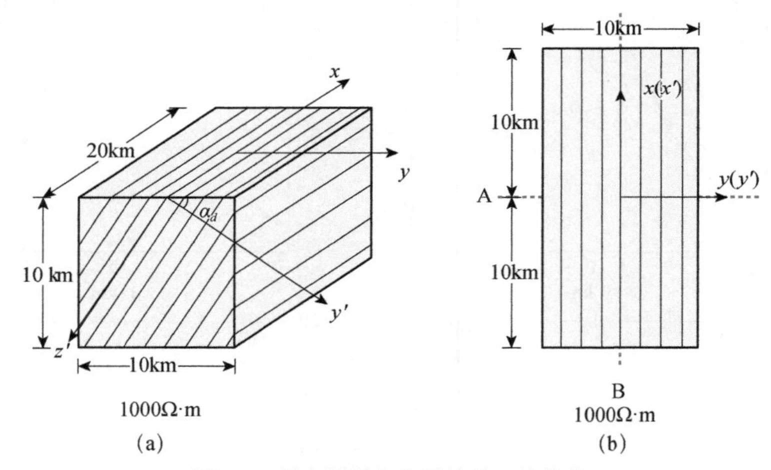

图5.6 具有倾斜各向异性的三维块体

（a）三维图，（b）平面图，虚线表示大地电磁剖面，用有限元法计算两条剖面（A和B）上的视电阻率和相位

（1）各向异性倾角对视电阻率ρ_{xy}和相位ϕ_{xy}产生了一定影响，但影响不太大，这与二维情形时有所不同。从4.4节中的讨论可知，在二维倾斜各向异性情形下，视电阻率ρ_{xy}和相位ϕ_{xy}不随各向异性倾角的变化而变化。这种差异性是基于这样的事实：与二维各向同性模型或特殊类型的二维各向异性模型不同，三维模型电磁场不能解耦出TE模式和TM模式。

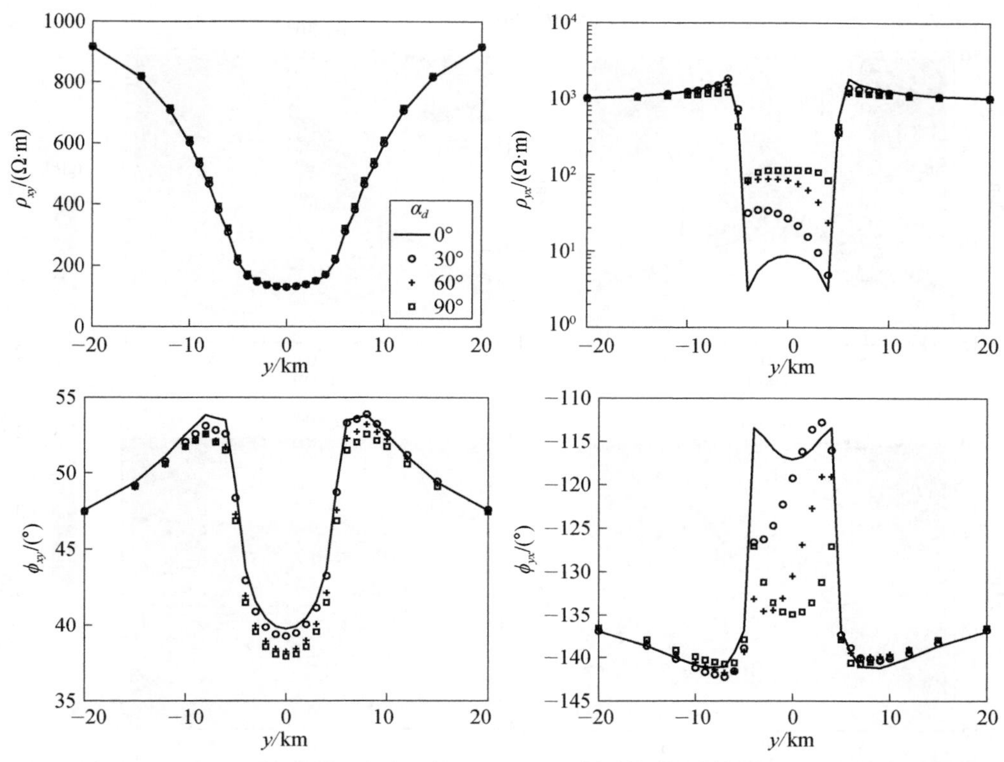

图 5.7　剖面 A 上（沿 y 轴）各种各向异性倾角（$\alpha_d = 0°, 30°, 60°, 90°$）的视电阻率和相位曲线

（2）视电阻率 ρ_{yx} 和相位 ϕ_{yx} 受到各向异性倾角 α_d 的强烈影响，它们关于模型中心不对称（除了各向异性倾角 $\alpha_d = 0°$ 和 90° 的情形以外）。通过观测电场的分布，可以很好地理解这种不对称现象（Han et al.，2018）。图 5.8 显示剖面 A 下方垂直截面（y,z）上各种各向异性倾角 α_d 的电场实部。计算时假定一次电场为 $\boldsymbol{E}_0 = (0,1,0)$。从图 5.8 可以清楚地看到，在三维块体内，电场实部的振幅和方向都随着各向异性倾角 α_d 的变化而变化。

（3）$\alpha_d = 0°$ 时，视电阻率 ρ_{yx} 与方位各向同性模型[y 方向电阻率为 $10\Omega\cdot m$，（x,z）垂直面内电阻率为 $100\Omega\cdot m$]的视电阻率相同。

（4）$\alpha_d = 90°$ 时，视电阻率 ρ_{yx} 相当于垂直各向异性模型[即（x, y）平面内的电阻率为 $100\Omega\cdot m$，垂直 z 方向的电阻率为 $10\Omega\cdot m$]的视电阻率。

图 5.9 显示剖面 B 上 4 个不同各向异性倾角（$\alpha_d = 0°, 30°, 60°, 90°$）的视电阻率和相位曲线。由图 5.9 可见，在 x 轴剖面上，两种模式的视电阻率曲线均关于模型中心对称。

5.7.2　水平各向异性

在水平各向异性情形下，三维异常体电阻率张量的主轴方向如图 5.10 所示。电导率张量的主轴 z' 保持垂直，而其余两个主轴 x' 和 y' 位于水平面（x, y）内，并与 x 轴形成一个夹角 α_s。图 5.11 为两条剖面 A（沿 y 轴）和 B（沿 x 轴）上 4 个不同各向异性方位角（$\alpha_s = 0°, 30°, 60°, 90°$）的视电阻率和相位曲线。

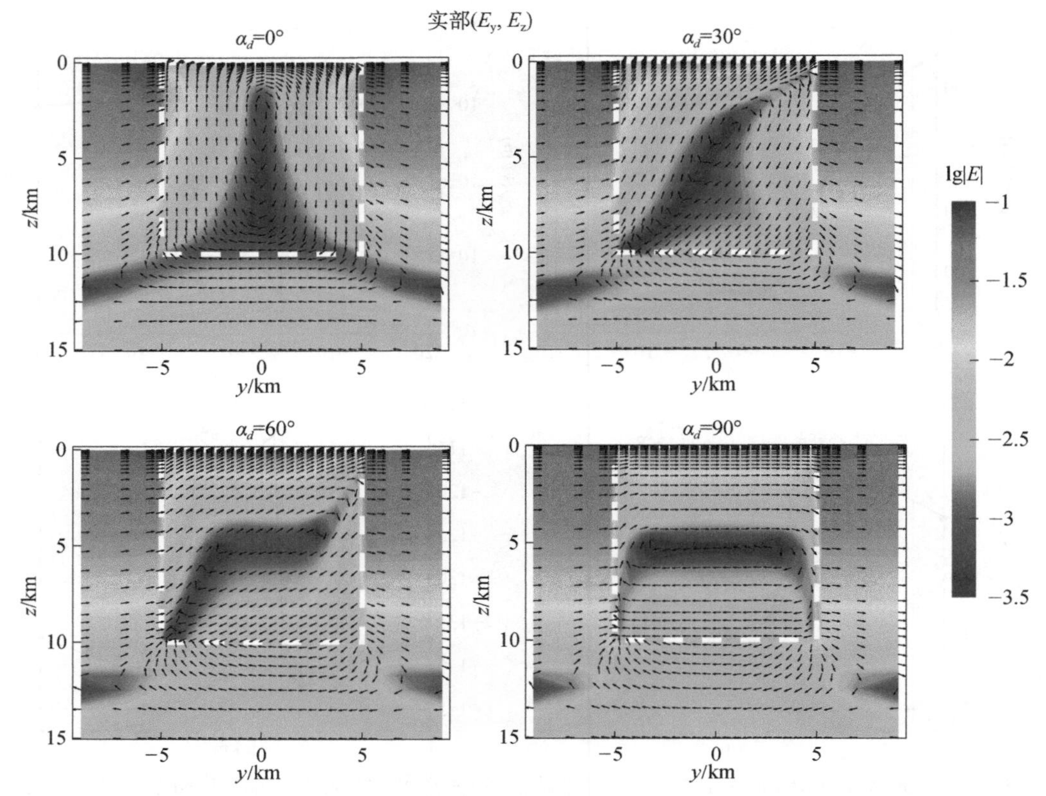

图 5.8 剖面 A 下方垂直截面上各种各向异性倾角（$\alpha_d = 0°,30°,60°,90°$）的电场实部

箭头表示电场的方向，背景颜色表示电场实部幅值的对数，白色虚线为异常体的轮廓

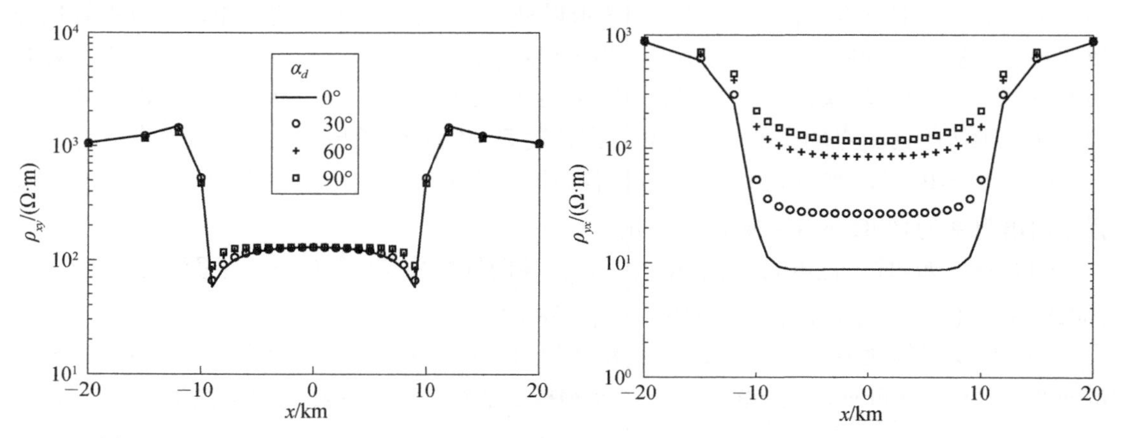

图 5.9 剖面 B 上（沿 x 轴）各种各向异性倾角（$\alpha_d = 0°,30°,60°,90°$）的视电阻率曲线

由图 5.11 可见，在水平各向异性情形下，视电阻率曲线具有如下显著特征：①各向异性方位角对两种模式的视电阻率都有很大影响，视电阻率 ρ_{xy} 和 ρ_{yx} 均随着各向异性方位角 α_s 的变化而变化；②在两条剖面上，所有视电阻率曲线都是关于模型中心对称的。

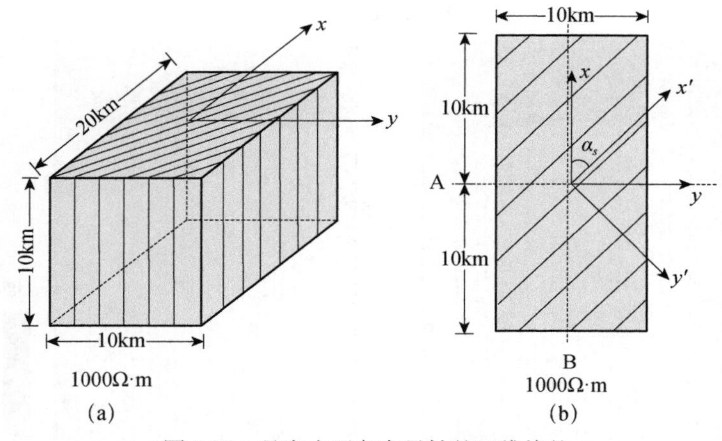

图 5.10　具有水平各向异性的三维块体

（a）三维图，（b）平面图，虚线表示大地电磁剖面，用有限元法计算两个剖面（A 和 B）上的视电阻率和相位

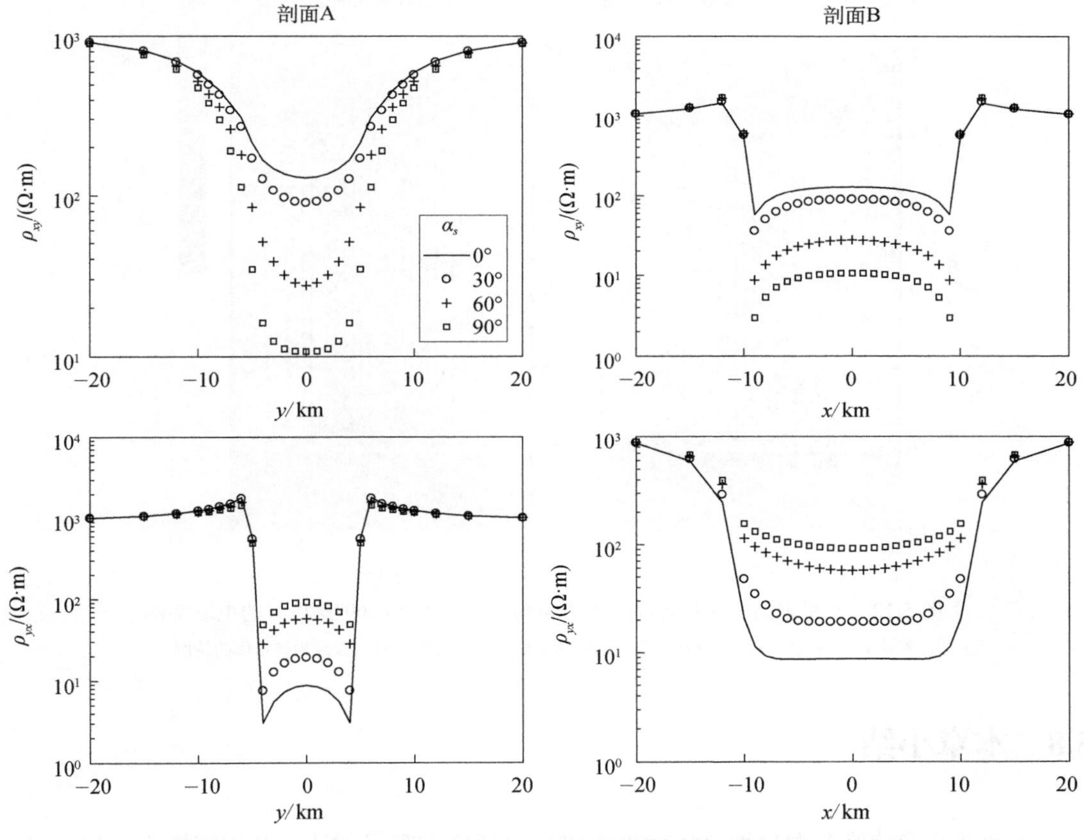

图 5.11　各种各向异性方位角（ $\alpha_s = 0°,30°,60°,90°$ ）的视电阻率曲线

图 5.12 为水平表面上各种各向异性方位角电场的实部。计算时假定一次电场为 $\boldsymbol{E}_0 = (1,0,0)$ 。从图 5.12 可以清楚地看到，在三维块体内，电场实部的振幅和方向都随着各向异性方位角 α_s 的变化而变化。

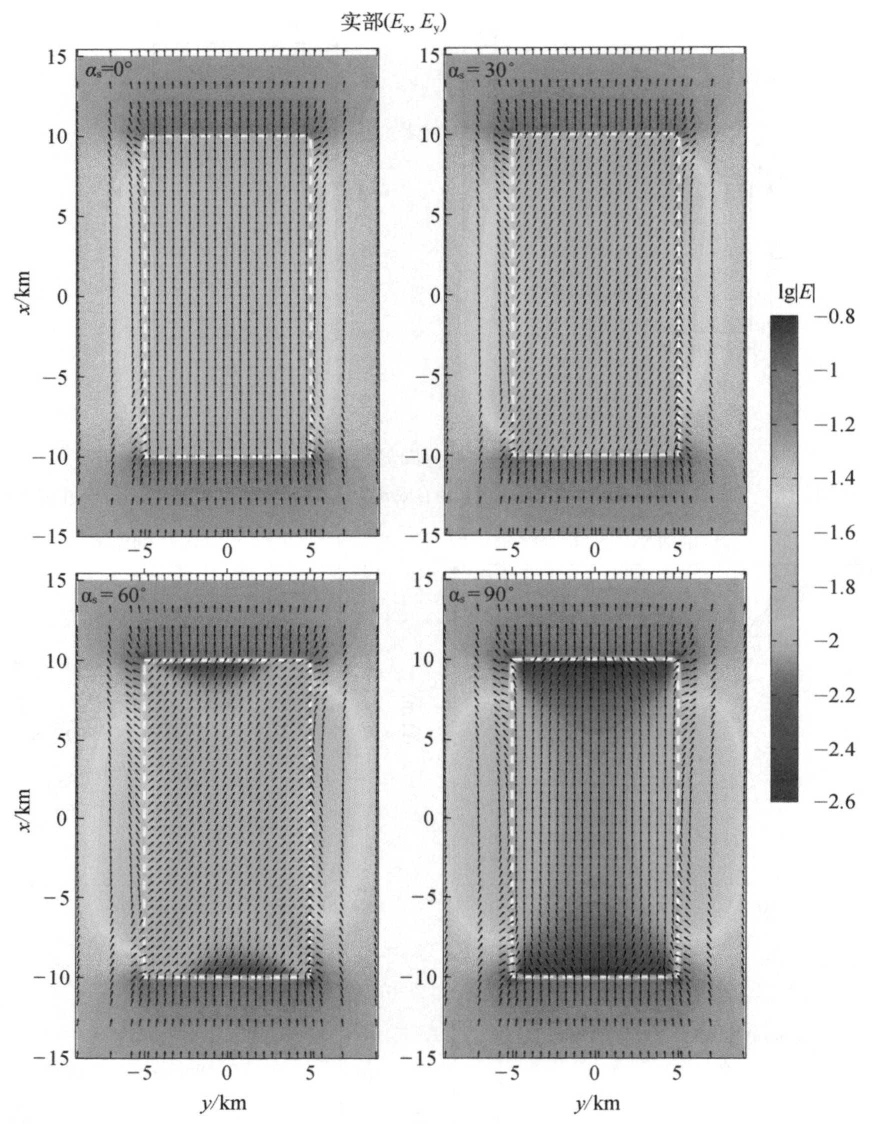

图 5.12 水平表面上各种各向异性方位角（$\alpha_s = 0°, 30°, 60°, 90°$）的电场实部

箭头表示电场的方向，背景颜色表示电场实部幅值的对数，白色虚线为异常体的轮廓

5.8 本章小结

本章介绍了三维各向异性介质大地电磁场自适应有限元方法。从麦克斯韦方程出发，推导出电阻率任意各向异性介质中平面谐变电磁场所满足的偏微分方程，利用加权余量法导出了关于电场矢量的有限元方程。该方程可以采用常规节点有限元方法和矢量有限元方法求解。用常规的节点有限元方法求解时，电流密度法向分量连续和电磁场散度为零的条件得不到保证，从而有可能出现伪解，且旋度算子的处理和边界条件的施加较为复杂和繁

项。通过一定的变换可以得到库伦规范或洛伦兹规范下的电磁势方程，求解电磁势避免了地下介质中电场的法向不连续问题。但是，先求解电磁势再通过差分求解电磁场显然会降低数值解的精度。矢量有限元方法通过将待求物理量置于离散单元的棱边上，只要求待求解的物理量切向分量连续，避免了电场法向分量不连续带来的问题。同时，矢量有限元的基函数自动满足散度为零的条件。非结构四面体网格可以精确地模拟起伏地形和复杂地质体及界面。采用狄利克雷边界条件，即在模拟区域左、右外边界上，将一维电场解析解作为左右边界上的电场值，而在模拟区域上、下边界上，根据左、右边界上的解析解，用线性插值的方法求得。

有限元法数值解的精度在很大程度上取决于网格剖分的质量。基于 Tetgen，高质量的四面体网格可以由最大允许半径-棱边比和最小二面角控制。网格细化比例对有限元数值模拟结果具有一定的影响。当细化比例较小时，局部区域（误差较大区域）网格细化太多，可能导致某些接收点附近和电导率界面处细化不足，从而难以保证所有区域数值结果的精度。当细化比例较大时，每次网格细化产生的单元数较多，网格迭代单元增量较大，在网格细化次数足够大时能够得到理想的结果。但在同样的计算资源下，网格细化次数较少时往往难以达到令人满意的结果。我们的算例表明，3%～5%的网格细化比例是相对合理的。海底地形和各向异性海底沉积层都会对大地电磁场响应产生明显的影响，但对 TE 模式和 TM 模式大地电磁场响应的影响程度不同。

第6章　二维电阻率任意各向异性介质海洋可控源电磁场有限元正演

随着地球物理观测技术和理论方法的进展，对地球的认知正逐渐加深，地球介质的电性各向异性问题越来越引起人们的关注。由于地壳中裂隙和孔隙的定向排列（Marti et al.，2014）以及电阻率不同的薄互层（Maillet，1947）等因素的影响，海底沉积岩几乎总是显示某种程度的电性各向异性。储层的各向异性源于储层内电阻率不同的薄层，而薄层的电阻率又与流体饱和度及自由水含量有关。

据估计，世界上大约30%的油气资源赋存于岩性裂隙地层和泥砂岩薄互层中，而这两种地层的宏观电阻率常常表现为各向异性（Brown et al.，2012）。当岩性裂隙地层的裂隙部分被海水灌入后，就会在沿裂隙面方向相比于垂直裂隙面方向显示出更低的电阻率，沿泥砂岩薄互层层理方向的电阻率小于垂直层理方向的电阻率（Li and Dai，2011）。

在解释海洋可控源电磁资料时，常常假定海底介质的电阻率是各向同性的，而海底岩性裂隙地层和海底层状沉积序列可能形成宏观电阻率各向异性。电导率各向异性的影响不应该被忽略，否则可能会得到错误的海底地电模型（Tompkins，2005；Li and Dai，2011；Li et al.，2013）。电阻率各向异性介质可控源电磁场正演方法研究始于20世纪70年代（Kong，1972）。Løseth和Ursin（2007）推导出了一维层状电阻率任意各向异性介质可控源电磁场(controlled-source electromagnetic field, CSEM)波数域计算公式。近期，我们实现了一维电阻率任意各向异性介质海洋CSEM正演计算（罗鸣和李予国，2015），提出了二维电阻率各向异性介质海洋CSEM自适有限元数值模拟方法，模型计算表明电阻率各向异性能够对海洋CSEM响应产生严重的影响（Li and Dai，2011；Li et al.，2013）。

本章介绍电阻率任意各向异性介质二维海洋可控源电磁场自适应有限元正演计算方法。首先，从麦克斯韦方程出发，推导出电偶极源电阻率任意各向异性介质二维海洋可控源电磁场边值问题。将电场和磁场分解为由电偶极源在一维层状介质产生的一次场和由二维异常体产生的二次场，以避免偶极源的奇异性问题。考虑到沿走向方向电阻率张量保持不变，利用傅里叶变换将空间域电磁场转换到波数域，推导出波数域平行走向方向电场分量和磁场分量所满足的耦合偏微分方程。然后，利用加权余量法，推导出有限元线性方程组；并导出后验误差估计公式，阐述非结构三角网格自适应有限元算法。最后，将分析二维任意电阻率各向异性模型海洋可控源电磁场响应特征。

6.1　电阻率各向异性介质二维可控源电磁场边值问题

考虑一个二维电阻率任意各向异性模型，设其走向方向与 x 轴平行。采用直角坐标系，正 z 轴垂直向下指向大地。水平电偶极源位于海底上方的海水中。假定时间因子为 $e^{-i\omega t}$，似稳态情形下，电场 $\boldsymbol{E}$ 和磁场 $\boldsymbol{H}$ 所满足的控制方程为

$$\nabla\times\boldsymbol{E}=i\omega\mu_0\boldsymbol{H} \tag{6.1}$$

$$\nabla\times\boldsymbol{H}-\underline{\underline{\sigma}}\boldsymbol{E}=\boldsymbol{J}_s \tag{6.2}$$

这里 μ_0 为真空中的磁导率，ω 为角频率，$\underline{\underline{\sigma}}$ 为电导率张量。$\boldsymbol{J}_s$ 为电性源电流分布，它在电偶极源处奇异，从而引起数值模拟困难。为了消除电偶极源引起的数值困难，应用迭加原理，将电磁场分解为由水平偶极源在一维水平层状电阻率各向异性介质（电导率张量为 $\underline{\underline{\sigma_p}}$）中产生的一次电磁场（$\boldsymbol{E}^P$ 和 $\boldsymbol{H}^P$）和由二维电阻率各向异性异常体（电阻率张量为 $\underline{\underline{\sigma_s}}$）产生的二次电磁场（$\boldsymbol{E}^S$ 和 $\boldsymbol{H}^S$）

$$\boldsymbol{E}=\boldsymbol{E}^P+\boldsymbol{E}^S,\ \boldsymbol{H}=\boldsymbol{H}^P+\boldsymbol{H}^S,\ \underline{\underline{\sigma}}=\underline{\underline{\sigma}}^P+\underline{\underline{\sigma}}^S \tag{6.3}$$

一次电磁场所满足的偏微分方程为：

$$\nabla\times\boldsymbol{E}^P=i\omega\mu_0\boldsymbol{H}^P \tag{6.4}$$

$$\nabla\times\boldsymbol{H}^P-\underline{\underline{\sigma}}^P\boldsymbol{E}^P=\boldsymbol{J}_S \tag{6.5}$$

上述方程具有拟解析解，可用罗鸣和李予国（2015）所述方法求得。

二次电磁场所满足的偏微分方程为：

$$\nabla\times\boldsymbol{E}^S=i\omega\mu_0\boldsymbol{H}^S \tag{6.6}$$

$$\nabla\times\boldsymbol{H}^S-\underline{\underline{\sigma}}\boldsymbol{E}^S=\underline{\underline{\sigma}}^S\boldsymbol{E}^P \tag{6.7}$$

虽然地电模型的电导率张量分布是二维的，但偶极源产生的电磁场是三维的。为了求解上述偏微分方程，沿走向方向 x 做傅里叶变换，将三维偏微分方程（6.6）和（6.7）变换成如下波数域二维偏微分方程：

$$\frac{\partial\hat{E}_z^s}{\partial y}-\frac{\partial\hat{E}_y^s}{\partial z}=i\omega\mu_0\hat{H}_x^s \tag{6.8}$$

$$\frac{\partial\hat{E}_x^s}{\partial z}-ik_x\hat{E}_z^s=i\omega\mu_0\hat{H}_y^s \tag{6.9}$$

$$ik_x\hat{E}_y^s-\frac{\partial\hat{E}_x^s}{\partial y}=i\omega\mu_0\hat{H}_z^s \tag{6.10}$$

$$\frac{\partial\hat{H}_z^s}{\partial y}-\frac{\partial\hat{H}_y^s}{\partial z}-(\sigma_{xx}\hat{E}_x^s+\sigma_{xy}\hat{E}_y^s+\sigma_{xz}\hat{E}_z^s)=p_x \tag{6.11}$$

$$\frac{\partial\hat{H}_x^s}{\partial z}-ik_x\hat{H}_z^s-(\sigma_{yx}\hat{E}_x^s+\sigma_{yy}\hat{E}_y^s+\sigma_{yz}\hat{E}_z^s)=p_y \tag{6.12}$$

$$ik_x\hat{H}_y^s-\frac{\partial\hat{H}_x^s}{\partial y}-(\sigma_{zx}\hat{E}_x^s+\sigma_{zy}\hat{E}_y^s+\sigma_{zz}\hat{E}_z^s)=p_z \tag{6.13}$$

其中

$$p_i = \sigma_{ix}^s \hat{E}_x^p + \sigma_{iy}^s \hat{E}_y^p + \sigma_{iz}^s \hat{E}_z^p \qquad i = x, y, z \tag{6.14}$$

式中，k_x 为沿走向方向的波数，$\hat{E}_i^p(i=x,y,z)$ 表示波数域（k_x, y, z）中的一次电场，$\hat{E}_i^s$ 和 $\hat{H}_i^s$（$i=x,y,z$）分别表示波数域中的二次电场和二次磁场。

由式（6.10），可得

$$\hat{H}_z^s = \frac{ik_x}{i\omega\mu_0}\hat{E}_y^s - \frac{1}{i\omega\mu_0}\frac{\partial \hat{E}_x^s}{\partial y} \tag{6.15}$$

将式（6.15）代入式（6.12），并经过一些代数运算后，可得

$$\hat{E}_y^s = \frac{-i\omega\mu_0}{\gamma_y^2}\frac{\partial \hat{H}_x^s}{\partial z} - \frac{ik_x}{\gamma_y^2}\frac{\partial \hat{E}_x^s}{\partial y} + \frac{i\omega\mu_0}{\gamma_y^2}(\sigma_{yx}\hat{E}_x^s + \sigma_{yz}\hat{E}_z^s) + \frac{i\omega\mu_0}{\gamma_y^2}p_y \tag{6.16}$$

其中

$$\gamma_y^2 = k_x^2 - i\omega\mu_0\sigma_{yy}$$

将式（6.16）代入式（6.15），可得

$$\hat{H}_z^s = -\frac{ik_x}{\gamma_y^2}\frac{\partial \hat{H}_x^s}{\partial z} + \frac{\sigma_{yy}}{\gamma_y^2}\frac{\partial \hat{E}_x^s}{\partial y} + \frac{ik_x}{\gamma_y^2}(\sigma_{yx}\hat{E}_x^s + \sigma_{yz}\hat{E}_z^s) + \frac{ik_x}{\gamma_y^2}p_y \tag{6.17}$$

由式（6.9），得

$$\hat{E}_z^s = \frac{1}{ik_x}\frac{\partial \hat{E}_x^s}{\partial z} - \frac{i\omega\mu_0}{ik_x}\hat{H}_y^s \tag{6.18}$$

将式（6.18）代入式（6.13），并经过一些代数运算后，得到

$$\begin{aligned}\hat{H}_y^s = &\frac{-ik_x\gamma_y^2}{\gamma_{yz}^2}\left[\frac{\partial \hat{H}_x^s}{\partial y} + \left(\sigma_{zx} + \frac{i\omega\mu_0\sigma_{yx}\sigma_{zy}}{\gamma_y^2}\right)\hat{E}_x^s + p_z + \frac{i\omega\mu_0\sigma_{yz}^2 + \gamma_y^2\sigma_{zz}}{ik_x\gamma_y^2}\frac{\partial \hat{E}_x^s}{\partial z}\right] \\ &+ \frac{-ik_x\sigma_{zy}}{\gamma_{yz}^2}\left[-i\omega\mu_0\frac{\partial \hat{H}_x^s}{\partial z} - ik_x\frac{\partial \hat{E}_x^s}{\partial y} + i\omega\mu_0 p_y\right]\end{aligned} \tag{6.19}$$

其中

$$\gamma_z^2 = k_x^2 - i\omega\mu_0\sigma_{zz}, \qquad \gamma_{yz}^2 = \gamma_y^2\gamma_z^2 + \omega^2\mu_0^2\sigma_{yz}^2$$

将式（6.19）代入式（6.18），得

$$\begin{aligned}\hat{E}_z^s = &\frac{i\omega\mu_0\gamma_y^2}{\gamma_{yz}^2}\left[\frac{\partial \hat{H}_x^s}{\partial y} + \left(\sigma_{zx} + \frac{i\omega\mu_0\sigma_{yx}\sigma_{zy}}{\gamma_y^2}\right)\hat{E}_x^s + p_z - \frac{k_x}{\omega\mu_0}\frac{\partial \hat{E}_x^s}{\partial z}\right] \\ &+ \frac{-i\omega\mu_0\sigma_{zy}}{\gamma_{yz}^2}\left[-i\omega\mu_0\frac{\partial \hat{H}_x^s}{\partial z} - ik_x\frac{\partial \hat{E}_x^s}{\partial y} + i\omega\mu_0 p_y\right]\end{aligned} \tag{6.20}$$

将式（6.20）代入式（6.16），得

$$\hat{E}_y^s = \frac{-i\omega\mu_0\gamma_z^2}{\gamma_{yz}^2}\frac{\partial \hat{H}_y^s}{\partial z} - \frac{ik_x\gamma_z^2}{\gamma_{yz}^2}\frac{\partial \hat{E}_x^s}{\partial y} + \frac{i\omega\mu_0\gamma_z^2}{\gamma_{yz}^2}p_y - \frac{\omega^2\mu_0}{\gamma_{yz}^2}\left[\sigma_{yz}\frac{\partial \hat{H}_x^s}{\partial y} + \left(\sigma_{yz}\sigma_{zx} + \frac{\sigma_{yx}\gamma_z^2}{i\omega\mu_0}\right)\hat{E}_x^s + \sigma_{yz}p_z - \frac{k_x\sigma_{yz}}{\omega\mu_0}\frac{\partial \hat{E}_x^s}{\partial z}\right] \tag{6.21}$$

将式（6.20）和式（6.21）代入式（6.17），并经过一些代数运算后，可得

$$\hat{H}_z^s = -\frac{ik_x\gamma_z^2}{\gamma_{yz}^2}\frac{\partial \hat{H}_x^s}{\partial z} + \frac{1}{\gamma_y^2}\left(\sigma_{yy} + \frac{i\omega\mu_0 k_x^2\sigma_{yz}^2}{\gamma_{yz}^2}\right)\frac{\partial \hat{E}_x^s}{\partial y} + \frac{ik_x\gamma_z^2}{\gamma_{yz}^2}p_y - \frac{k_x\omega\mu_0}{\gamma_{yz}^2}\left[\sigma_{yz}\frac{\partial \hat{H}_x^s}{\partial y} + \left(\sigma_{yz}\sigma_{zx} + \frac{\sigma_{yx}\gamma_z^2}{i\omega\mu_0}\right)\hat{E}_x^s + \sigma_{yz}p_z - \frac{k_x\sigma_{yz}}{\omega\mu_0}\frac{\partial \hat{E}_x^s}{\partial z}\right] \tag{6.22}$$

由式（6.19）～式（6.22）可知，一旦求得与走向方向平行的波数域二次电场和二次磁场，则可以由它们和其偏导数以及一次电磁场求得波数域二次电磁场的其他分量。

将式（6.20）和式（6.21）代入式（6.8），并经过整理后，可得

$$\begin{aligned}
&\frac{\partial}{\partial y}\left(\frac{i\omega\mu_0\gamma_y^2}{\gamma_{yz}^2}\frac{\partial \hat{H}_x^s}{\partial y}\right) + \frac{\partial}{\partial z}\left(\frac{i\omega\mu_0\gamma_z^2}{\gamma_{yz}^2}\frac{\partial \hat{H}_x^s}{\partial z}\right) + \frac{\partial}{\partial y}\left(\frac{\omega^2\mu_0^2\sigma_{zy}}{\gamma_{yz}^2}\frac{\partial \hat{H}_x^s}{\partial z}\right) + \frac{\partial}{\partial z}\left(\frac{\omega^2\mu_0^2\sigma_{zy}}{\gamma_{yz}^2}\frac{\partial \hat{H}_x^s}{\partial y}\right)\\
&-i\omega\mu_0\hat{H}_x^s + \frac{\partial}{\partial y}\left[\frac{i\omega\mu_0\gamma_y^2}{\gamma_{yz}^2}\left(\sigma_{zx} + \frac{i\omega\mu_0\sigma_{yx}\sigma_{zy}}{\gamma_y^2}\right)\hat{E}_x^s\right] + \frac{\partial}{\partial z}\left[\frac{\omega^2\mu_0^2}{\gamma_{yz}^2}\left(\sigma_{yz}\sigma_{zx} + \frac{\sigma_{yz}\gamma_z^2}{i\omega\mu_0}\right)\hat{E}_x^s\right]\\
&+\frac{\partial}{\partial y}\left(\frac{\omega\mu_0 k_x\sigma_{zy}}{\gamma_{yz}^2}\frac{\partial \hat{E}_x^s}{\partial y}\right) - \frac{\partial}{\partial z}\left(\frac{\omega\mu_0 k_x\sigma_{zy}}{\gamma_{yz}^2}\frac{\partial \hat{E}_x^s}{\partial z}\right) + \frac{\partial}{\partial y}\left(-\frac{ik_x\gamma_y^2}{\gamma_{yz}^2}\frac{\partial \hat{E}_x^s}{\partial z}\right) + \frac{\partial}{\partial z}\left(\frac{ik_x\gamma_z^2}{\gamma_{yz}^2}\frac{\partial \hat{E}_x^s}{\partial y}\right)\\
&= -\frac{\partial}{\partial y}\left(\frac{i\omega\mu_0\gamma_y^2}{\gamma_{yz}^2}p_z - \frac{\omega^2\mu_0^2\sigma_{zy}}{\gamma_{yz}^2}p_y\right) + \frac{\partial}{\partial z}\left(\frac{i\omega\mu_0\gamma_z^2}{\gamma_{yz}^2}p_y - \frac{\omega^2\mu_0^2\sigma_{zy}}{\gamma_{yz}^2}p_z\right)
\end{aligned} \tag{6.23}$$

上述偏微分方程可以写成如下矩阵形式：

$$\nabla\cdot(\underline{\underline{\tau_1}}\nabla\hat{H}_x^s) - i\omega\mu_0\hat{H}_x^s + \nabla\cdot(\underline{\underline{\tau_2}}\nabla\hat{E}_x^s) + \nabla\cdot\boldsymbol{p} = -i\omega\mu_0\nabla\cdot\boldsymbol{r} \tag{6.24}$$

其中

$$\underline{\underline{\tau_1}} = \frac{i\omega\mu_0}{\gamma_{yz}^2}\begin{pmatrix}\gamma_y^2 & -i\omega\mu_0\sigma_{yz}\\ -i\omega\mu_0\sigma_{yz} & \gamma_z^2\end{pmatrix},\quad \underline{\underline{\tau_2}} = \frac{ik_x}{\gamma_{yz}^2}\begin{pmatrix}-i\omega\mu_0\sigma_{yz} & -\gamma_y^2\\ \gamma_z^2 & i\omega\mu_0\sigma_{yz}\end{pmatrix}$$

$$\boldsymbol{p} = A\hat{E}_x^s\boldsymbol{e}_y + B\hat{E}_x^s\boldsymbol{e}_z,\qquad \boldsymbol{r} = R\boldsymbol{e}_y - Q\boldsymbol{e}_z$$

$$A = \frac{i\omega\mu_0\gamma_y^2}{\gamma_{yz}^2}\left(\sigma_{zx} + \frac{i\omega\mu_0\sigma_{yx}\sigma_{zy}}{\gamma_y^2}\right),\qquad B = -\frac{i\omega\mu_0\gamma_z^2}{\gamma_{yz}^2}\left(\sigma_{yx} + \frac{i\omega\mu_0\sigma_{yz}\sigma_{zx}}{\gamma_z^2}\right)$$

$$R = \frac{1}{\gamma_{yz}^2}\left(\gamma_y^2 p_z + i\omega\mu_0\sigma_{zy}p_y\right),\qquad Q = \frac{1}{\gamma_{yz}^2}\left(\gamma_z^2 p_y + i\omega\mu_0\sigma_{zy}p_z\right)$$

式中，$\boldsymbol{e}_y$ 和 $\boldsymbol{e}_z$ 分别为单位外法向矢量沿 y 轴和 z 轴的分量。

在大地电磁测深情形下，即 $k_x \to 0$ 时，有

$$\underline{\underline{\tau_1}} = -\underline{\underline{\tau}}^{\mathrm{MT}}, \quad \underline{\underline{\tau_2}} = 0$$
$$A = A^{\mathrm{MT}}, \quad B = B^{\mathrm{MT}}$$

则方程式（6.24）变成为

$$\nabla \cdot \left(\underline{\underline{\tau}}^{\mathrm{MT}} \nabla \hat{H}_x^s\right) + i\omega\mu_0 \hat{H}_x^s - \frac{\partial(A^{\mathrm{MT}} \hat{E}_x^s)}{\partial y} + \frac{\partial(B^{\mathrm{MT}} \hat{E}_x^s)}{\partial z} = i\omega\mu_0 \nabla \cdot \boldsymbol{r}^{\mathrm{MT}} \tag{6.25}$$

如果不考虑右端项的话（在大地电磁测深中，常常不将电磁场分解为正常场部分和异常场部分），上述方程与第四章中二维任意电阻率各向异性介质大地电磁场所满足的微分方程（4.16）相同。

将式（6.19）和式（6.22）代入式（6.11），并经过一些代数运算后，可得

$$\begin{aligned} &\nabla \cdot \left(\underline{\underline{\tau_3}} \nabla \hat{E}_x^s\right) + \nabla \cdot \boldsymbol{q} - C\hat{E}_x^s + \nabla \cdot \left(\underline{\underline{\tau_4}} \nabla \hat{H}_x^s\right) \\ &- A\frac{\partial \hat{H}_x^s}{\partial y} - B\frac{\partial \hat{H}_x^s}{\partial z} - \frac{k_x B}{\omega\mu_0}\frac{\partial \hat{E}_x^s}{\partial y} + \frac{k_x A}{\omega\mu_0}\frac{\partial \hat{E}_x^s}{\partial z} = p_x - ik_x \nabla \cdot \boldsymbol{s} - Bp_y + Ap_z \end{aligned} \tag{6.26}$$

其中

$$\underline{\underline{\tau_3}} = \frac{1}{\gamma_{yz}^2}\begin{pmatrix} \sigma_{yy}\gamma_z^2 + i\omega\mu_0\sigma_{yz}^2 & k_x^2\sigma_{yz} \\ k_x^2\sigma_{yz} & i\omega\mu_0\sigma_{yz}^2 + \gamma_y^2\sigma_{zz} \end{pmatrix}, \quad \underline{\underline{\tau_4}} = \frac{ik_x}{\gamma_{yz}^2}\begin{pmatrix} i\omega\mu_0\sigma_{yz} & -\gamma_z^2 \\ \gamma_y^2 & -i\omega\mu_0\sigma_{yz} \end{pmatrix}$$

$$\boldsymbol{q} = -\frac{k_x B}{\omega\mu_0}\hat{E}_x^s \boldsymbol{e}_y + \frac{k_x A}{\omega\mu_0}\hat{E}_x^s \boldsymbol{e}_z, \quad \boldsymbol{s} = Q\boldsymbol{e}_y + R\boldsymbol{e}_z, \quad C = \sigma_{xx} - \sigma_{xy}B + \sigma_{xz}A$$

在大地电磁测深情形下，即 $k_x \to 0$ ，有

$$\underline{\underline{\tau_3}} = -\frac{1}{i\omega\mu_0}\begin{pmatrix} 1 & 0 \\ 0 & 1 \end{pmatrix}, \quad \underline{\underline{\tau_4}} = 0, \quad C = C^{\mathrm{MT}}, \quad \boldsymbol{q} = 0$$

则方程（6.26）变成为

$$\frac{1}{i\omega\mu_0}\nabla^2 \hat{E}_x^s + C^{\mathrm{MT}} \hat{E}_x^s + A^{\mathrm{MT}} \frac{\partial \hat{H}_x^s}{\partial y} - B^{\mathrm{MT}} \frac{\partial \hat{H}_x^s}{\partial z} = -p_x^{\mathrm{MT}} - B^{\mathrm{MT}} p_y^{\mathrm{MT}} - A^{\mathrm{MT}} p_z^{\mathrm{MT}} \tag{6.27}$$

如果不考虑右端项的话，上述方程与第四章中二维电阻率各向异性介质大地电磁场所满足的微分方程（4.15）相同。

方程（6.24）和（6.26）为二维电阻率任意各向异性介质波数域二次电磁场平行走向分量所满足的偏微分方程，可以由这些偏微分方程导出其他特殊各向异性介质的电磁场偏微分方程。

1. 水平各向异性

在水平各向异性情形下，电导率张量元素 $\sigma_{xz} = \sigma_{zx} = \sigma_{yz} = \sigma_{zy} = 0$ ，波数域二次电磁场偏微分方程（6.24）和（6.26）变成为

$$\nabla \cdot \left(\underline{\underline{\tau_1}} \nabla \hat{H}_x^s\right) - i\omega\mu_0 \hat{H}_x^s + \nabla \cdot \left(\underline{\underline{\tau_2}} \nabla \hat{E}_x^s\right) - \frac{\partial}{\partial z}\left(\frac{i\omega\mu_0 \sigma_{yx} \hat{E}_x^s}{\gamma_y^2}\right) = -i\omega\mu_0 \nabla \cdot \boldsymbol{r} \tag{6.28}$$

$$\nabla\cdot\left(\underline{\underline{\tau_3}}\nabla\hat{E}_x^s\right)+\frac{\partial}{\partial y}\left(\frac{ik_x\sigma_{yx}\hat{E}_x^s}{\gamma_y^2}\right)-C\hat{E}_x^s+\nabla\cdot\left(\underline{\underline{\tau_4}}\nabla\hat{H}_x^s\right)+\frac{i\omega\mu_0\sigma_{yx}}{\gamma_y^2}\frac{\partial\hat{H}_x^s}{\partial z} \\ +\frac{ik_x\sigma_{xy}}{\gamma_y^2}\frac{\partial\hat{E}_x^s}{\partial y}=p_x-ik_x\nabla\cdot\mathbf{s}+\frac{i\omega\mu_0\sigma_{xy}}{\gamma_y^2}p_y \tag{6.29}$$

其中

$$\underline{\underline{\tau_1}}=i\omega\mu_0\begin{pmatrix}\frac{1}{\gamma_z^2}&0\\0&\frac{1}{\gamma_y^2}\end{pmatrix},\ \underline{\underline{\tau_2}}=ik_x\begin{pmatrix}0&-\frac{1}{\gamma_z^2}\\\frac{1}{\gamma_y^2}&0\end{pmatrix},\ \underline{\underline{\tau_3}}=\begin{pmatrix}\frac{\sigma_{yy}}{\gamma_y^2}&0\\0&\frac{\sigma_{zz}}{\gamma_z^2}\end{pmatrix},\ \underline{\underline{\tau_4}}=-\underline{\underline{\tau_2}}^{\mathrm{T}}$$

$$\boldsymbol{r}=\frac{\sigma_{zz}^s\hat{E}_z^p}{\gamma_z^2}\boldsymbol{e}_y-\frac{\sigma_{yx}^s\hat{E}_x^p+\sigma_{yy}^s\hat{E}_y^p}{\gamma_y^2}\boldsymbol{e}_z,\qquad \mathbf{s}=\frac{\sigma_{yx}^s\hat{E}_x^p+\sigma_{yy}^s\hat{E}_y^p}{\gamma_y^2}\boldsymbol{e}_y+\frac{\sigma_{zz}^s\hat{E}_z^p}{\gamma_z^2}\boldsymbol{e}_z$$

$$C=\sigma_{xx}+\frac{i\omega\mu_0\sigma_{xy}^2}{\gamma_y^2},\qquad p_x=\sigma_{xx}^s\hat{E}_x^p+\sigma_{xy}^s\hat{E}_y^p,\qquad p_y=\sigma_{yx}^s\hat{E}_x^p+\sigma_{yy}^s\hat{E}_y^p$$

2. 倾斜各向异性

在倾斜各向异性情形下，电导率张量元素$\sigma_{xy}=\sigma_{yx}=\sigma_{xz}=\sigma_{zx}=0$，波数域二次电磁场偏微分方程（6.24）和（6.26）变成为（Li and Dai，2011）

$$\nabla\cdot\left(\underline{\underline{\tau_1}}\nabla\hat{H}_x^s\right)-i\omega\mu_0\hat{H}_x^s+\nabla\cdot\left(\underline{\underline{\tau_2}}\nabla\hat{E}_x^s\right)=-i\omega\mu_0\left(\frac{\partial R}{\partial y}-\frac{\partial Q}{\partial z}\right) \tag{6.30}$$

$$\nabla\cdot\left(\underline{\underline{\tau_3}}\nabla\hat{E}_x^s\right)-\sigma_{xx}\hat{E}_x^s+\nabla\cdot\left(\underline{\underline{\tau_4}}\nabla\hat{H}_x^s\right)=p_x-ik_x\left(\frac{\partial Q}{\partial y}+\frac{\partial R}{\partial z}\right) \tag{6.31}$$

其中

$$\underline{\underline{\tau_1}}=\frac{i\omega\mu_0}{\gamma_{yz}^2}\begin{pmatrix}\gamma_y^2&-i\omega\mu_0\sigma_{yz}\\-i\omega\mu_0\sigma_{yz}&\gamma_z^2\end{pmatrix},\qquad \underline{\underline{\tau_2}}=\frac{ik_x}{\gamma_{yz}^2}\begin{pmatrix}-i\omega\mu_0\sigma_{yz}&-\gamma_y^2\\\gamma_z^2&i\omega\mu_0\sigma_{yz}\end{pmatrix}$$

$$\underline{\underline{\tau_3}}=\frac{1}{\gamma_{yz}^2}\begin{pmatrix}\sigma_{yy}\gamma_z^2+i\omega\mu_0\sigma_{yz}^2&k_x^2\sigma_{yz}\\k_x^2\sigma_{yz}&i\omega\mu_0\sigma_{yz}^2+\gamma_y^2\sigma_{zz}\end{pmatrix},\qquad \underline{\underline{\tau_4}}=\frac{ik_x}{\gamma_{yz}^2}\begin{pmatrix}i\omega\mu_0\sigma_{yz}&-\gamma_z^2\\\gamma_y^2&-i\omega\mu_0\sigma_{yz}\end{pmatrix}$$

$$R=\frac{1}{\gamma_{yz}^2}(\gamma_y^2p_z+i\omega\mu_0\sigma_{zy}p_y),\qquad Q=\frac{1}{\gamma_{yz}^2}(\gamma_z^2p_y+i\omega\mu_0\sigma_{zy}p_z)$$

$$p_x=\sigma_{xx}^s\hat{E}_x^p,\quad p_y=\sigma_{yy}^s\hat{E}_y^p+\sigma_{yz}^s\hat{E}_z^p,\quad p_z=\sigma_{zy}^s\hat{E}_y^p+\sigma_{zz}^s\hat{E}_z^p$$

3. 主轴各向异性

在主轴各向异性情形下，电导率张量的所有三个主轴与模型坐标轴重合在一起，只有电导率张量的主对角线元素不为零，波数域二次电磁场偏微分方程（6.24）和（6.26）简化为

$$\nabla\cdot\left(\underline{\underline{\tau_1}}\nabla\hat{H}_x^s\right)-i\omega\mu_0\hat{H}_x^s+\nabla\cdot\left(\underline{\underline{\tau_2}}\nabla\hat{E}_x^s\right)=-i\omega\mu_0\left[\frac{\partial}{\partial y}\left(\frac{\sigma_{zz}^s\hat{E}_z^p}{\gamma_z^2}\right)-\frac{\partial}{\partial z}\left(\frac{\sigma_{yy}^s\hat{E}_y^p}{\gamma_y^2}\right)\right]\tag{6.32}$$

$$\nabla\cdot\left(\underline{\underline{\tau_3}}\nabla\hat{E}_x^s\right)-\sigma_{xx}\hat{E}_x^s+\nabla\cdot\left(\underline{\underline{\tau_4}}\nabla\hat{H}_x^s\right)=\sigma_{xx}^s\hat{E}_x^p-ik_x\left[\frac{\partial}{\partial y}\left(\frac{\sigma_{yy}^s\hat{E}_y^p}{\gamma_y^2}\right)+\frac{\partial}{\partial z}\left(\frac{\sigma_{zz}^s\hat{E}_z^p}{\gamma_z^2}\right)\right]\tag{6.33}$$

其中

$$\underline{\underline{\tau_1}}=i\omega\mu_0\begin{pmatrix}\frac{1}{\gamma_z^2} & 0\\ 0 & \frac{1}{\gamma_y^2}\end{pmatrix},\quad \underline{\underline{\tau_2}}=ik_x\begin{pmatrix}0 & -\frac{1}{\gamma_z^2}\\ \frac{1}{\gamma_y^2} & 0\end{pmatrix},\quad \underline{\underline{\tau_3}}=\begin{pmatrix}\frac{\sigma_{yy}}{\gamma_y^2} & 0\\ 0 & \frac{\sigma_{zz}}{\gamma_z^2}\end{pmatrix},\quad \underline{\underline{\tau_4}}=-\underline{\underline{\tau_2^{\mathrm{T}}}}$$

4. 各向同性介质

在各向同性介质，电导率不再随着方向变化而变化，即电导率被看作为标量。由方程（6.32）和（6.33），可得

$$\nabla\cdot\left(\frac{\sigma}{\gamma^2}\nabla\hat{E}_x^s\right)-\sigma\hat{E}_x^s-\frac{\partial}{\partial y}\left(\frac{ik_x}{\gamma^2}\frac{\hat{H}_x^s}{\partial z}\right)+\frac{\partial}{\partial z}\left(\frac{ik_x}{\gamma^2}\frac{\hat{H}_x^s}{\partial y}\right)=\sigma_s\hat{E}_x^p-\frac{\partial}{\partial y}\left(\frac{ik_x\sigma_s\hat{E}_y^p}{\gamma^2}\right)-\frac{\partial}{\partial z}\left(\frac{ik_x\sigma_s\hat{E}_z^p}{\gamma^2}\right)\tag{6.34}$$

$$\nabla\cdot\left(\frac{i\omega\mu_0}{\gamma^2}\nabla\hat{H}_x^s\right)-i\omega\mu_0\hat{H}_x^s-\frac{\partial}{\partial y}\left(\frac{ik_x}{\gamma^2}\frac{\hat{E}_x^s}{\partial z}\right)+\frac{\partial}{\partial z}\left(\frac{ik_x}{\gamma^2}\frac{\hat{E}_x^s}{\partial y}\right)=-\frac{\partial}{\partial y}\left(\frac{i\omega\mu_0\sigma_s\hat{E}_z^p}{\gamma^2}\right)+\frac{\partial}{\partial z}\left(\frac{i\omega\mu_0\sigma_s\hat{E}_y^p}{\gamma^2}\right)\tag{6.35}$$

式中，$\gamma^2=k_x^2-i\omega\mu_0\sigma$。

电磁场的切向分量为：

$$\hat{\boldsymbol{E}}_t^s=\hat{E}_y^s\boldsymbol{n}_z-\hat{E}_z^s\boldsymbol{n}_y\tag{6.36}$$

$$\hat{\boldsymbol{H}}_t^s=\hat{H}_y^s\boldsymbol{n}_z-\hat{H}_z^s\boldsymbol{n}_y\tag{6.37}$$

将式（6.20）和式（6.21）代入式（6.36），并经过一些代数运算后，得

$$\hat{\boldsymbol{E}}_t^s=-\underline{\underline{\tau_1}}\frac{\partial\hat{H}_x^s}{\partial\boldsymbol{n}}-\underline{\underline{\tau_2}}\frac{\partial\hat{E}_x^s}{\partial\boldsymbol{n}}-(B\boldsymbol{n}_z+A\boldsymbol{n}_y)\hat{E}_x^s+i\omega\mu_0(Q\boldsymbol{n}_z-R\boldsymbol{n}_y)\tag{6.38}$$

将式（6.19）和式（6.22）代入式（6.37），并经过一些代数运算后，得

$$\hat{\boldsymbol{H}}_t^s=-\underline{\underline{\tau_3}}\frac{\partial\hat{E}_x^s}{\partial\boldsymbol{n}}-\underline{\underline{\tau_4}}\frac{\partial\hat{H}_x^s}{\partial\boldsymbol{n}}+\frac{k_x}{\omega\mu_0}\left(B\boldsymbol{n}_y-A\boldsymbol{n}_z\right)\hat{E}_x^s-ik_x\left(Q\boldsymbol{n}_y+R\boldsymbol{n}_z\right)\tag{6.39}$$

6.2 加权余量方程

利用加权余量法，由偏微分方程（6.24）和（6.26）可以导出加权余量积分方程。方程（6.26）乘以波数域二次电场的任意变分 $\delta\hat{E}_x^s$，并在模拟区域 Ω 内积分，得到

$$\begin{aligned}&\int_\Omega\left[\nabla\cdot\left(\underline{\underline{\tau_3}}\nabla\hat{E}_x^s\right)+\nabla\cdot\boldsymbol{q}-\frac{k_xB}{\omega\mu_0}\frac{\partial\hat{E}_x^s}{\partial y}+\frac{k_xA}{\omega\mu_0}\frac{\partial\hat{E}_x^s}{\partial z}-C\hat{E}_x^s\right]\delta\hat{E}_x^s\mathrm{d}\Omega\\&+\int_\Omega\left[\nabla\cdot\left(\underline{\underline{\tau_4}}\nabla\hat{H}_x^s\right)-A\frac{\partial\hat{H}_x^s}{\partial y}-B\frac{\partial\hat{H}_x^s}{\partial z}\right]\delta\hat{E}_x^s\mathrm{d}\Omega\\&=\int_\Omega\left[p_x-ik_x\nabla\cdot\boldsymbol{s}-Bp_y+Ap_z\right]\delta\hat{E}_x^s\mathrm{d}\Omega\end{aligned}\tag{6.40}$$

利用高斯公式

$$\int_\Omega\nabla\cdot\boldsymbol{u}v\mathrm{d}\Omega=\oint_\Gamma\boldsymbol{u}\cdot\boldsymbol{n}v\mathrm{d}\Gamma-\int_\Omega\boldsymbol{u}\cdot\nabla v\mathrm{d}\Omega\tag{6.41}$$

则方程式（6.40）变成为

$$\begin{aligned}&\int_\Omega\left[\underline{\underline{\tau_3}}\nabla\hat{E}_x^s\cdot\nabla\delta\hat{E}_x^s+\boldsymbol{q}\cdot\nabla\delta\hat{E}_x^s+\frac{k_x}{\omega\mu_0}\delta\hat{E}_x^s\left(B\frac{\partial\hat{E}_x^s}{\partial y}-A\frac{\partial\hat{E}_x^s}{\partial z}\right)+C\hat{E}_x^s\delta\hat{E}_x^s\right]\mathrm{d}\Omega\\&+\int_\Omega\left[\underline{\underline{\tau_4}}\nabla\hat{H}_x^s\cdot\nabla\delta\hat{E}_x^s+\delta\hat{E}_x^s\left(A\frac{\partial\hat{H}_x^s}{\partial y}+B\frac{\partial\hat{H}_x^s}{\partial z}\right)\right]\mathrm{d}\Omega\\&=-\int_\Omega\left[p_x-Bp_y+Ap_z\right]\delta\hat{E}_x^s\mathrm{d}\Omega-\int_\Omega ik_x\left(Q\frac{\partial\delta\hat{E}_x^s}{\partial y}+R\frac{\partial\delta\hat{E}_x^s}{\partial z}\right)\mathrm{d}\Omega-\oint_\Gamma\hat{\boldsymbol{H}}_t^s\delta\hat{E}_x^s\mathrm{d}\Gamma\end{aligned}\tag{6.42}$$

类似地，将方程（6.24）乘以波数域二次磁场的任意变分 $\delta\hat{H}_x^s$，并在模拟区域 Ω 内求积分，再利用散度理论和高斯公式进行整理后，可得如下积分方程：

$$\begin{aligned}&-\int_\Omega\underline{\underline{\tau_1}}\nabla\hat{H}_x^s\cdot\nabla\delta\hat{H}_x^s\mathrm{d}\Omega-\int_\Omega i\omega\mu_0\hat{H}_x^s\delta\hat{H}_x^s\mathrm{d}\Omega\\&-\int_\Omega\underline{\underline{\tau_2}}\nabla\hat{E}_x^s\cdot\nabla\delta\hat{H}_x^s\mathrm{d}\Omega-\int_\Omega\boldsymbol{p}\cdot\nabla\delta\hat{H}_x^s\mathrm{d}\Omega\\&=\int_\Omega i\omega\mu_0\left(R\frac{\partial\delta\hat{H}_x^s}{\partial y}-Q\frac{\partial\delta\hat{H}_x^s}{\partial z}\right)\mathrm{d}\Omega+\oint_\Gamma\hat{\boldsymbol{E}}_t^s\delta\hat{H}_x^s\mathrm{d}\Gamma\end{aligned}\tag{6.43}$$

在倾斜各向异性介质情形下，电导率张量元素 $\sigma_{xy}=\sigma_{yx}=\sigma_{xz}=\sigma_{zx}=0$，于是有 $A=B=0$，$\boldsymbol{q}=\boldsymbol{s}=\boldsymbol{0}$，积分方程（6.42）和（6.43）简化为

$$\begin{aligned}&\int_\Omega\left[\underline{\underline{\tau_3}}\nabla\hat{E}_x^s\cdot\nabla\delta\hat{E}_x^s+\sigma_{xx}\hat{E}_x^s\delta\hat{E}_x^s\right]\mathrm{d}\Omega+\int_\Omega\left[\underline{\underline{\tau_4}}\nabla\hat{H}_x^s\cdot\nabla\delta\hat{E}_x^s\right]\mathrm{d}\Omega\\&=-\int_\Omega p_x\delta\hat{E}_x^s\mathrm{d}\Omega-\int_\Omega ik_x\left(Q\frac{\partial\delta\hat{E}_x^s}{\partial y}+R\frac{\partial\delta\hat{E}_x^s}{\partial z}\right)\mathrm{d}\Omega-\oint_\Gamma\hat{\boldsymbol{H}}_t^s\delta\hat{E}_x^s\mathrm{d}\Gamma\end{aligned}\tag{6.44}$$

$$\begin{aligned}&-\int_\Omega\underline{\underline{\tau_1}}\nabla\hat{H}_x^s\cdot\nabla\delta\hat{H}_x^s\mathrm{d}\Omega-\int_\Omega i\omega\mu_0\hat{H}_x^s\delta\hat{H}_x^s\mathrm{d}\Omega-\int_\Omega\underline{\underline{\tau_2}}\nabla\hat{E}_x^s\cdot\nabla\delta\hat{H}_x^s\mathrm{d}\Omega\\&=\int_\Omega i\omega\mu_0\left(R\frac{\partial\delta\hat{H}_x^s}{\partial y}-Q\frac{\partial\delta\hat{H}_x^s}{\partial z}\right)\mathrm{d}\Omega+\oint_\Gamma\hat{\boldsymbol{E}}_t^s\delta\hat{H}_x^s\mathrm{d}\Gamma\end{aligned}\tag{6.45}$$

6.3 有限单元法

将求解区域Ω分解成n_e个三角单元，单元编号记为$e=1,2,\cdots,n_e$。方程（6.42）和（6.43）的积分则分解为各个单元积分之和：

$$\begin{aligned}
&\sum_{e=1}^{n_e}\left[\underline{\underline{\tau_3}}\nabla\hat{E}_x^s\cdot\nabla\delta\hat{E}_x^s+\boldsymbol{q}\cdot\nabla\delta\hat{E}_x^s+\frac{k_x}{\omega\mu_0}\delta\hat{E}_x^s\left(B\frac{\partial\hat{E}_x^s}{\partial y}-A\frac{\partial\hat{E}_x^s}{\partial z}\right)+C\hat{E}_x^s\delta\hat{E}_x^s\right]\mathrm{d}\Omega\\
&+\sum_{e=1}^{n_e}\left[\underline{\underline{\tau_4}}\nabla\hat{H}_x^s\cdot\nabla\delta\hat{E}_x^s+\delta\hat{E}_x^s\left(A\frac{\partial\hat{H}_x^s}{\partial y}+B\frac{\partial\hat{H}_x^s}{\partial z}\right)\right]\mathrm{d}\Omega\\
&=-\sum_{e=1}^{n_e}\int_e\left[p_x-Bp_y+Ap_z\right]\delta\hat{E}_x^s\mathrm{d}\Omega-\sum_{e=1}^{n_e}\int_e ik_x\left(Q\frac{\partial\delta\hat{E}_x^s}{\partial y}+R\frac{\partial\delta\hat{E}_x^s}{\partial z}\right)\mathrm{d}\Omega\\
&-\sum_{e=1}^{n_e}\int_{\Gamma_e}\hat{\boldsymbol{H}}_t^s\delta\hat{E}_x^s\mathrm{d}\Gamma
\end{aligned}\tag{6.46}$$

和

$$\begin{aligned}
&-\sum_{e=1}^{n_e}\int_e\underline{\underline{\tau_1}}\nabla\hat{H}_x^s\cdot\nabla\delta\hat{H}_x^s\mathrm{d}\Omega-\sum_{e=1}^{n_e}\int_e i\omega\mu_0\hat{H}_x^s\delta\hat{H}_x^s\mathrm{d}\Omega\\
&-\sum_{e=1}^{n_e}\int_e\underline{\underline{\tau_2}}\nabla\hat{E}_x^s\cdot\nabla\delta\hat{H}_x^s\mathrm{d}\Omega-\sum_{e=1}^{n_e}\int_e\boldsymbol{p}\cdot\nabla\delta\hat{H}_x^s\mathrm{d}\Omega\\
&=\sum_{e=1}^{n_e}\int_e i\omega\mu_0\left(R\frac{\partial\delta\hat{H}_x^s}{\partial y}-Q\frac{\partial\delta\hat{H}_x^s}{\partial z}\right)\mathrm{d}\Omega+\sum_{e=1}^{n_e}\int_{\Gamma_e}\hat{\boldsymbol{E}}_t^s\delta\hat{H}_x^s\mathrm{d}\Gamma
\end{aligned}\tag{6.47}$$

在内边界Γ_e上，波数域二次电场和二次磁场的切向分量$\hat{\boldsymbol{E}}_t^s$和$\hat{\boldsymbol{H}}_t^s$连续，波数域二次电场和二次磁场平行走向分量$\hat{E}_x^s$和$\hat{H}_x^s$也是连续的。在积分运算过程中，沿着每个边界都进行了两次积分，且两次积分的方向正好相反。因而，所有内边界的积分之和为零。

在外边界上，我们采用狄利克雷边界条件。于是，所有线积分之和等于零。这样，方程（6.46）和（6.47）简化为：

$$\begin{aligned}
&\sum_{e=1}^{n_e}\left[\underline{\underline{\tau_3}}\nabla\hat{E}_x^s\cdot\nabla\delta\hat{E}_x^s+\boldsymbol{q}\cdot\nabla\delta\hat{E}_x^s+\frac{k_x}{\omega\mu_0}\delta\hat{E}_x^s\left(B\frac{\partial\hat{E}_x^s}{\partial y}-A\frac{\partial\hat{E}_x^s}{\partial z}\right)+C\hat{E}_x^s\delta\hat{E}_x^s\right]\mathrm{d}\Omega\\
&+\sum_{e=1}^{n_e}\left[\underline{\underline{\tau_4}}\nabla\hat{H}_x^s\cdot\nabla\delta\hat{E}_x^s+\delta\hat{E}_x^s\left(A\frac{\partial\hat{H}_x^s}{\partial y}+B\frac{\partial\hat{H}_x^s}{\partial z}\right)\right]\mathrm{d}\Omega\\
&=-\sum_{e=1}^{n_e}\int_e\left[p_x-Bp_y+Ap_z\right]\delta\hat{E}_x^s\mathrm{d}\Omega-\sum_{e=1}^{n_e}\int_e ik_x\left(Q\frac{\partial\delta\hat{E}_x^s}{\partial y}+R\frac{\partial\delta\hat{E}_x^s}{\partial z}\right)\mathrm{d}\Omega
\end{aligned}\tag{6.48}$$

和

$$
\begin{aligned}
&-\sum_{e=1}^{n_e}\int_e \underline{\underline{\tau_1}}\nabla\hat{H}_x^s\cdot\nabla\delta\hat{H}_x^s\mathrm{d}\Omega-\sum_{e=1}^{n_e}\int_e i\omega\mu_0\hat{H}_x^s\delta\hat{H}_x^s\mathrm{d}\Omega\\
&-\sum_{e=1}^{n_e}\int_e \underline{\underline{\tau_2}}\nabla\hat{E}_x^s\cdot\nabla\delta\hat{H}_x^s\mathrm{d}\Omega-\sum_{e=1}^{n_e}\int_e \boldsymbol{p}\cdot\nabla\delta\hat{H}_x^s\mathrm{d}\Omega\\
&=\sum_{e=1}^{n_e}\int_e i\omega\mu_0\left(R\frac{\partial\delta\hat{H}_x^s}{\partial y}-Q\frac{\partial\delta\hat{H}_x^s}{\partial z}\right)\mathrm{d}\Omega
\end{aligned}
\tag{6.49}
$$

假设在每个三角单元内，波数域二次电场和二次磁场以及一次电场都是 y 和 z 的线性函数，并可近似为

$$
\hat{E}_x^s=\sum_{i=1}^{3}N_i\hat{E}_{x_i}^s,\quad \hat{H}_x^s=\sum_{i=1}^{3}N_i\hat{H}_{x_i}^s \tag{6.50}
$$

$$
\hat{E}_x^p=\sum_{i=1}^{3}N_i\hat{E}_{x_i}^p,\quad \hat{E}_y^p=\sum_{i=1}^{3}N_i\hat{E}_{y_i}^p,\quad \hat{E}_z^p=\sum_{i=1}^{3}N_i\hat{E}_{z_i}^p \tag{6.51}
$$

这里，$\hat{E}_{x_i}^s$ 和 $\hat{H}_{x_i}^s$ 分别表示三角形单元第 i $(i=1,2,3)$ 个顶点处波数域二次电场和二次磁场的 x 分量，$\hat{E}_{x_i}^p$、$\hat{E}_{y_i}^p$ 和 $\hat{E}_{z_i}^p$ 分别表示第 i 个顶点处波数域一次电场的 x,y 和 z 分量。N_i 是三角形单元的线性形函数，其表达式已在第 2 章给出，即式（2.40）。

方程（6.48）左边第一个单元积分为

$$
\int_e \underline{\underline{\tau_3}}\nabla\hat{E}_x^s\cdot\nabla\delta\hat{E}_x^s\mathrm{d}\Omega=(\delta\hat{\boldsymbol{E}}_{xe}^s)^{\mathrm{T}}\boldsymbol{K}_{1e}\hat{\boldsymbol{E}}_{xe}^s \tag{6.52}
$$

式中，$\hat{\boldsymbol{E}}_{xe}^s=\left(\hat{E}_{x_1}^s,\hat{E}_{x_2}^s,\hat{E}_{x_3}^s\right)^{\mathrm{T}}$，$\delta\hat{\boldsymbol{E}}_{xe}^s=\left(\delta\hat{E}_{x_1}^s,\delta\hat{E}_{x_2}^s,\delta\hat{E}_{x_3}^s\right)^{\mathrm{T}}$。$\boldsymbol{K}_{1e}$ 为一个 3×3 的对称矩阵：

$$
\boldsymbol{K}_{1e}=\frac{1}{4\Delta}\begin{pmatrix}\alpha_1a_1+\beta_1b_1 & \alpha_1a_2+\beta_1b_2 & \alpha_1a_3+\beta_1b_3\\ \alpha_2a_1+\beta_2b_1 & \alpha_2a_2+\beta_2b_2 & \alpha_2a_3+\beta_2b_3\\ \alpha_3a_1+\beta_3b_1 & \alpha_3a_2+\beta_3b_2 & \alpha_3a_3+\beta_3b_3\end{pmatrix} \tag{6.53}
$$

式中

$$
\begin{aligned}
&\alpha_1=\tau_3^{11}a_1+\tau_3^{21}b_1,\ \alpha_2=\tau_3^{11}a_2+\tau_3^{21}b_2,\ \alpha_3=\tau_3^{11}a_3+\tau_3^{21}b_3\\
&\beta_1=\tau_3^{12}a_1+\tau_3^{22}b_1,\ \beta_2=\tau_3^{12}a_2+\tau_3^{22}b_2,\ \beta_3=\tau_3^{12}a_3+\tau_3^{22}b_3
\end{aligned}
$$

这里，Δ 为三角形单元的面积。

方程（6.48）左边第 2 个和第 3 个单元积分之和为

$$
\int_e \boldsymbol{q}\cdot\nabla\delta\hat{E}_x^s\mathrm{d}\Omega+\frac{k_x}{\omega\mu_0}\int_e\left[\delta\hat{E}_x^s\left(B\frac{\partial\hat{E}_x^s}{\partial y}-A\frac{\partial\hat{E}_x^s}{\partial z}\right)\right]\mathrm{d}\Omega=(\delta\hat{\boldsymbol{E}}_{xe}^s)^{\mathrm{T}}\boldsymbol{K}_{2e}\hat{\boldsymbol{E}}_{xe}^s
$$

式中，$\boldsymbol{K}_{2e}$ 为一个 3×3 的不对称矩阵

$$
\boldsymbol{K}_{2e}=-\frac{k_x}{6\omega\mu_0}\begin{pmatrix}0 & B(a_1-a_2)-A(b_1-b_2) & B(a_1-a_3)-A(b_1-b_3)\\ B(a_2-a_1)-A(b_2-b_1) & 0 & B(a_2-a_3)-A(b_2-b_3)\\ B(a_3-a_1)-A(b_3-b_1) & B(a_3-a_2)-A(b_3-b_2) & 0\end{pmatrix} \tag{6.54}
$$

由上式可知，$\boldsymbol{K}_{2e}=-\boldsymbol{K}_{2e}^{\mathrm{T}}$。需要指出的是，在倾斜各向异性情形下，$\sigma_{xy}=\sigma_{xz}=0$，$A=B=0$。于是，$\boldsymbol{K}_{2e}$=0。

方程（6.48）左边第 4 个单元积分为

$$\int_e C\delta\hat{E}_x^s\delta\hat{E}_x^s \mathrm{d}\Omega = (\delta\hat{\boldsymbol{E}}_{xe}^s)^{\mathrm{T}}\boldsymbol{K}_{3e}\hat{\boldsymbol{E}}_{xe}^s \tag{6.55}$$

其中

$$\boldsymbol{K}_{3e} = \frac{C\Delta}{12}\begin{pmatrix} 2 & 1 & 1 \\ 1 & 2 & 1 \\ 1 & 1 & 2 \end{pmatrix} \tag{6.56}$$

方程（6.48）左边第 5 个单元积分为

$$\int_e \underline{\underline{\tau_4}}\nabla\hat{H}_x^s\cdot\nabla\delta\hat{E}_x^s \mathrm{d}\Omega = (\delta\hat{\boldsymbol{E}}_{xe}^s)^{\mathrm{T}}\boldsymbol{K}_{4e}\hat{\boldsymbol{H}}_{xe}^s \tag{6.57}$$

式中，$\hat{\boldsymbol{H}}_{xe}^s=(\hat{H}_{x1}^s,\hat{H}_{x2}^s,\hat{H}_{x3}^s)^{\mathrm{T}}$，$\boldsymbol{K}_{4e}$ 为一个 3×3 的不对称矩阵

$$\boldsymbol{K}_{4e} = \frac{1}{4\Delta}\begin{pmatrix} \alpha_4 a_1+\beta_4 b_1 & \alpha_4 a_2+\beta_4 b_2 & \alpha_4 a_3+\beta_4 b_3 \\ \alpha_5 a_1+\beta_5 b_1 & \alpha_5 a_2+\beta_5 b_2 & \alpha_5 a_3+\beta_5 b_3 \\ \alpha_6 a_1+\beta_6 b_1 & \alpha_6 a_2+\beta_6 b_2 & \alpha_6 a_3+\beta_6 b_3 \end{pmatrix} \tag{6.58}$$

其中

$$\alpha_4=\tau_4^{11}a_1+\tau_4^{21}b_1，\ \alpha_5=\tau_4^{11}a_2+\tau_4^{21}b_2，\ \alpha_6=\tau_4^{11}a_3+\tau_4^{21}b_3$$
$$\beta_4=\tau_4^{12}a_1+\tau_4^{22}b_1，\ \beta_5=\tau_4^{12}a_2+\tau_4^{22}b_2，\ \beta_6=\tau_4^{12}a_3+\tau_4^{22}b_3$$

方程（6.48）左边第 6 个单元积分为

$$\int_e \delta\hat{E}_x^s\left(A\frac{\partial\hat{H}_x^s}{\partial y}+B\frac{\partial\hat{H}_x^s}{\partial z}\right)\mathrm{d}\Omega = (\delta\hat{\boldsymbol{E}}_{xe}^s)^{\mathrm{T}}\boldsymbol{K}_{5e}\hat{\boldsymbol{H}}_{xe}^s \tag{6.59}$$

式中，$\boldsymbol{K}_{5e}$ 为一个 3×3 不对称矩阵

$$\boldsymbol{K}_{5e} = \frac{1}{6}\begin{pmatrix} Aa_1+Bb_1 & Aa_2+Bb_2 & Aa_3+Bb_3 \\ Aa_1+Bb_1 & Aa_2+Bb_2 & Aa_3+Bb_3 \\ Aa_1+Bb_1 & Aa_2+Bb_2 & Aa_3+Bb_3 \end{pmatrix} \tag{6.60}$$

需要指出的是，在电阻率倾斜各向异性情形下，因为 $\sigma_{xy}=\sigma_{xz}=0$，$A=B=0$，则 $\boldsymbol{K}_{5e}=0$。

方程（6.48）右端的第 1 个单元积分为

$$-\int_e \delta\hat{E}_x^s\left[p_x-Bp_y+Ap_z\right]\mathrm{d}\Omega = (\delta\hat{\boldsymbol{E}}_{xe}^s)^{\mathrm{T}}\boldsymbol{P}_{1e} \tag{6.61}$$

式中

$$\boldsymbol{P}_{1e} = -\frac{\Delta}{12}\begin{pmatrix} s_x\left(2\hat{E}_{x_1}^p+\hat{E}_{x_2}^p+\hat{E}_{x_3}^p\right)+s_y\left(2\hat{E}_{y_1}^p+\hat{E}_{y_2}^p+\hat{E}_{y_3}^p\right)+s_z\left(2\hat{E}_{z_1}^p+\hat{E}_{z_2}^p+\hat{E}_{z_3}^p\right) \\ s_x\left(\hat{E}_{x_1}^p+2\hat{E}_{x_2}^p+\hat{E}_{x_3}^p\right)+s_y\left(\hat{E}_{y_1}^p+2\hat{E}_{y_2}^p+\hat{E}_{y_3}^p\right)+s_z\left(\hat{E}_{z_1}^p+2\hat{E}_{z_2}^p+\hat{E}_{z_3}^p\right) \\ s_x\left(\hat{E}_{x_1}^p+\hat{E}_{x_2}^p+2\hat{E}_{x_3}^p\right)+s_y\left(\hat{E}_{y_1}^p+\hat{E}_{y_2}^p+2\hat{E}_{y_3}^p\right)+s_z\left(\hat{E}_{z_1}^p+\hat{E}_{z_2}^p+2\hat{E}_{z_3}^p\right) \end{pmatrix} \tag{6.62}$$

其中，$s_x=\sigma_{xx}^s-B\sigma_{xy}^s+A\sigma_{xz}^s$，$s_y=\sigma_{xy}^s-B\sigma_{yy}^s+A\sigma_{yz}^s$，$s_z=\sigma_{xz}^s-B\sigma_{yz}^s+A\sigma_{zz}^s$。

方程（6.48）右端第 2 个单元积分为

$$-\int_e ik_x\left(Q\frac{\partial\delta\hat{E}_x^s}{\partial y}+R\frac{\partial\delta\hat{E}_x^s}{\partial z}\right)\mathrm{d}\Omega = (\delta\hat{\boldsymbol{E}}_{xe}^s)^{\mathrm{T}}\boldsymbol{P}_{2e} \tag{6.63}$$

式中，$\boldsymbol{P}_{2e}=-\dfrac{ik_x}{6\gamma_{yz}^2}\begin{pmatrix}(a_1\eta_1+b_1\eta_2)\overline{E}_x+(a_1\eta_3+b_1\eta_4)\overline{E}_y+(a_1\eta_5+b_1\eta_6)\overline{E}_z\\(a_2\eta_1+b_2\eta_2)\overline{E}_x+(a_2\eta_3+b_2\eta_4)\overline{E}_y+(a_2\eta_5+b_2\eta_6)\overline{E}_z\\(a_3\eta_1+b_3\eta_2)\overline{E}_x+(a_3\eta_3+b_3\eta_4)\overline{E}_y+(a_3\eta_5+b_3\eta_6)\overline{E}_z\end{pmatrix}$。

其中

$$\eta_1=\gamma_z^2\sigma_{yx}^s+i\omega\mu_0\sigma_{zy}\sigma_{zx}^s,\quad \eta_2=i\omega\mu_0\sigma_{zy}\sigma_{yx}^s+\gamma_y^2\sigma_{zx}^s,\quad \eta_3=\gamma_z^2\sigma_{yy}^s+i\omega\mu_0\sigma_{zy}\sigma_{zy}^s$$

$$\eta_4=i\omega\mu_0\sigma_{zy}\sigma_{yy}^s+\gamma_y^2\sigma_{zy}^s,\quad \eta_5=\gamma_z^2\sigma_{yz}^s+i\omega\mu_0\sigma_{zy}\sigma_{zz}^s,\quad \eta_6=i\omega\mu_0\sigma_{zy}\sigma_{yz}^s+\gamma_y^2\sigma_{zz}^s$$

$$\overline{E_x}=\hat{E}_{x_1}^p+\hat{E}_{x_2}^p+\hat{E}_{x_3}^p,\quad \overline{E_y}=\hat{E}_{y_1}^p+\hat{E}_{y_2}^p+\hat{E}_{y_3}^p,\quad \overline{E_z}=\hat{E}_{z_1}^p+\hat{E}_{z_2}^p+\hat{E}_{z_3}^p$$

在进行单元矩阵求和之前，先将各个单元的列矢量 $\hat{\boldsymbol{E}}_{xe}^s$、$\hat{\boldsymbol{H}}_{xe}^s$ 和 $\delta\hat{\boldsymbol{E}}_{xe}^s$ 扩展成系统矢量 $\hat{\boldsymbol{E}}_x^s=\left(\hat{E}_{x_1}^s,\cdots,\hat{E}_{x_{n_d}}^s\right)^{\mathrm{T}}$、$\hat{\boldsymbol{H}}_x^s=\left(\hat{H}_{x_1}^s,\cdots,\hat{H}_{x_{n_d}}^s\right)^{\mathrm{T}}$ 和 $\delta\hat{\boldsymbol{E}}_x^s=\left(\delta\hat{E}_{x_1}^s,\cdots,\delta\hat{E}_{x_{n_d}}^s\right)^{\mathrm{T}}$，这里 n_d 为整个模拟区域 Ω 上的总节点数。把 3×3 的单元矩阵 $\boldsymbol{K}_{1e},\boldsymbol{K}_{2e},\cdots,\boldsymbol{K}_{5e}$ 扩展成 n_d 阶矩阵 $\overline{\boldsymbol{K}}_{1e},\overline{\boldsymbol{K}}_{2e},\cdots,\overline{\boldsymbol{K}}_{5e}$。然后，将所有单元上的扩展矩阵相加，则由式（6.48），得到

$$(\delta\hat{\boldsymbol{E}}_x^s)^{\mathrm{T}}\left(\sum_{e=1}^{n_e}\overline{\boldsymbol{K}}_{1e}+\sum_{e=1}^{n_e}\overline{\boldsymbol{K}}_{2e}+\sum_{e=1}^{n_e}\overline{\boldsymbol{K}}_{3e}\right)\hat{\boldsymbol{E}}_x^s+(\delta\hat{\boldsymbol{E}}_x^s)^{\mathrm{T}}\left(\sum_{e=1}^{n_e}\overline{\boldsymbol{K}}_{4e}+\sum_{e=1}^{n_e}\overline{\boldsymbol{K}}_{5e}\right)\hat{\boldsymbol{H}}_x^s$$
$$=(\delta\hat{\boldsymbol{E}}_x^s)^{\mathrm{T}}\sum_{e=1}^{n_e}(\overline{\boldsymbol{P}}_{1e}+\overline{\boldsymbol{P}}_{2e})$$

或者

$$(\delta\hat{\boldsymbol{E}}_x^s)^{\mathrm{T}}\boldsymbol{K}_{11}\hat{\boldsymbol{E}}_x^s+(\delta\hat{\boldsymbol{E}}_x^s)^{\mathrm{T}}\boldsymbol{K}_{12}\hat{\boldsymbol{H}}_x^s=(\delta\hat{\boldsymbol{E}}_x^s)^{\mathrm{T}}\boldsymbol{P}_1 \tag{6.64}$$

式中，

$$\boldsymbol{K}_{11}=\sum_{e=1}^{n_e}\overline{\boldsymbol{K}}_{1e}+\sum_{e=1}^{n_e}\overline{\boldsymbol{K}}_{2e}+\sum_{e=1}^{n_e}\overline{\boldsymbol{K}}_{3e},\quad \boldsymbol{K}_{12}=\sum_{e=1}^{n_e}\overline{\boldsymbol{K}}_{4e}+\sum_{e=1}^{n_e}\overline{\boldsymbol{K}}_{5e},\quad \boldsymbol{P}_1=\sum_{e=1}^{n_e}(\overline{\boldsymbol{P}}_{1e}+\overline{\boldsymbol{P}}_{2e})$$

这里，$\boldsymbol{P}_1$ 为含有 n_d 个元素的列矢量，矩阵 $\boldsymbol{K}_{11}$ 和 $\boldsymbol{K}_{12}$ 均为 n_d 阶非对称矩阵。

由前面的讨论可知，在倾斜各向异性介质中，矩阵 $\overline{\boldsymbol{K}}_{2e}=\overline{\boldsymbol{K}}_{5e}=0$。于是，矩阵 $\boldsymbol{K}_{11}$ 和 $\boldsymbol{K}_{12}$ 变成为：$\boldsymbol{K}_{11}=\sum_{e=1}^{n_e}\overline{\boldsymbol{K}}_{1e}+\sum_{e=1}^{n_e}\overline{\boldsymbol{K}}_{3e}$，$\boldsymbol{K}_{12}=\sum_{e=1}^{n_e}\overline{\boldsymbol{K}}_{4e}$。由于矩阵 $\overline{\boldsymbol{K}}_{1e}$ 和 $\overline{\boldsymbol{K}}_{3e}$ 均为对称矩阵，故矩阵 $\boldsymbol{K}_{11}$ 为对称矩阵，但 $\boldsymbol{K}_{12}$ 仍为非对称矩阵。

考虑到 $\delta\hat{\boldsymbol{E}}_x^s$ 的任意性，由方程（6.64），可得

$$\boldsymbol{K}_{11}\hat{\boldsymbol{E}}_x^s+\boldsymbol{K}_{12}\hat{\boldsymbol{H}}_x^s=\boldsymbol{P}_1 \tag{6.65}$$

这是由 n_d 个方程构成的线性方程组，但该方程组含有 $2n_d$ 个未知数，即 $\hat{E}_{x_1}^s,\ldots,\hat{E}_{x_{n_d}}^s$ 和 $\hat{H}_{x_1}^s,\cdots,\hat{H}_{x_{n_d}}^s$。为了求得 $\hat{\boldsymbol{E}}_x^s$ 和 $\hat{\boldsymbol{H}}_x^s$，还需利用（6.49）式导出关于上述未知变量的另外一个线性方程组。

方程（6.49）左端第一个单元积分为

$$-\int_e \underline{\underline{\tau_1}}\nabla\hat{\boldsymbol{H}}_x^s\cdot\nabla\delta\hat{\boldsymbol{H}}_x^s\mathrm{d}\Omega=(\delta\hat{\boldsymbol{H}}_{xe}^s)^{\mathrm{T}}\boldsymbol{K}_{6e}\hat{\boldsymbol{H}}_{xe}^s \tag{6.66}$$

式中 $\boldsymbol{K}_{6e}$ 为一个 3×3 对称矩阵，其矩阵元素为

$$\boldsymbol{K}_{6e} = -\frac{1}{4\Delta}\begin{pmatrix} \xi_1 a_1 + \gamma_1 b_1 & \xi_1 a_2 + \gamma_1 b_2 & \xi_1 a_3 + \gamma_1 b_3 \\ \xi_2 a_1 + \gamma_2 b_1 & \xi_2 a_2 + \gamma_2 b_2 & \xi_2 a_3 + \gamma_2 b_3 \\ \xi_3 a_1 + \gamma_3 b_1 & \xi_3 a_2 + \gamma_3 b_2 & \xi_3 a_3 + \gamma_3 b_3 \end{pmatrix} \tag{6.67}$$

其中，

$$\xi_1 = \tau_1^{11} a_1 + \tau_1^{21} b_1,\quad \xi_2 = \tau_1^{11} a_2 + \tau_1^{21} b_2,\quad \xi_3 = \tau_1^{11} a_3 + \tau_1^{21} b_3$$
$$\gamma_1 = \tau_1^{12} a_1 + \tau_1^{22} b_1,\quad \gamma_2 = \tau_1^{12} a_2 + \tau_1^{22} b_2,\quad \gamma_3 = \tau_1^{12} a_3 + \tau_1^{22} b_3$$

方程（6.49）左端第 2 个单元积分为

$$-\int_e i\omega\mu_0 \delta\hat{\boldsymbol{H}}_x^s \hat{\boldsymbol{H}}_x^s \mathrm{d}\Omega = (\delta\hat{\boldsymbol{H}}_{xe}^s)^{\mathrm{T}} \boldsymbol{K}_{7e} \hat{\boldsymbol{H}}_{xe}^s \tag{6.68}$$

其中，

$$\boldsymbol{K}_{7e} = -\frac{i\omega\mu_0\Delta}{12}\begin{pmatrix} 2 & 1 & 1 \\ 1 & 2 & 1 \\ 1 & 1 & 2 \end{pmatrix} \tag{6.69}$$

方程（6.49）左端第 3 个单元积分为

$$-\int_e \underline{\underline{\tau_2}} \nabla\hat{\boldsymbol{E}}_x^s \cdot \nabla\delta\hat{\boldsymbol{H}}_x^s \mathrm{d}\Omega = (\delta\hat{\boldsymbol{H}}_{xe}^s)^{\mathrm{T}} \boldsymbol{K}_{8e} \hat{\boldsymbol{E}}_{xe}^s \tag{6.70}$$

这里 $\boldsymbol{K}_{8e}$ 为一个 3×3 的非对称矩阵，其元素为

$$\boldsymbol{K}_{8e} = -\frac{1}{4\Delta}\begin{pmatrix} \xi_4 a_1 + \gamma_4 b_1 & \xi_4 a_2 + \gamma_4 b_2 & \xi_4 a_3 + \gamma_4 b_3 \\ \xi_5 a_1 + \gamma_5 b_1 & \xi_5 a_2 + \gamma_5 b_2 & \xi_5 a_3 + \gamma_5 b_3 \\ \xi_6 a_1 + \gamma_6 b_1 & \xi_6 a_2 + \gamma_6 b_2 & \xi_6 a_3 + \gamma_6 b_3 \end{pmatrix} \tag{6.71}$$

其中，

$$\xi_4 = \tau_2^{11} a_1 + \tau_2^{21} b_1,\quad \xi_5 = \tau_2^{11} a_2 + \tau_2^{21} b_2,\quad \xi_6 = \tau_2^{11} a_3 + \tau_2^{21} b_3$$
$$\gamma_4 = \tau_2^{12} a_1 + \tau_2^{22} b_1,\quad \gamma_5 = \tau_2^{12} a_2 + \tau_2^{22} b_2,\quad \gamma_6 = \tau_2^{12} a_3 + \tau_2^{22} b_3$$

比较式（6.58）和式（6.71），可知 $\boldsymbol{K}_{8e} = \boldsymbol{K}_{4e}^{\mathrm{T}}$。

方程（6.49）左端第 4 个单元积分为

$$-\int_e \boldsymbol{p}\cdot\nabla\delta\hat{\boldsymbol{H}}_x^s \mathrm{d}\Omega = -\int_e \hat{\boldsymbol{E}}_x^s \left(A\frac{\partial\hat{\boldsymbol{H}}_x^s}{\partial y} + B\frac{\partial\delta\hat{\boldsymbol{H}}_x^s}{\partial z} \right) \mathrm{d}\Omega = (\delta\hat{\boldsymbol{H}}_{xe}^s)^{\mathrm{T}} \boldsymbol{K}_{9e} \hat{\boldsymbol{E}}_{xe}^s \tag{6.72}$$

这里，$\boldsymbol{K}_{9e}$ 是一个非对称矩阵，其元素为

$$\boldsymbol{K}_{9e} = -\frac{1}{6}\begin{pmatrix} Aa_1 + Bb_1 & Aa_1 + Bb_1 & Aa_1 + Bb_1 \\ Aa_2 + Bb_2 & Aa_2 + Bb_2 & Aa_2 + Bb_2 \\ Aa_3 + Bb_3 & Aa_3 + Bb_3 & Aa_3 + Bb_3 \end{pmatrix} \tag{6.73}$$

比较式（6.60）和式（6.73），可知 $\boldsymbol{K}_{9e} = -\boldsymbol{K}_{5e}^{\mathrm{T}}$。在倾斜各向异性情形下，$A=B=0$，于是，$\boldsymbol{K}_{9e} = 0$。

方程（6.49）右端单元积分为

$$\int_e i\omega\mu_0 \left(R\frac{\partial\delta\hat{\boldsymbol{H}}_x^s}{\partial y} - Q\frac{\partial\delta\hat{\boldsymbol{H}}_x^s}{\partial z} \right) \mathrm{d}\Omega = (\delta\hat{\boldsymbol{H}}_{xe}^s)^{\mathrm{T}} \boldsymbol{P}_{3e} \tag{6.74}$$

式中，$\boldsymbol{P}_{3e}=\dfrac{i\omega\mu_0}{6\gamma_{yz}^2}\begin{pmatrix}(a_1\eta_2-b_1\eta_1)\bar{E}_x+(a_1\eta_4-b_1\eta_3)\bar{E}_y+(a_1\eta_6-b_1\eta_5)\bar{E}_z\\(a_2\eta_2-b_2\eta_1)\bar{E}_x+(a_2\eta_4-b_2\eta_3)\bar{E}_y+(a_2\eta_6-b_2\eta_5)\bar{E}_z\\(a_3\eta_2-b_3\eta_1)\bar{E}_x+(a_3\eta_4-b_3\eta_3)\bar{E}_y+(a_3\eta_6-b_3\eta_5)\bar{E}_z\end{pmatrix}$。

与前述方法类似，将单元矢量 $\hat{\boldsymbol{E}}_{xe}^s,\hat{\boldsymbol{H}}_{xe}^s$ 和 $\delta\hat{\boldsymbol{H}}_{xe}^s$ 分别扩展为

$$\hat{\boldsymbol{E}}_x^s=\left(\hat{E}_{x_1}^s,\cdots,\hat{E}_{x_{nd}}^s\right)^{\mathrm{T}},\quad \hat{\boldsymbol{H}}_x^s=\left(\hat{H}_{x_1}^s,\cdots,\hat{H}_{x_{nd}}^s\right)^{\mathrm{T}} \text{和} \delta\hat{\boldsymbol{H}}_x^s=\left(\delta\hat{H}_{x_1}^s,\cdots,\delta\hat{H}_{x_{nd}}^s\right)^{\mathrm{T}}$$

将 3×3 单元矩阵 $\boldsymbol{K}_{6e}$、$\boldsymbol{K}_{7e}$、$\boldsymbol{K}_{8e}$ 和 $\boldsymbol{K}_{9e}$ 分别扩展成为 n_d 阶矩阵 $\overline{\boldsymbol{K}}_{6e}$、$\overline{\boldsymbol{K}}_{7e}$、$\overline{\boldsymbol{K}}_{8e}$ 和 $\overline{\boldsymbol{K}}_{9e}$。然后，将所有单元上的扩展矩阵相加，则由式（6.49），得到

$$(\delta\hat{\boldsymbol{H}}_x^s)^{\mathrm{T}}\left(\sum_{e=1}^{n_e}\overline{\boldsymbol{K}}_{8e}+\sum_{e=1}^{n_e}\overline{\boldsymbol{K}}_{9e}\right)\hat{\boldsymbol{E}}_x^s+(\delta\hat{\boldsymbol{H}}_x^s)^{\mathrm{T}}\left(\sum_{e=1}^{n_e}\overline{\boldsymbol{K}}_{6e}+\sum_{e=1}^{n_e}\overline{\boldsymbol{K}}_{7e}\right)\hat{\boldsymbol{H}}_x^s=(\delta\hat{\boldsymbol{H}}_x^s)^{\mathrm{T}}\sum_{e=1}^{n_e}\overline{\boldsymbol{P}}_{3e}$$

或者

$$(\delta\hat{\boldsymbol{H}}_x^s)^{\mathrm{T}}\boldsymbol{K}_{21}\hat{\boldsymbol{E}}_x^s+(\delta\hat{\boldsymbol{H}}_x^s)^{\mathrm{T}}\boldsymbol{K}_{22}\hat{\boldsymbol{H}}_x^s=(\delta\hat{\boldsymbol{H}}_x^s)^{\mathrm{T}}\boldsymbol{P}_2 \tag{6.75}$$

其中，$\boldsymbol{K}_{21}=\sum_{e=1}^{n_e}\overline{\boldsymbol{K}}_{8e}+\sum_{e=1}^{n_e}\overline{\boldsymbol{K}}_{9e}$，$\boldsymbol{K}_{22}=\sum_{e=1}^{n_e}\overline{\boldsymbol{K}}_{6e}+\sum_{e=1}^{n_e}\overline{\boldsymbol{K}}_{7e}$，$\boldsymbol{P}_2=\sum_{e=1}^{n_e}\overline{\boldsymbol{P}}_{3e}$。

这里，矩阵 $\boldsymbol{K}_{21}$ 为 n_d 阶非对称阵，$\boldsymbol{K}_{22}$ 为 n_d 阶对称阵，$\boldsymbol{P}_2$ 为含有 n_d 个元素的列矢量。

在倾斜各向异性介质中，矩阵 $\overline{\boldsymbol{K}}_{9e}=0$，于是矩阵 $\boldsymbol{K}_{21}=\sum_{e=1}^{n_e}\overline{\boldsymbol{K}}_{8e}$，但它仍为非对称矩阵。

考虑到 $\delta\hat{\boldsymbol{H}}_x^s$ 的任意性，我们得到

$$\boldsymbol{K}_{21}\hat{\boldsymbol{E}}_x^s+\boldsymbol{K}_{22}\hat{\boldsymbol{H}}_x^s=\boldsymbol{P}_2 \tag{6.76}$$

方程（6.65）和（6.76）可以写成如下矩阵形式

$$\begin{pmatrix}\boldsymbol{K}_{11}&\boldsymbol{K}_{12}\\\boldsymbol{K}_{21}&\boldsymbol{K}_{22}\end{pmatrix}\begin{pmatrix}\hat{\boldsymbol{E}}_x^s\\\hat{\boldsymbol{H}}_x^s\end{pmatrix}=\begin{pmatrix}\boldsymbol{P}_1\\\boldsymbol{P}_2\end{pmatrix}$$

或者

$$\boldsymbol{KU}=\boldsymbol{P} \tag{6.77}$$

其中

$$\boldsymbol{K}=\begin{pmatrix}\boldsymbol{K}_{11}&\boldsymbol{K}_{12}\\\boldsymbol{K}_{21}&\boldsymbol{K}_{22}\end{pmatrix},\quad \boldsymbol{U}=\begin{pmatrix}\hat{\boldsymbol{E}}_x^s\\\hat{\boldsymbol{H}}_x^s\end{pmatrix},\quad \boldsymbol{P}=\begin{pmatrix}\boldsymbol{p}_1\\\boldsymbol{P}_2\end{pmatrix}$$

这里，$\boldsymbol{P}$ 为 $2n_d$ 阶的已知列矢量，$\boldsymbol{U}$ 为未知的波数域二次电磁场。子矩阵 $\boldsymbol{K}_{22}$ 为对称阵，但由于子矩阵 $\boldsymbol{K}_{11}$、$\boldsymbol{K}_{12}$ 和 $\boldsymbol{K}_{21}$ 为非对称阵，于是矩阵 $\boldsymbol{K}$ 为非对称阵。因为子矩阵 $\boldsymbol{K}_{11}$，$\boldsymbol{K}_{12}$，$\boldsymbol{K}_{21}$ 和 $\boldsymbol{K}_{22}$ 为含有大量零元素的稀疏矩阵，故系统矩阵 $\boldsymbol{K}$ 为含有大量零元素的稀疏矩阵。总之，矩阵 $\boldsymbol{K}$ 为 $2n_d$ 阶的复数的、非对称稀疏矩阵。

在倾斜各向异性介质中，矩阵 $\overline{\boldsymbol{K}}_{8e}=\overline{\boldsymbol{K}}_{4e}^{\mathrm{T}}$，于是 $\boldsymbol{K}_{12}=\boldsymbol{K}_{21}^{\mathrm{T}}$。又因为子矩阵 $\boldsymbol{K}_{11}$ 和 $\boldsymbol{K}_{12}$ 均为对称矩阵，故系统矩阵 $\boldsymbol{K}$ 变成为对称阵。

用迭代法或直接法解线性方程组（6.77），可以得到与走向方向平行的波数域二次电磁场 $\hat{\boldsymbol{E}}_x^s$ 和 $\hat{\boldsymbol{H}}_x^s$，然后再利用逆傅里叶变换将其转换到空间域，并与一次场相加，即可得到总电磁场。

6.4 自适应有限元法

自适应有限元方法为复杂地电模型的数值模拟提供了一个非常有效的方法，它能够自动地细化网格改进网格设计和提供可靠的数值解。我们基于对偶加权误差估计方法实现非结构三角单元网格细化和二维电阻率任意各向异性介质海洋可控源电磁场自适应有限元正演。下面，我们导出误差估计指示子计算公式。

采用内积的形式，方程（6.44）和（6.45）可以表示为

$$B(\boldsymbol{u},\boldsymbol{v})=F(\boldsymbol{v}) \tag{6.78}$$

其中

$$B(\boldsymbol{u},\boldsymbol{v})=\int_{\Omega}\left[\underline{\underline{\alpha}}\nabla\boldsymbol{u}\cdot\nabla\boldsymbol{v}+\eta\boldsymbol{u}\boldsymbol{v}\right]\mathrm{d}\Omega+\int_{\Omega}\underline{\underline{\beta}}\nabla\boldsymbol{p}\cdot\nabla\boldsymbol{v}\mathrm{d}\Omega \tag{6.79}$$

对于式（6.44）：

$$\boldsymbol{u}=\hat{\boldsymbol{E}}_x^s,\quad \boldsymbol{v}=\delta\hat{\boldsymbol{E}}_x^s,\quad \boldsymbol{p}=\hat{\boldsymbol{H}}_x^s,\quad \underline{\underline{\alpha}}=\underline{\underline{\tau_3}},\quad \underline{\underline{\beta}}=\underline{\underline{\tau_4}},\quad \eta=\sigma_{xx} \tag{6.80}$$

对于式（6.45）：

$$\boldsymbol{u}=\hat{\boldsymbol{H}}_x^s,\quad \boldsymbol{v}=\delta\hat{\boldsymbol{H}}_x^s,\quad \boldsymbol{p}=\hat{\boldsymbol{E}}_x^s,\quad \underline{\underline{\alpha}}=\underline{\underline{\tau_1}},\quad \underline{\underline{\beta}}=\underline{\underline{\tau_2}},\quad \eta=i\omega\mu_0 \tag{6.81}$$

考虑一个泛函 G，将其看作电磁场偏微分方程的精确解 $\boldsymbol{u}$ 与有限元数值解 $\boldsymbol{u}_h$ 的误差 $\boldsymbol{u}-\boldsymbol{u}_h$ 的某种量度。为了确定 G，我们求解如下对偶方程

$$\boldsymbol{B}^*(\boldsymbol{w},\boldsymbol{v})=G(\boldsymbol{v}) \tag{6.82}$$

式中，$\boldsymbol{B}^*$ 是对偶算子或者伴随算子。假定 $\boldsymbol{B}^*(\boldsymbol{w},\boldsymbol{v})=\boldsymbol{B}(\boldsymbol{v},\boldsymbol{w})$，则有

$$G(\boldsymbol{u}-\boldsymbol{u}_h)=\boldsymbol{B}^*(\boldsymbol{w},\boldsymbol{u}-\boldsymbol{u}_h)=\boldsymbol{B}(\boldsymbol{u}-\boldsymbol{u}_h,\boldsymbol{w})=\boldsymbol{B}(\boldsymbol{u}-\boldsymbol{u}_h,\boldsymbol{w}-\boldsymbol{w}_h) \tag{6.83}$$

其中 $\boldsymbol{w}$ 和 $\boldsymbol{w}_h$ 分别为对偶问题的精确解和有限元解。求得原方程和对偶方程的有限元解 $\boldsymbol{u}_h$ 和 $\boldsymbol{w}_h$ 后，可以利用式（6.83）计算误差泛函

$$\begin{aligned}G(\boldsymbol{u}-\boldsymbol{u}_h)=&\int_{\Omega}\left[\underline{\underline{\alpha}}\nabla(\boldsymbol{u}-\boldsymbol{u}_h)\cdot\nabla(\boldsymbol{w}-\boldsymbol{w}_h)+\eta(\boldsymbol{u}-\boldsymbol{u}_h)(\boldsymbol{w}-\boldsymbol{w}_h)\right]\mathrm{d}\Omega\\&+\int_{\Omega}\underline{\underline{\beta}}\nabla\boldsymbol{p}\cdot\nabla(\boldsymbol{w}-\boldsymbol{w}_h)\mathrm{d}\Omega\end{aligned} \tag{6.84}$$

利用超收敛梯度恢复法对上述方程中的梯度进行近似，得到

$$\nabla(\boldsymbol{u}-\boldsymbol{u}_h)\approx(S^mQ_h-I)\nabla\boldsymbol{u}_h,\quad \nabla(\boldsymbol{w}-\boldsymbol{w}_h)\approx(S^mQ_h-I)\nabla\boldsymbol{w}_h \tag{6.85}$$

且对于海洋可控源电磁法所使用的频率范围，有 $|\underline{\underline{\alpha}}|>>|\eta|$，则得

$$\begin{aligned}G(\boldsymbol{u}-\boldsymbol{u}_h)\approx&\int_{\Omega}\underline{\underline{\alpha}}(S^mQ_h-I)\nabla\boldsymbol{u}_h\cdot(S^mQ_h-I)\nabla\boldsymbol{w}_h\mathrm{d}\Omega\\&+\int_{\Omega}\underline{\underline{\beta}}\left[(S^mQ_h-I)\nabla\boldsymbol{w}_h\cdot\nabla p\right]\mathrm{d}\Omega\end{aligned} \tag{6.86}$$

根据式（6.86），可以定义基于对偶加权的误差指示子

$$\eta_e=\eta_e^E\overline{\eta}_e^E+\eta_e^H\overline{\eta}_e^H+\eta_e^{EH}+\eta_e^{HE} \tag{6.87}$$

式中

$$\eta_e^E=\|(S^mQ_h-I)\nabla(E_x)_h\|_{L_2(e)},\qquad \eta_e^H=\|(S^mQ_h-I)\nabla(H_x)_h\|_{L_2(e)}$$

$$\overline{\eta}_e^E=\|\underline{\underline{\tau_3}}(S^mQ_h-I)\nabla(E_x)_h\|_{L_2(e)},\qquad \overline{\eta}_e^H=\|\underline{\underline{\tau_1}}(S^mQ_h-I)\nabla(H_x)_h\|_{L_2(e)}$$

$$\eta_e^{EH} = \| \underline{\underline{\tau_4}} (S^m Q_h - I) \nabla (E_x)_h \cdot (S^m Q_h - I) \nabla (H_x)_h \|_{L_2(e)}$$
$$\eta_e^{HE} = \| \underline{\underline{\tau_2}} (S^m Q_h - I) \nabla (H_x)_h \cdot (S^m Q_h - I) \nabla (E_x)_h \|_{L_2(e)}$$

在自适应有限元正演中，对偶加权误差估计指示子η_e比较大的单元进行网格细化，并计算网格细化后的有限元解。我们选择对η_e值较大的前 5%～10%单元进行网格细化。

有限元数值解的收敛性由分别采用当前网格和前一次迭代网格获得的测点处波数域平行走向方向电磁场分量($\hat{\boldsymbol{E}}_x^s$和$\hat{\boldsymbol{H}}_x^s$)的相对误差来衡量。例如，经m次网格细化后，测点s处第k个波数走向方向电磁场的相对误差为

$$\delta \boldsymbol{p}_k^{m,s} = \frac{|\boldsymbol{p}_k^{m,s} - \boldsymbol{p}_k^{m-1,s}|}{|\boldsymbol{p}_k^{m,s}|} \tag{6.88}$$

式中，$\boldsymbol{p}$表示波数域电场$\hat{\boldsymbol{E}}_x^s$或磁场$\hat{\boldsymbol{H}}_x^s$。当达到最大网格细化次数或者所有波数的电场和磁场最大相对误差$\delta \boldsymbol{p}$小于收敛精度时，网格细化循环结束。在我们的模型试算中，最大相对误差设定为 1%。

6.5 算法验证

为了验证上述自适应有限元正演算法和计算程序的正确性及有效性，我们模拟如图 6.1 所示一维电阻率各向异性模型海洋可控源电磁响应，并与拟解析解进行对比。假设厚度为 1km 的海水层是电阻率各向同性的，其电阻率为$0.3\Omega\cdot\text{m}$。电阻率为$1\Omega\cdot\text{m}$的均匀下半空间位于厚度为 100m、电阻率为$50\Omega\cdot\text{m}$的高阻薄层之下，高阻薄层的埋深为 1km。下半空间和高阻薄层都是电阻率各向同性的。高阻薄层之上的海底沉积盖层具有电阻率垂直各向异性，上覆盖层水平面各方向上的电阻率相同，但不同于垂直方向的电阻率。假设水平面x方向和y方向的电阻率为$\rho_x = \rho_y = \rho_h = 1\Omega\cdot\text{m}$，垂直方向电阻率为$\rho_z = \rho_v = 4\Omega\cdot\text{m}$。为了表征各向异性程度和平均导电性，通常定义各向异性系数和平均电阻率分别为$\lambda = \sqrt{\rho_v / \rho_h}$和$\rho_m = \sqrt{\rho_v \cdot \rho_h}$。于是，覆盖层的各向异性系数和平均电阻率分别为$\lambda = 2$和$\rho_m = 2\Omega\cdot\text{m}$。

假设水平电偶极源（horizontal electric dipole,HED）位于海底上方 50m 的海水中，80 个接收点等间距地布放于 0.1km 至 8km 范围内的海底剖面上。利用 2.5 维电阻率各向异性海洋可控源电磁自适应有限元正演程序，我们计算上述一维模型海洋 CSEM 响应。设激发频率为 0.25Hz，发射电流为 1A。假设计算一次场的背景模型由空气层、1km 厚的海水层和电阻率为$1\Omega\cdot\text{m}$的均匀下半空间构成。利用一维电偶极源电磁场正演程序计算波数域一次电磁场。有限元模拟区域为 40km（宽）×40km（高），包括 20km 高的空气层。对该模型进行三角形单元网格剖分，得到一个由 3 352 个三角形单元和 1 701 个节点构成的初始网格。我们选取 3 个波数（$k_x = 10^{-5}\text{m}^{-1}$、$10^{-4}\text{m}^{-1}$和$10^{-3}\text{m}^{-1}$）用于计算后验误差估计指示子，并对具有最大后验误差估计三角形单元中的 5%单元进行细化。当所有测点处前后两个网格计算得到的电场和磁场变化量都不大于 0.2%时，网格细化结束。最终网格由

58 266 个三角形单元和 21 958 个节点构成，我们采用该网格计算其余波数的电磁场。在 $10^{-7}\sim0.9\text{m}^{-1}$ 范围内，我们选择对数等间隔分布的 56 个波数，计算其电磁场。获得了所有 56 个波数的平行走向方向波数域二次电场和二次磁场后，将它们与一次场相加求和得到波数域总电磁场，再利用数字滤波法可以将波数域电磁场转换到空间域（Anderson，1982）。利用式（6.19）～式（6.22）可以得到其他分量的电磁场。

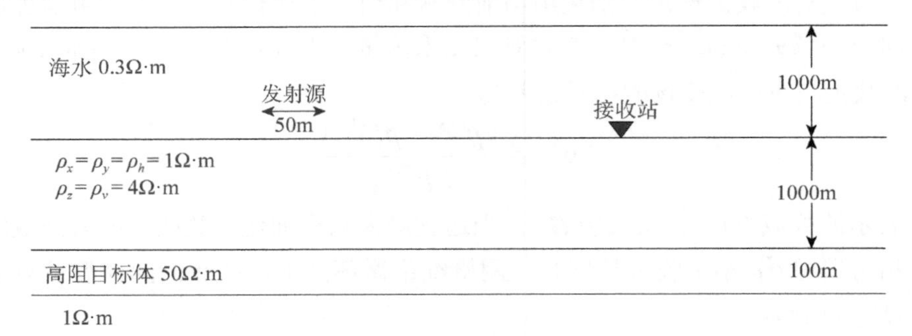

图 6.1　一维电阻率各向异性模型

图 6.2(a) 和图 6.2(c) 分别为自适应有限元算法得到的电磁场振幅曲线和相位曲线（符号）。为了对比起见，也绘出了一维拟解析结果（实线）。由图可见，自适应有限元算法提供了高精度的模拟结果，数值结果与拟解析解吻合得很好。图 6.2(b) 和图 6.2(d) 给出有限元结果与拟解析解的振幅相对误差和相位绝对误差。

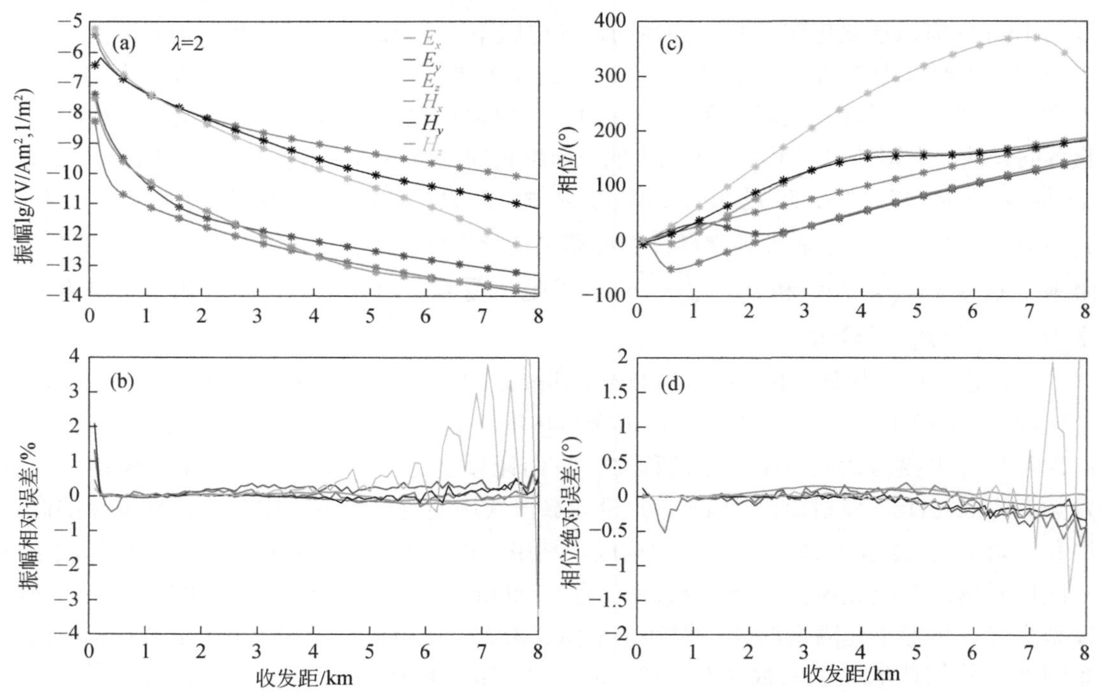

图 6.2　一维电阻率各向异性模型（图 6.1）电磁场各分量的振幅（a）和相位（c）曲线

各向异性系数 $\lambda=2$，激发频率 0.25Hz，实线为拟解析解，符号为有限元数值解。(b）为振幅相对误差，(d）为相位绝对误差

6.6　电阻率各向异性介质海洋可控源电磁场响应特征

在这一节中，以如图 6.3 所示的二维地电模型为例，我们讨论电阻率各向异性对海洋可控源电磁响应的影响。一个 6km 宽、100m 厚的二维储藏体嵌入在均匀海底沉积层中，二维体顶界面距海底 1km。假设海水层是电阻率各向同性的，其电阻率为$0.3\Omega\cdot\text{m}$，水深为 1km。假定一个水平电偶极源位于二维体中心正上方距海底 50m 高的海水中，总共 200 个海底电磁采集仪布放在$y=-10\text{km}$和$y=10\text{km}$范围的海底剖面上。下面，我们将分别讨论海底围岩电阻率各向异性和二维储层电阻率各向异性对海洋可控源电磁响应的影响。虽然本章所述的算法可以模拟二维任意电阻率各向异性模型，包括所有三个主轴电阻率不同的情形，但是在下面的数值算例中，我们假定在平行于岩层面的平面内电阻率相同，但不同于垂直岩层面方向的电阻率。除非特别说明，所有的计算都是在 0.25Hz 进行的。

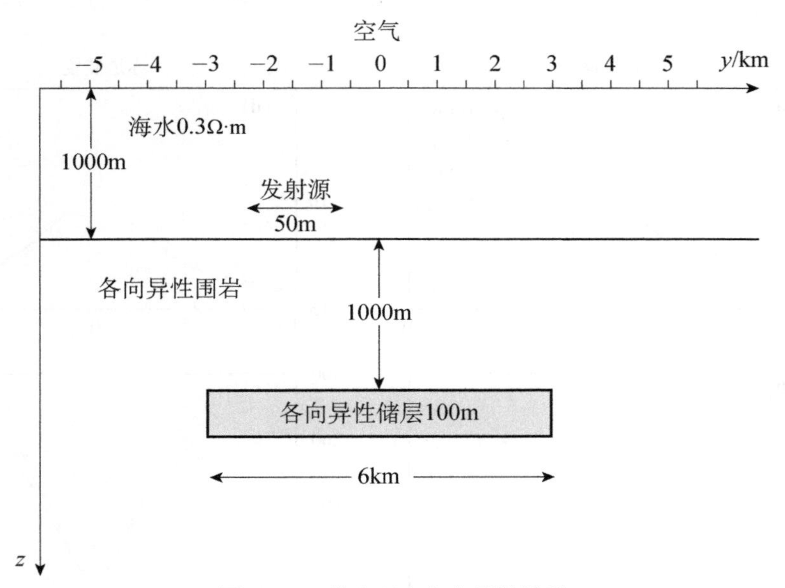

图 6.3　二维电阻率各向异性模型

6.6.1　电阻率各向异性围岩

假设二维储层体是各向同性的，其电阻率为$50\Omega\cdot\text{m}$，但海底围岩是电阻率各向异性的。我们将考虑四种电阻率各向异性类型：具有垂直对称轴的横向各向同性（TIV，也称垂直各向异性）、具有水平对称轴的横向各向同性（TIH）、具有倾斜对称轴的横向各向同性（TTI）和水平各向异性。

1. 具有垂直对称轴的横向各向同性（TIV）

首先，我们讨论海底围岩的垂直电阻率ρ_z对海洋可控源电磁响应的影响。假设海底围岩电阻率张量的所有三个主轴与模型坐标轴重合在一起。两个水平轴的电阻率相同，但不同于垂直方向电阻率，即电阻率张量关于垂直轴对称。设各向异性围岩的x方向电阻率和

y 方向电阻率均为$1\Omega\cdot\text{m}$，垂向电阻率ρ_z从$1\Omega\cdot\text{m}$变化到$10\Omega\cdot\text{m}$。采用两种装置进行正演：轴向装置（inline geometry），即电偶极源沿 y 方向激发，测线沿 y 方向延伸且位于海底，观测水平电场分量E_y、垂直电场分量E_z和水平磁场分量H_x；赤道轴向装置（broadside geometry），即电偶极源沿 x 方向激发，但测线沿 y 方向且位于海底，观测水平电场分量E_x、水平磁场分量H_y和垂直磁场分量H_z。分别模拟四个不同垂直电阻率（$\rho_z=1\Omega\cdot\text{m}$，$2\Omega\cdot\text{m}$，$4\Omega\cdot\text{m}$，$10\Omega\cdot\text{m}$）情形下可控源电磁场。

图 6.4 为围岩垂直电阻率取 4 个不同值时海底剖面上轴向装置水平电场分量E_y的振幅[图 6.4（a）]和相位[图 6.4（b）]曲线以及赤道装置水平电场分量E_x的振幅[图 6.4（d）]和相位[图 6.4（e）]曲线。垂直电阻率$\rho_z=1\Omega\cdot\text{m}$时，海底沉积围岩的电阻率在各方向上相同，即海底沉积围岩是电阻率各向同性的。由图 6.4 可见，水平电场的振幅和相位受到垂向电阻率ρ_z的强烈影响，水平电场的振幅随着ρ_z的增大而增大，但其相位随着ρ_z的增大而减小。

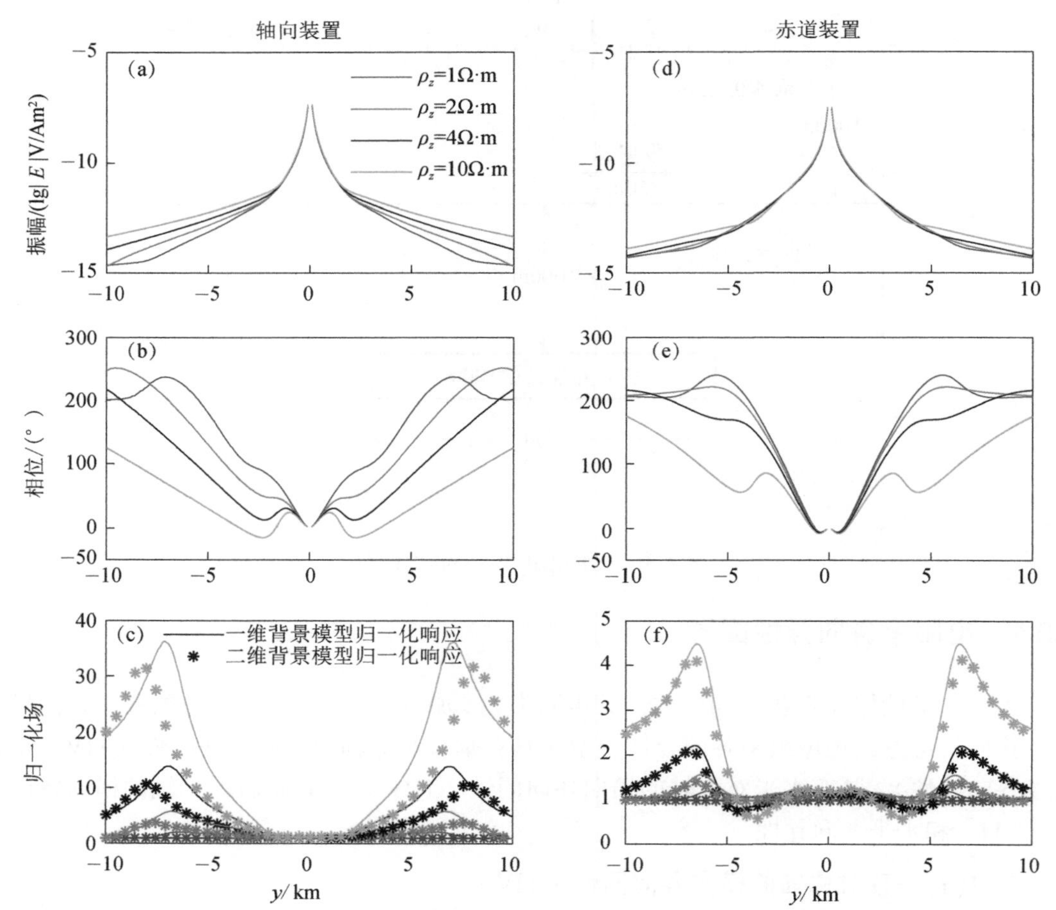

图 6.4 围岩垂直电阻率取 4 个不同值时（$\rho_z=1\Omega\cdot\text{m},2\Omega\cdot\text{m},4\Omega\cdot\text{m},10\ \Omega\cdot\text{m}$）海底剖面上水平电场振幅（上）、相位（中）和归一化响应（下）

左栏为轴向装置，右栏为赤道装置。围岩水平电阻率 $\rho_x=\rho_y=1\Omega\cdot\text{m}$

为了直观地突显出电阻率不均体产生的海洋可控源电磁响应，通常将含有电阻率不均匀体模型的海洋可控源电磁场振幅除以不含不均匀体背景模型的电磁场振幅，得到所谓的归一化响应。将由空气层、电阻率为$0.3\Omega\cdot m$ 水深为 1km 的海水层和电阻率为$1\Omega\cdot m$的下半空间组成的一维模型看作为背景模型，并将二维模型的电场振幅除以背景模型的电场振幅，得到归一化响应，如图 6.4（c）和图 6.4（f）中的实线所示。在各向异性情形下，将一维电阻率各向同性模型作为背景模型所获得的归一化响应既包含着二维不均匀体产生的异常响应，又包含着围岩电阻率各向异性产生的响应。为了突出电阻率各向异性的影响，将由空气层、海水层、下半空间和二维不均匀体构成的二维电阻率各向同性模型看作二维背景模型，图 6.4（c）和图 6.4（f）中的星号为用二维各向同性背景模型响应归一化后得到相应结果。由图可见，垂向电阻率对轴向装置可控源电磁场的影响远大于对赤道装置的影响。水平电场响应振幅曲线和相位曲线关于 $y=0$ （即二维模型和电偶极源的中心）对称。

2. 具有水平对称轴的横向各向同性（TIH）

其次，我们讨论海底围岩水平电阻率对海洋可控源电磁响应的影响。两个水平电阻率ρ_x和ρ_y均会对海洋可控源电磁场产生影响，但影响程度不同。这里，我们讨论两种围岩电阻率横向各向同性情形：一种是围岩电阻率关于 x 水平轴对称，另一种是关于 y 水平轴对称。

关于围岩电阻率具有水平 y 轴对称的横向各向同性情形，假设电阻率在垂直截面 (x, z) 上相同，且为$1\Omega\cdot m$，水平电阻率ρ_y从$1\Omega\cdot m$变化到$10\Omega\cdot m$。图 6.5 为 y 轴电阻率取 4 个不同值时（$\rho_y=1\Omega\cdot m, 2\Omega\cdot m, 4\Omega\cdot m, 10\Omega\cdot m$）海底剖面上轴向装置水平电场分量$E_y$的振幅[图 6.5（a）]和相位[图 6.5（b）]曲线以及赤道装置水平电场分量E_x的振幅[图 6.5（d）]和相位[图 6.5（e）]曲线。由图 6.5 可见，水平电场的振幅和相位受到水平电阻率ρ_y的影响，但电阻率ρ_y对轴向装置可控源电磁场的影响远大于对赤道装置的影响。

关于围岩电阻率具有水平 x 轴对称的横向各向同性情形，假设电阻率在垂直截面 (y,z) 上相同，且为$1\Omega\cdot m$，水平电阻率ρ_x从$1\Omega\cdot m$变化到$10\Omega\cdot m$。图 6.6 为 x 轴电阻率取 4 个不同值时（$\rho_x=1\Omega\cdot m, 2\Omega\cdot m, 4\Omega\cdot m, 10\Omega\cdot m$）海底剖面上轴向装置水平电场分量的$E_y$振幅[图 6.6（a）]和相位[图 6.6（b）]曲线以及赤道装置水平电场分量的E_x振幅[图 6.6（d）]和相位[图 6.6（e）]曲线。由图 6.6 可见，水平电场的振幅和相位受到水平电阻率ρ_x的影响，但电阻率ρ_x对轴向装置可控源电磁场的影响远小于对赤道装置的影响。综合图 6.4、图 6.5 和图 6.6 可知，轴向装置对围岩垂向电阻率ρ_z非常敏感，而赤道装置对水平电阻率ρ_x非常敏感，但对ρ_y不敏感。

3. 具有倾斜对称轴的横向各向同性（TTI）

我们考虑海底围岩电阻率具有倾斜对称轴横向各向同性的情形。电导率张量的主轴 x' 与走向方向 x 保持平行，而其余两个主轴 y' 和 z' 位于垂直截面（y, z）内，并与 y 轴形成一个夹角 α_d。各向异性围岩的电阻率张量具有下列形式

$$\underline{\underline{\rho}}=\begin{pmatrix}\rho_{x'} & 0 & 0\\ 0 & \rho_{y'}\cos^2\alpha_d+\rho_{z'}\sin^2\alpha_d & (\rho_{y'}-\rho_{z'})\sin\alpha_d\cos\alpha_d\\ 0 & (\rho_{y'}-\rho_{z'})\sin\alpha_d\cos\alpha_d & \rho_{y'}\sin^2\alpha_d+\rho_{z'}\cos^2\alpha_d\end{pmatrix} \tag{6.89}$$

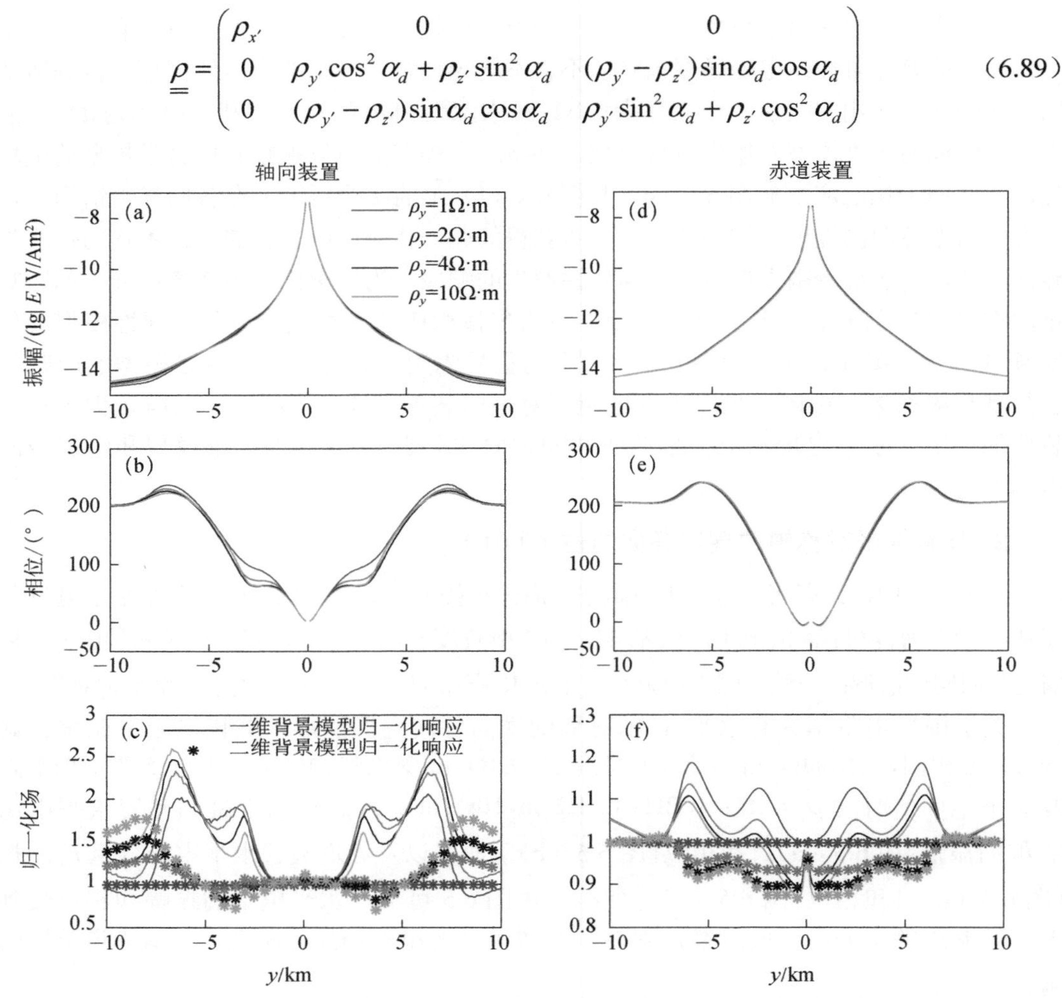

图 6.5 围岩 y 方向电阻率取 4 个不同值时（$\rho_y=1\Omega\cdot\text{m}, 2\Omega\cdot\text{m}, 4\Omega\cdot\text{m}, 10\Omega\cdot\text{m}$）海底剖面上水平电场振幅（上）、相位（中）和归一化响应（下）

左栏为轴向装置，右栏为赤道装置。围岩电阻率在垂直截面（x, z）上相同，且 $\rho_x=\rho_z=1\Omega\cdot\text{m}$

假定各向异性围岩的主轴电阻率分别为 $\rho_{x'}=\rho_{y'}=1\Omega\cdot\text{m}$ 和 $\rho_{z'}=10\Omega\cdot\text{m}$。图 6.7 给出 5 个不同各向异性倾角 α_d 海底剖面上轴向装置水平电场 E_y 和水平磁场 H_x 的振幅和相位曲线。为了比较，也给出了各向同性下半空间电阻率分别为 $1\Omega\cdot\text{m}$ 和 $10\Omega\cdot\text{m}$ 情形下的海洋 CSEM 响应。由图 6.7 可以得到如下几点认识：

（1）电磁场响应受到各向异性倾角 α_d 的强烈影响，除了空气波占主导地位的大收发距以外，电磁场振幅随着各向异性倾角 α_d 的增大而增大，而相位随着 α_d 的增大而减小。

（2）除了 α_d=0°和 90°外，在其他具有倾斜对称的横向各向同性情形，电磁场的振幅和相位关于模型中心和发射源位置不对称。电磁场归一化响应的不对称性非常明显地表明了各向异性倾角对海洋电磁响应的影响。剖面左侧的归一化异常明显地大于其右侧的归一化异常。该异常特征能够通过考察电磁场在垂直截面（y, z）中的分布情况得到合理地解释。

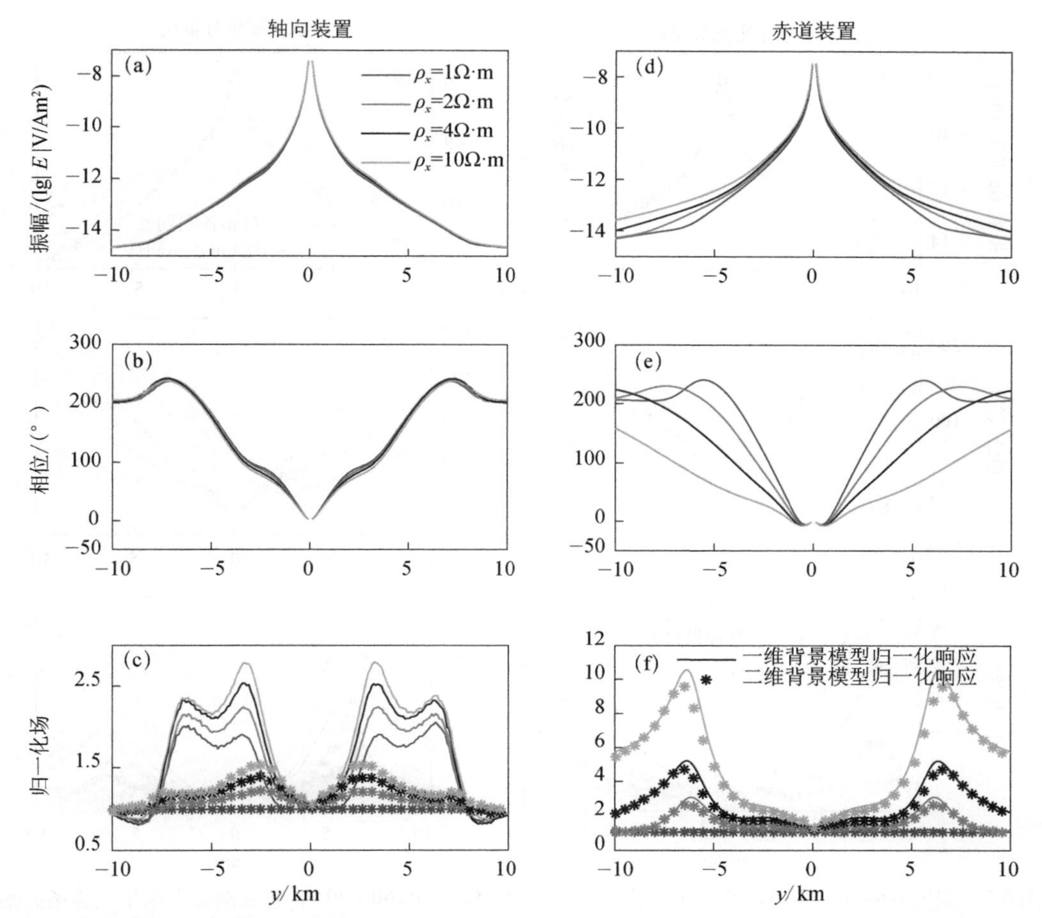

图 6.6　围岩 x 方向电阻率取 4 个不同值时（$\rho_x = 1\Omega\cdot\text{m}, 2\Omega\cdot\text{m}, 4\Omega\cdot\text{m}, 10\,\Omega\cdot\text{m}$）海底剖面上水平电场振幅（上）、相位（中）和归一化响应（下）

左栏为轴向装置，右栏为赤道装置。围岩电阻率在垂直截面（y,z）上相同，且 $\rho_y = \rho_z = 1\Omega\cdot\text{m}$

图 6.8 为围岩各向异性倾角取 3 个不同值（$\alpha_d = 30°, 45°, 60°$）时垂直截面(y,z)上轴向装置电场实部分布，颜色表示电场实部的振幅（对数值），箭头表示电场实部的方向。由图 6.8 可见，电场实部的振幅随着与发射源距离的增加而呈指数衰减，其在海水中的衰减速度要比在海底地层中更快，但电场在高阻储层中的衰减要缓慢得多；海底电场的分布关于模型中心和发射源位置不对称，且该不对称性依赖于围岩各向异性倾角；在各向异性围岩中，沿着低电阻率的方向（即 y' 方向）电场振幅的衰减速度要比在高阻方向（即 z' 方向）慢得多。

（3）$\alpha_d = 0°$ 时，CSEM 响应与围岩具有垂直对称轴的横向各向同性模型（$\rho_x = \rho_y = 1\Omega\cdot\text{m}, \rho_z = 10\Omega\cdot\text{m}$）的电磁场响应相同。

（4）$\alpha_d = 90°$ 时，CSEM 响应与围岩具有水平对称轴的横向各向同性模型（$\rho_x = \rho_z = 1\Omega\cdot\text{m}, \rho_y = 10\Omega\cdot\text{m}$）的电磁场响应相同。

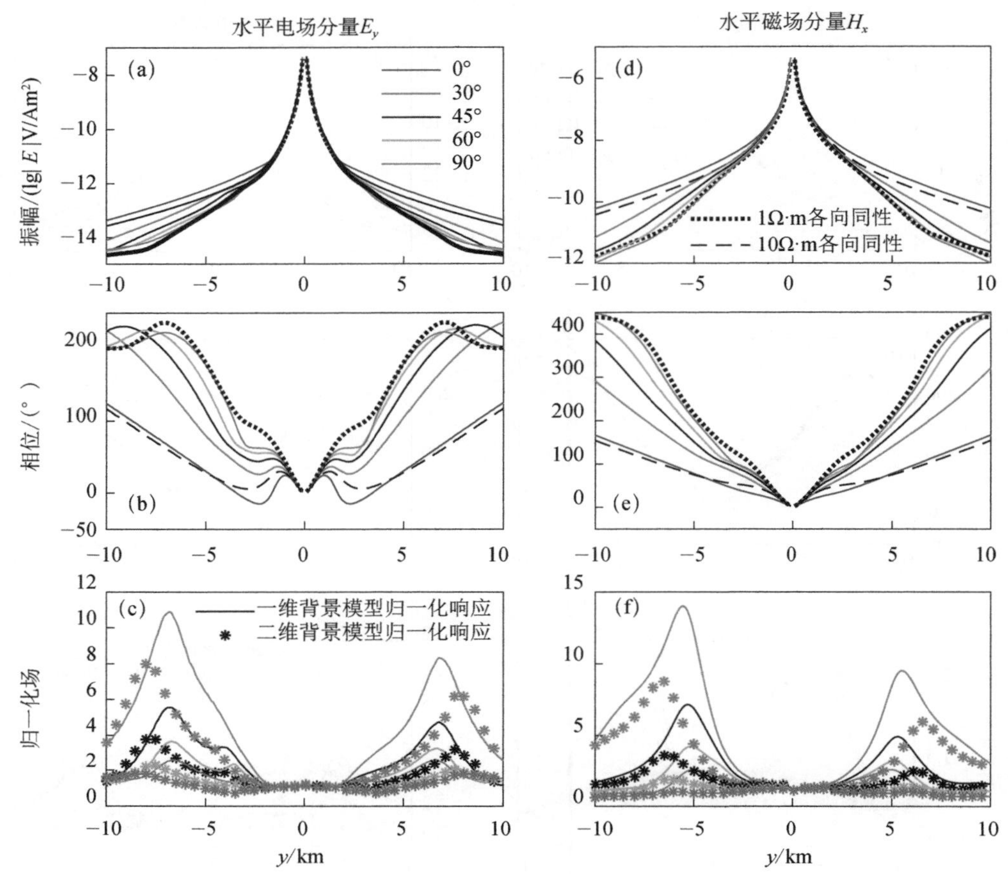

图 6.7 围岩各向异性倾角取 5 个不同值时（$\alpha_d = 0°, 30°, 45°, 60°, 90°$）海底剖面上水平电磁场振幅（上）、相位（中）曲线和归一化响应（下）

左栏为水平电场 E_y，右栏为水平磁场 H_x。围岩主轴电阻率 $\rho_{x'} = \rho_{y'} = 1\Omega\cdot\text{m}$， $\rho_{z'} = 10\Omega\cdot\text{m}$

4. 水平各向异性

最后，我们考虑海底围岩电阻率具有水平各向异性的情形。电导率张量的主轴 z' 与垂直轴 z 保持平行，而其余两个主轴 x' 和 y' 位于水平面 (x,y) 内，并与走向方向 x 轴形成一个夹角 α_s。各向异性围岩的电阻率张量具有下列形式

$$\underline{\underline{\rho}} = \begin{pmatrix} \rho_{x'}\cos^2\alpha_s + \rho_{y'}\sin^2\alpha_s & (\rho_{x'} - \rho_{y'})\sin\alpha_s\cos\alpha_s & 0 \\ (\rho_{x'} - \rho_{y'})\sin\alpha_s\cos\alpha_s & \rho_{x'}\sin^2\alpha_s + \rho_{y'}\cos^2\alpha_s & 0 \\ 0 & 0 & \rho_{z'} \end{pmatrix} \tag{6.90}$$

假定各向异性围岩的主轴电阻率分别为 $\rho_{x'} = \rho_{z'} = 1\Omega\cdot\text{m}$ 和 $\rho_{y'} = 10\Omega\cdot\text{m}$，而各向异性方位角 α_s 为一变量，它可以从 0° 变化到 90°。图 6.9 给出 4 个不同各向异性方位角（$\alpha_s = 0°, 30°, 60°, 90°$）海底剖面上赤道装置水平电场 E_x 的振幅和相位曲线以及归一化响应。为了比较起见，也给出了电阻率为 $1\Omega\cdot\text{m}$ 的各向同性下半空间模型海洋 CSEM 响应。

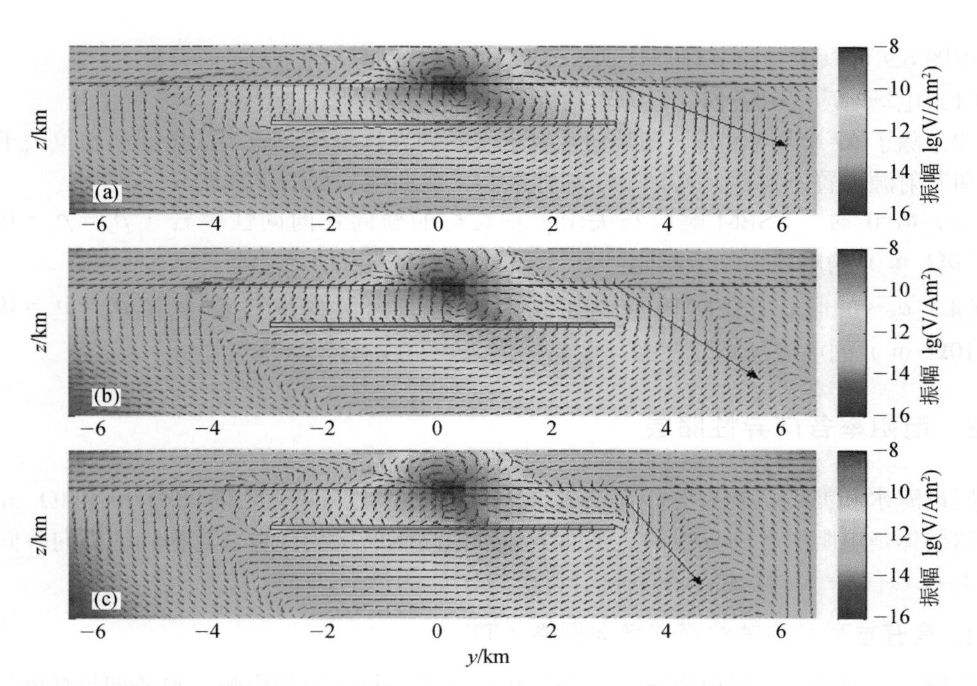

图 6.8　海底围岩具有不同各向异性倾角时轴向装置电场实部在垂直截面 (y,z) 上的分布

围岩各向异性倾角 $\alpha_d=30°$（上）、$\alpha_d=45°$（中）和 $\alpha_d=60°$（下）。蓝色箭头表示电场的方向，背景颜色表示电场振幅的对数。黑色箭头表示海底沉积层倾斜方向，蓝色虚线表示二维高阻体的轮廓

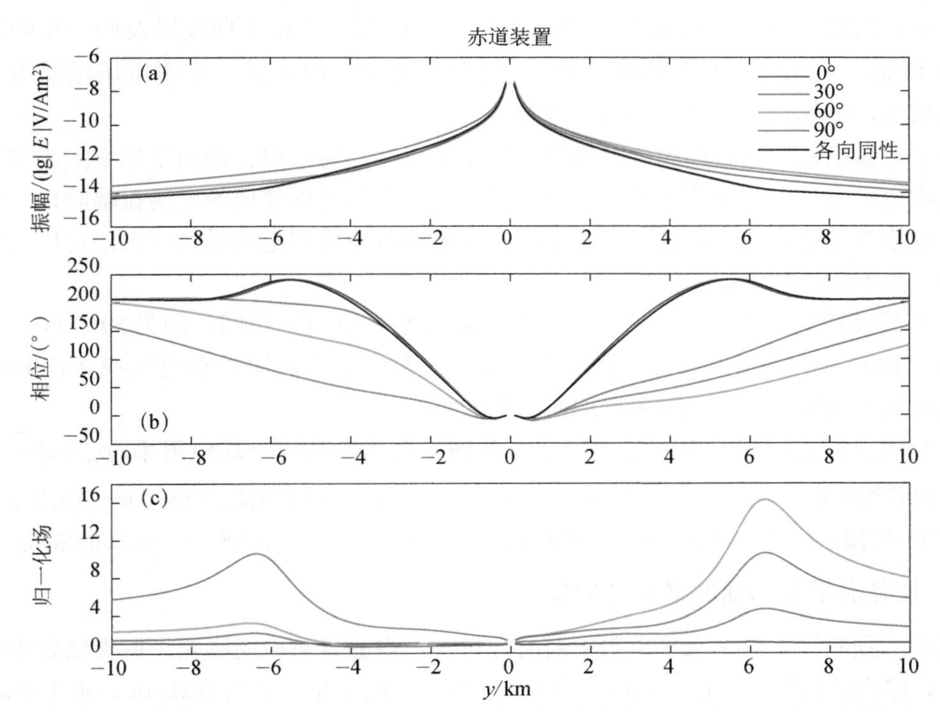

图 6.9　围岩各向异性方位角取 4 个不同值时（$\alpha_s=0°, 30°, 60°, 90°$）海底剖面上水平电场振幅（上）、相位（中）和归一化后响应（下）

围岩主轴电阻率 $\rho_{x'}=\rho_{z'}=1\Omega\cdot m$，$\rho_{y'}=10\Omega\cdot m$

由图 6.9 可以得到如下几点认识：

（1）电场响应受到各向异性方位角 α_s 的强烈影响；

（2）除了 α_s=0°和 90°外，在其他具有水平各向异性情形，电场的振幅和相位关于模型中心和发射源位置不对称，这种不对称性在归一化曲线呈现的更加明显；

（3）α_s=0°时，CSEM 响应与关于 y 轴对称的横向各向同性围岩（$\rho_x = \rho_z = 1\Omega \cdot \text{m}$, $\rho_y = 10\Omega \cdot \text{m}$）的电磁场响应相同；

（4）α_s=90°时，CSEM 响应与 x 轴对称的横向各向同性围岩（$\rho_y = \rho_z = 1\Omega \cdot \text{m}$, $\rho_x = 10\Omega \cdot \text{m}$）的电磁场响应相同。

6.6.2 电阻率各向异性储层

假设海水和海底沉积层是电阻率各向同性的，其电阻率分别为$0.3\Omega \cdot \text{m}$和$1\Omega \cdot \text{m}$，但二维储层体是电阻率各向异性的。下面分别讨论高阻储层具有垂直对称轴的横向各向同性（TIV）和具有水平对称轴的横向各向同性（TIH）的情形。

1. 具有垂直对称轴的横向各向同性（TIV）

首先，讨论储层垂直电阻率 ρ_z 对海洋可控源电磁场响应的影响。设各向异性储层的 x 方向电阻率和 y 方向电阻率相同且为$50\Omega \cdot \text{m}$，垂向电阻率 ρ_z 为一变化量。

图 6.10 为储层垂直电阻率取 4 个不同值时（$\rho_z = 50\Omega \cdot \text{m}, 100\Omega \cdot \text{m}, 200\Omega \cdot \text{m}, 500\Omega \cdot \text{m}$）海底剖面上轴向装置水平电场分量 E_y 的振幅和相位曲线以及归一化响应。由图 6.10 可见，水平电场的振幅和相位依赖于储层垂向电阻率 ρ_z，水平电场振幅随着 ρ_z 的增大而增大，但相位随着 ρ_z 的增大而减小。

为了突显出储层垂直电阻率的影响，将由空气层、海水层、均匀下半空间和不均体构成的二维电阻率各向同性模型看作为背景模型，用各向异性储层的电场振幅除以二维各向同性背景模型的电场振幅得到归一化响应。在模拟背景模型电磁场响应时，可以考虑两种不同的二维不均匀体电阻率值。

（1）假设背景模型二维体的电阻率与二维体水平电阻率相同，即为$50\Omega \cdot \text{m}$。由此获得的归一化响应如图 6.10（c）中实线所示，它不仅包含储层垂直电阻率各向异性的响应，而且包含储层体平均电阻率增加所产生的响应。

（2）假设背景模型二维体的电阻率与各向异性体的几何平均电阻率$(\rho_m = \sqrt{\rho_h \cdot \rho_v})$相同。由此获得的归一化响应如图 6.10（c）中点线所示，它更加突出了储层垂直电阻率对海洋 CSEM 响应的影响。归一化响应清楚地表明了电磁场响应关于储层垂直电阻率的依赖性。

2. 具有水平对称轴的横向各向同性（TIH）

其次，我们讨论储层水平电阻率对海洋可控源电磁场响应的影响。假设储岩电阻率具有 y 轴对称的横向各向同性，电阻率在(x, z)垂直截面上相同且为$50\Omega \cdot \text{m}$，水平电阻率 ρ_y 从 $50\Omega \cdot \text{m}$ 变化到 $500\Omega \cdot \text{m}$。图 6.11 为储层 y 轴电阻率取 4 个不同值时（$\rho_y = 50\Omega \cdot \text{m}, 100\Omega \cdot \text{m}, 200\Omega \cdot \text{m}, 500\Omega \cdot \text{m}$）海底剖面上水平电场分量的振幅和相位曲线以及归一化响

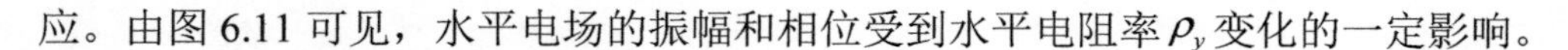

应。由图 6.11 可见，水平电场的振幅和相位受到水平电阻率 ρ_y 变化的一定影响。

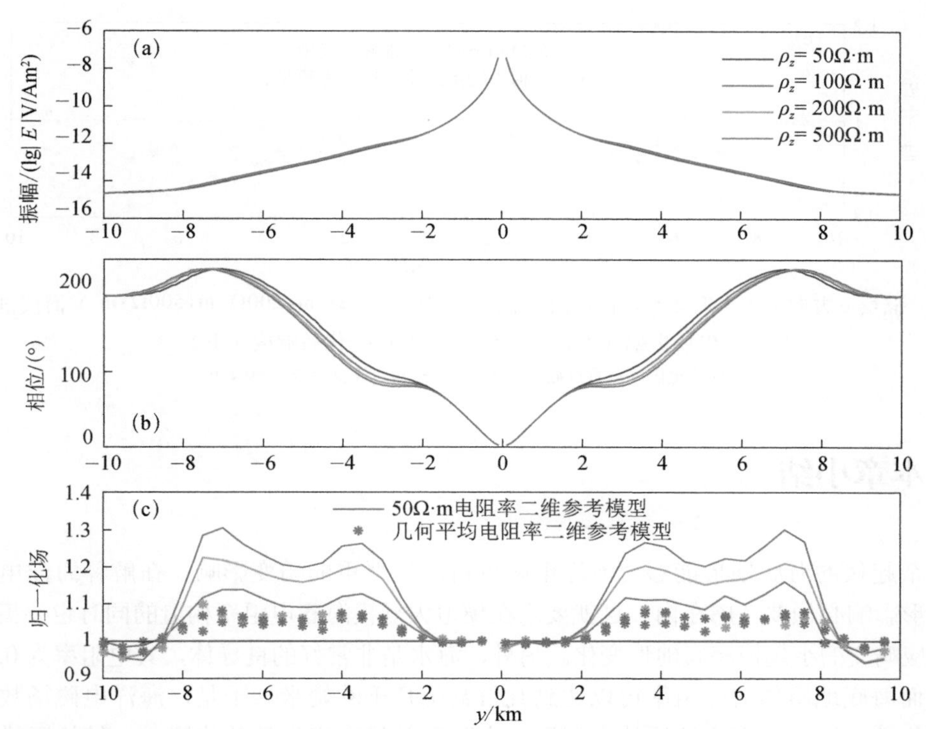

图 6.10　储层垂直电阻率取 4 个不同值时（$\rho_z = 50\Omega \cdot m$，$100\Omega \cdot m$，$200\Omega \cdot m$，$500\Omega \cdot m$）海底剖面上水平电场振幅（上）、相位（中）和归一化后响应（下）

储岩水平电阻率 $\rho_x = \rho_y = 50\Omega \cdot m$

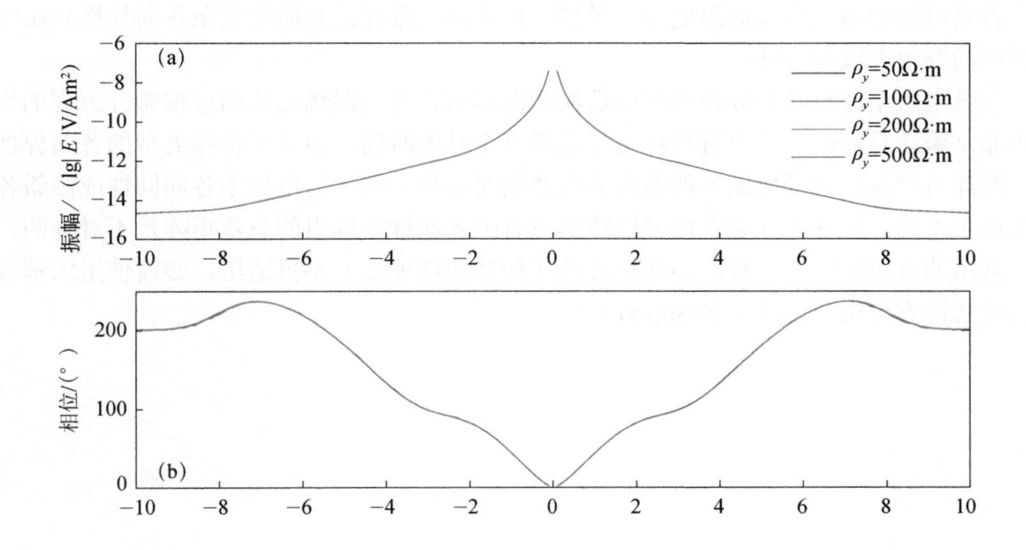

续图

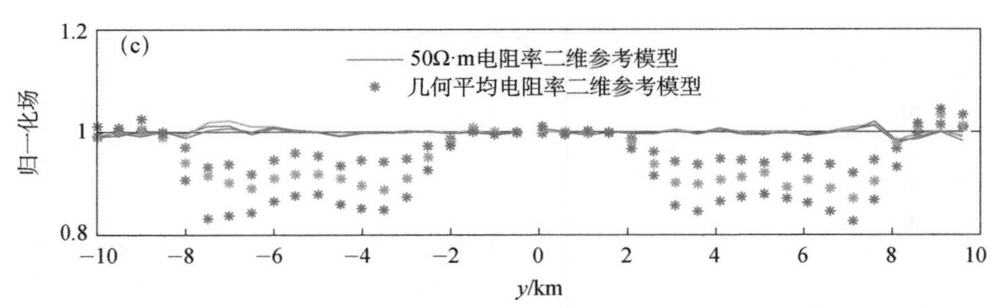

图 6.11 储层 y 方向电阻率取 4 个不同值时（$\rho_y = 50\Omega\cdot\text{m}, 100\Omega\cdot\text{m}, 200\Omega\cdot\text{m}, 500\Omega\cdot\text{m}$）海底剖面上水平电场振幅（上）、相位（中）和归一化后响应（下）

储层电阻率在垂直截面（x,z）上相同，且 $\rho_x = \rho_z = 50\Omega\cdot\text{m}$

6.7 本章小结

复杂起伏的海底地形能够对海洋电磁资料产生严重的畸变影响，在解释海洋电磁资料时，地形影响必须要考虑在内。这就要求在模拟大规模海底电阻率构造的同时也要模拟引起电磁响应畸变的小规模海底地形变化。另外，海水是非常好的良导体，其电阻率为 $0.3\,\Omega\cdot\text{m}$ 左右，而海底地质体的电阻率可以达到几百甚至几千欧姆米。于是，海洋电磁场数值模拟方法面临着由海水和海底地质体之间巨大电阻率差异所产生的数值困难。结构网格不能精确地模拟海底地形起伏和倾斜界面等复杂地质构造，而非结构网格自适应有限元法更适用于模拟复杂海洋地电模型。在解释海洋电磁资料时，电导率各向异性的影响不应该被忽略，否则可能会得到错误的海底地电模型。自适应有限元法是研究复杂各向异性介质电磁场特征的有效手段和方法。

二维电阻率任意各向异性介质电偶极源海洋可控源电磁场边值问题偏微分方程的推导过程非常繁杂且耗时，这个过程耗费了笔者几个月的时间。而对于特殊类型的各向异性介质，海洋可控源电磁场所满足的微分方程要相对简单一些。与电导率各向同性或倾斜各向异性情形不同，电导率任意各向异性情形下有限元线性方程组的系数矩阵是不对称的。因而，常用的解对称线性方程组的迭代方法（如共轭梯度法）不再适用，必需使用求解大型非对称线性方程组的方法（如 SuperLU）。

第7章　三维电阻率任意各向异性介质海洋可控源电磁场有限元正演

本章介绍三维电阻率各向异性介质海洋可控源电磁场自适应有限元数值模拟方法。首先，讨论三维电阻率任意各向异性介质海洋可控源电磁场边值问题。然后，详述非结构四面体网格矢量有限元方法和自适应有限元方法。接着，将对三维电阻率任意各向异性介质海洋可控源电磁场自适应有限元正演算法的正确性及计算精度进行验证。最后，将分析电阻率方位各向异性和倾斜各向异性对三维海洋可控源电磁场响应的影响。

7.1　电磁场边值问题

7.1.1　电磁场控制方程

考虑一个三维电阻率各向异性模型，采用直角坐标系，设正 z 轴垂直向下指向大地。在频率域海洋可控源电磁勘探中，电磁发射源的激发频率通常低于几十赫兹，位移电流的影响可以忽略。假定时间因子为 $\mathrm{e}^{-i\omega t}$，低频电磁场在似稳态条件下满足如下控制方程

$$\begin{cases}\nabla\times\boldsymbol{E}=i\omega\mu_0\boldsymbol{H}\\ \nabla\times\boldsymbol{H}-\underline{\underline{\sigma}}\boldsymbol{E}=\boldsymbol{J}_s\end{cases} \tag{7.1}$$

这里，$\boldsymbol{E}$ 和 $\boldsymbol{H}$ 分别为电场强度矢量和磁场强度矢量，μ_0 为真空中的磁导率，ω 为角频率，$\underline{\underline{\sigma}}$ 为电导率张量，$\boldsymbol{J}_s$ 为外加电性场源的电流密度。

为了避免电偶极源处电磁场的奇异性，在数值模拟中应用迭加原理，将电磁场分解为由电偶极源在电导率张量为 $\underline{\underline{\sigma}}^p$ 的均匀半空间或水平层状背景模型中产生的一次场（$\boldsymbol{E}^p$ 和 $\boldsymbol{H}^p$）和电导率张量为 $\underline{\underline{\sigma}}^s$ 的异常体产生的二次场（$\boldsymbol{E}^s$ 和 $\boldsymbol{H}^s$）

$$\boldsymbol{E}=\boldsymbol{E}^p+\boldsymbol{E}^s,\quad \boldsymbol{H}=\boldsymbol{H}^p+\boldsymbol{H}^s,\quad \underline{\underline{\sigma}}=\underline{\underline{\sigma}}^p+\underline{\underline{\sigma}}^s \tag{7.2}$$

一次电磁场（$\boldsymbol{E}^p$ 和 $\boldsymbol{H}^p$）满足的偏微分方程为

$$\nabla\times\boldsymbol{E}^p=i\omega\mu_0\boldsymbol{H}^p \tag{7.3}$$

$$\nabla\times\boldsymbol{H}^p=\underline{\underline{\sigma}}^p\boldsymbol{E}^p+\boldsymbol{J}_s \tag{7.4}$$

上述偏微分方程具有拟解析解。

二次电磁场（$\boldsymbol{E}^s$ 和 $\boldsymbol{H}^s$）所满足的偏微分方程为

$$\nabla\times\boldsymbol{E}^s = i\omega\mu_0\boldsymbol{H}^s \tag{7.5}$$

$$\nabla\times\boldsymbol{H}^s - \underline{\underline{\sigma}}\boldsymbol{E}^s = \underline{\underline{\sigma}}^s\boldsymbol{E}^p \tag{7.6}$$

由方程式（7.5）和（7.6），可以得到二次电场（$\boldsymbol{E}^s$）所满足的偏微分方程

$$\nabla\times\left(\frac{1}{\xi}\nabla\times\boldsymbol{E}^s\right)+\underline{\underline{\sigma}}\boldsymbol{E}^s = -\underline{\underline{\sigma}}^s\boldsymbol{E}^p \tag{7.7}$$

式中 $\xi=-i\omega\mu_0$。

我们利用矢量有限元法求解偏微分方程（7.7），为此需要给出边界条件。

7.1.2 边界条件

1. 外边界条件

假设模拟区域Ω包含三维电阻率各向异性不均匀体，且在三个方向上均延展至足够远，则三维异常体的影响在模拟区域边界面上可以忽略。在模拟区域外边界上，我们采用齐次狄利克雷边界条件。

2. 内边界条件

在两种导电介质的分界面（Γ）上，总电场强度和总磁场强度的切向分量（$\boldsymbol{E}_t$ 和 $\boldsymbol{H}_t$）连续，一次电场和一次磁场的切向分量（$\boldsymbol{E}_t^p$ 和 $\boldsymbol{H}_t^p$）均连续。由此可推知，二次电场的切向分量

$$\boldsymbol{E}_t^s = \boldsymbol{n}\times\boldsymbol{E}^s \tag{7.8}$$

和二次磁场的切向分量

$$\boldsymbol{H}_t^s = \boldsymbol{n}\times\boldsymbol{H}^s = -\boldsymbol{n}\times\left(\frac{1}{\xi}\nabla\times\boldsymbol{E}^s\right) \tag{7.9}$$

亦连续。这里 $\boldsymbol{n}$ 为介质分界面（Γ）上的单位外法向矢量。

在两种导电介质的分界面（Γ）上，总磁感应强度和总电流密度的法向分量（$\boldsymbol{B}_n$ 和 $\boldsymbol{J}_n$）连续，一次磁感应强度和一次电流密度的法向分量（$\boldsymbol{B}_n^p$ 和 $\boldsymbol{J}_n^p$）亦均连续。由此可推知，二次磁感应强度的法向分量

$$\boldsymbol{B}_n^s = \boldsymbol{n}\cdot\left(\frac{1}{i\omega}\nabla\times\boldsymbol{E}^s\right) \tag{7.10}$$

和二次电流密度的法向分量

$$\boldsymbol{J}_n^s = \boldsymbol{n}\cdot(\underline{\underline{\sigma}}\boldsymbol{E}^s + \underline{\underline{\sigma}}^s\boldsymbol{E}^p) \tag{7.11}$$

亦连续。

7.2　加权余量方程

下面，我们导出三维电阻率各向异性介质可控源电磁场偏微分方程（7.7）的积分方程。为此，将方程（7.7）两端同时乘以二次电场的任意变分 $\delta \boldsymbol{E}^s$，并对模拟区域 Ω 积分：

$$\int_\Omega \left(\nabla\times\left(\frac{1}{\xi}\nabla\times\boldsymbol{E}^s\right) + \underline{\underline{\sigma}}\boldsymbol{E}^s \right)\cdot\delta\boldsymbol{E}^s \mathrm{d}\Omega = -\int_\Omega \underline{\underline{\sigma}}^s \boldsymbol{E}^p \cdot \delta\boldsymbol{E}^s \mathrm{d}\Omega \tag{7.12}$$

利用高斯公式和三重标量积公式，方程（7.12）可以表示成为

$$\begin{aligned}&\int_\Omega (\nabla\times\delta\boldsymbol{E}^s)\cdot\left(\frac{1}{\xi}\nabla\times\boldsymbol{E}^s\right)\mathrm{d}\Omega + \int_\Omega \underline{\underline{\sigma}}\boldsymbol{E}^s\cdot\delta\boldsymbol{E}^s\mathrm{d}\Omega \\ &= -\int_\Omega \underline{\underline{\sigma}}^s\boldsymbol{E}^p\cdot\delta\boldsymbol{E}^s\mathrm{d}\Omega - \int_\Gamma \boldsymbol{n}\times\frac{1}{\xi}\nabla\times\boldsymbol{E}^s\cdot\delta\boldsymbol{E}^s\mathrm{d}\Gamma\end{aligned} \tag{7.13}$$

这里 Γ 为模拟区域 Ω 的边界面，$\boldsymbol{n}$ 为 Γ 的单位外法向矢量。

采用内积形式，方程（7.13）可以表示为

$$B(\boldsymbol{u},\boldsymbol{v})=F(\boldsymbol{v}) \tag{7.14}$$

这里，$B(,)$ 是自伴随的对称双线性形式，F 是源项及边界项的内积

$$B(\boldsymbol{u},\boldsymbol{v}) = \int_\Omega \left[(\nabla\times\boldsymbol{u})\cdot\left(\frac{1}{\xi}\nabla\times\boldsymbol{v}\right) + \boldsymbol{\beta}\boldsymbol{u}\cdot\boldsymbol{v} \right]\mathrm{d}\Omega \tag{7.15}$$

$$F(\boldsymbol{v}) = -\int_\Omega \boldsymbol{f}\cdot\boldsymbol{v}\mathrm{d}\Omega - \int_\Gamma \boldsymbol{n}\times\frac{1}{\xi}\nabla\times\boldsymbol{u}\cdot\boldsymbol{v}\mathrm{d}\Gamma \tag{7.16}$$

式中，$\boldsymbol{u}=\boldsymbol{E}^s$，$\boldsymbol{v}=\delta\boldsymbol{E}^s$，$\boldsymbol{\beta}=\underline{\underline{\sigma}}$ 和 $\boldsymbol{f}=\underline{\underline{\sigma}}^s\boldsymbol{E}^p$。

7.3　非结构四面体网格矢量有限元方法

采用非结构四面体网格矢量有限单元法求解积分方程（7.13），为此将模拟区域 Ω 分解成 n_e 个不规则四面体单元，单元编号记为 $e=1,2,\cdots,n_e$。于是，方程（7.13）的体积分转换为各个四面体单元的体积分之和

$$\begin{aligned}&\sum_{e=1}^{n_e}\int_{\Omega_e}(\nabla\times\delta\boldsymbol{E}^s)\cdot\left(\frac{1}{\xi}\nabla\times\boldsymbol{E}^s\right)\mathrm{d}\Omega + \sum_{e=1}^{n_e}\int_{\Omega_e}\underline{\underline{\sigma}}\boldsymbol{E}^s\cdot\delta\boldsymbol{E}^s\mathrm{d}\Omega \\ &= -\sum_{e=1}^{n_e}\int_{\Omega_e}\underline{\underline{\sigma}}^s\boldsymbol{E}^p\cdot\delta\boldsymbol{E}^s\mathrm{d}\Omega + \sum_{e=1}^{n_e}\int_{\Gamma_e}\boldsymbol{H}_t^s\cdot\delta\boldsymbol{E}^s\mathrm{d}\Gamma\end{aligned} \tag{7.17}$$

式中，Ω_e 和 Γ_e 分别为四面体单元 e 的空间区域和边界面。上述方程中，面积分的被积函数是利用了式（7.9）后得到的。由于二次磁场切向分量在内边界上连续，且在模拟区域外边界上已知，因而上式中所有面积分之和为零。于是，方程（7.17）变成为

$$\sum_{e=1}^{n_e}\int_{\Omega_e}(\nabla\times\delta\boldsymbol{E}^s)\cdot\left(\frac{1}{\xi}\nabla\times\boldsymbol{E}^s\right)\mathrm{d}\Omega + \sum_{e=1}^{n_e}\int_{\Omega_e}\underline{\underline{\sigma}}\boldsymbol{E}^s\cdot\delta\boldsymbol{E}^s\mathrm{d}\Omega$$

$$= -\sum_{e=1}^{n_e} \int_{\Omega_e} \underline{\underline{\sigma}}^s \boldsymbol{E}^p \cdot \delta \boldsymbol{E}^s \mathrm{d}\Omega \tag{7.18}$$

假定在每个四面体单元内，任一点的一次电场和二次电场值都是x、y和z的线性函数，并可近似为

$$\boldsymbol{E}^p = \sum_{i=1}^{6} \boldsymbol{N}_i E_i^p, \qquad \boldsymbol{E}^s = \sum_{i=1}^{6} \boldsymbol{N}_i E_i^s \tag{7.19}$$

这里，E_i^p和E_i^s分别为四面体单元第i条边上一次电场和二次电场的切向分量，$\boldsymbol{N}_i$为Nédélec型矢量基函数（Jin，2002）

$$\boldsymbol{N}_i = l_i (L_{i1} \nabla L_{i2} - L_{i2} \nabla L_{i1}) \qquad i = 1, 2, \cdots, 6 \tag{7.20}$$

其中，l_i为四面体第i条边的长度，L_{i1}和L_{i2}分别为第i条边的起点节点形函数和终点节点形函数。

将式（7.19）代入式（7.18），可得

$$\begin{aligned} &\sum_{e=1}^{n_e} (\delta \boldsymbol{E}_e^s)^{\mathrm{T}} \left[\int_{\Omega_e} (\nabla \times \boldsymbol{N}_e) \cdot \left(\frac{1}{\xi} \nabla \times \boldsymbol{N}_e \right)^{\mathrm{T}} \mathrm{d}\Omega + \int_{\Omega_e} \boldsymbol{N}_e \underline{\underline{\sigma}} \boldsymbol{N}_e^{\mathrm{T}} \mathrm{d}\Omega \right] \boldsymbol{E}_e^s \\ &= -\sum_{e=1}^{n_e} (\delta \boldsymbol{E}_e^s)^{\mathrm{T}} \int_{\Omega_e} \boldsymbol{N}_e \underline{\underline{\sigma}}^s \boldsymbol{N}_e^{\mathrm{T}} \mathrm{d}\Omega \boldsymbol{E}_e^p \end{aligned} \tag{7.21}$$

式中，

$$(\delta \boldsymbol{E}_e^s)^{\mathrm{T}} = (\delta E_1^s, \cdots, \delta E_6^s), \quad \boldsymbol{E}_e^s = (E_1^s, \cdots, E_6^s)^{\mathrm{T}}$$
$$\boldsymbol{E}_e^p = (E_1^p, \cdots, E_6^p)^{\mathrm{T}}, \quad \boldsymbol{N}_e = (\boldsymbol{N}_1, \cdots, \boldsymbol{N}_6)^{\mathrm{T}}$$

方程（7.21）可以写为

$$\sum_{e=1}^{n_e} (\delta \boldsymbol{E}_e^s)^{\mathrm{T}} [\boldsymbol{K}_{1e} + \boldsymbol{K}_{2e}] \boldsymbol{E}_e^s = \sum_{e=1}^{n_e} (\delta \boldsymbol{E}_e^s)^{\mathrm{T}} \boldsymbol{P}_e \tag{7.22}$$

其中

$$\boldsymbol{K}_{1e} = \int_{\Omega_e} (\nabla \times \boldsymbol{N}_e) \cdot \left(\frac{1}{\xi} \nabla \times \boldsymbol{N}_e \right)^{\mathrm{T}} \mathrm{d}\Omega \tag{7.23}$$

$$\boldsymbol{K}_{2e} = \int_{\Omega_e} \boldsymbol{N}_e \underline{\underline{\sigma}} \boldsymbol{N}_e^{\mathrm{T}} \mathrm{d}\Omega \tag{7.24}$$

$$\boldsymbol{P}_e = -\int_{\Omega_e} \boldsymbol{N}_e \underline{\underline{\sigma}}^s \boldsymbol{N}_e^{\mathrm{T}} \mathrm{d}\Omega \boldsymbol{E}_e^p \tag{7.25}$$

式中，单元矩阵$\boldsymbol{K}_{1e}$为一个6×6的对称矩阵，其元素可按式（5.26）计算得到。单元矩阵$\boldsymbol{K}_{2e}$也是一个6×6的对称矩阵，其元素可按式（5.27）和式（5.28）计算得到。采用类似的方法，可以计算式（7.25）中的体积分，但需用异常体的电导率张量$\underline{\underline{\sigma}}^s$代替电导率张量$\underline{\underline{\sigma}}$。$\boldsymbol{P}_e$为含有6个元素的列向量。

由式（7.22），可得到下列线性方程组

$$\boldsymbol{K}\boldsymbol{E}^s = \boldsymbol{P} \tag{7.26}$$

这里，$\boldsymbol{K}$为对称稀疏复数矩阵。求解上述线性方程组，即可得到所有棱边上的二次电场值。

当求得二次电场$\boldsymbol{E}^s$后，根据法拉第电磁感应定律可以计算二次磁场

$$\boldsymbol{H}^s = \frac{1}{i\omega\mu_0}\nabla\times\boldsymbol{E}^s \tag{7.27}$$

在求得二次电场和二次磁场后，将它们与背景模型（半空间或层状模型）的解析解或拟解析解矢量相加得到总电场和总磁场。

7.4　面向目标的自适应有限元方法

我们将面向目标的自适应网格细化技术引入到三维电阻率各向异性海洋可控源电磁场有限元数值模拟中，实现网格自动加密细化，以较少的网格和计算代价得到高精度的数值结果。

下面，我们介绍后验估算估计指示子推导过程。实际上，整个过程与 5.4 节所述方法类似。主要区别是在可控源电磁场数值模拟中需要处理场源项，而在平面波电磁场数值模拟中无须考虑场源项。

设 $\boldsymbol{u}_h$ 为有限元近似解。依据方程（7.7），定义电场的体积残量为

$$R_1(\boldsymbol{u}_h) = \boldsymbol{f} + \nabla\times\left(\frac{1}{\xi}\nabla\times\boldsymbol{u}_h\right) + \boldsymbol{\beta u}_h \tag{7.28}$$

依据欧姆定律，定义电流密度的体积残量为

$$R_2(\boldsymbol{u}_h) = \nabla\cdot(\boldsymbol{f} + \boldsymbol{\beta u}_h) \tag{7.29}$$

关于有限元解是否满足交界面边界条件的问题，我们在 5.4 节中进行了详细讨论。通过讨论我们知道，在两个相邻四面体单元的交界面上，有限元法得到的电场强度的切向分量和磁感应强度的法向分量保持连续，但是电流密度法向分量连续和磁场强度切向分量连续的条件不再满足。

在交界面上，定义磁场和电流密度的边界残量分别为

$$\boldsymbol{J}_1(\boldsymbol{u}_h) = [\nabla\times\boldsymbol{u}_h\times\boldsymbol{n}]_{\Gamma_e} \tag{7.30}$$

和

$$\boldsymbol{J}_2(\boldsymbol{u}_h) = [(\boldsymbol{f} + \boldsymbol{\beta u}_h)\cdot\boldsymbol{n}]_{\Gamma_e} \tag{7.31}$$

这里，$[\nabla\times\boldsymbol{u}_h\times\boldsymbol{n}]_{\Gamma_e}$ 和 $[(\boldsymbol{f} + \boldsymbol{\beta u}_h)\cdot\boldsymbol{n}]_{\Gamma_e}$ 分别表示磁场切向分量和电流密度法向分量在边界面 Γ_e 上的跃度。

综合上述讨论，构造四面体单元 e 的后验误差指示子为（Zhong et al.，2012）

$$\eta_e^2(\boldsymbol{u}_h) = h_e^2\left[\| R_1(\boldsymbol{u}_h)\|_{\Omega_e}^2 + \| R_2(\boldsymbol{u}_h)\|_{\Omega_e}^2\right] + h_F\left[\| J_1(\boldsymbol{u}_h)\|_F^2 + \| J_2(\boldsymbol{u}_h)\|_F^2\right] \tag{7.32}$$

这里，F 为四面体的表面，它由构成四面体的四个三角形组成，h_e 和 h_F 分别表示四面体外接球的直径和三角形外接圆的最大直径。

假设函数 G 是电磁场精确解 $\boldsymbol{u}$ 与有限元数值解 $\boldsymbol{u}_h$ 之差 $\boldsymbol{u}-\boldsymbol{u}_h$ 的泛函，式（7.14）的对偶方程为

$$\boldsymbol{B}^*(\boldsymbol{w},\boldsymbol{v}) = G(\boldsymbol{v}) \tag{7.33}$$

其中，$\boldsymbol{B}^*$ 是对偶算子或者伴随算子

$$G(v)=\frac{1}{|\nabla\times\boldsymbol{u}|_{L^2(\Omega)}^2}\left(\int_\Omega\left[(\boldsymbol{f}+\boldsymbol{\beta u})\cdot\boldsymbol{v}(\nabla\times\boldsymbol{u})\cdot\left(\frac{1}{\xi}\nabla\times\boldsymbol{v}\right)\right]\mathrm{d}\Omega+\oint_\Gamma\left(\boldsymbol{n}\times\frac{1}{\xi}\nabla\times\boldsymbol{u}\right)\cdot\boldsymbol{v}\mathrm{d}\Gamma\right) \tag{7.34}$$

式中，Ω为包含接收点的任意连续封闭区域，Γ为连续区域的边界，$\boldsymbol{v}$ 为任意向量，式中括号内为包含接收点（目标）区域内所有单元的残差量，分母用于归一化，使得所有接收点的误差水平基本一致（Liu et al.，2018）。

求解方程（7.33）可得到对偶问题的有限元解 $\boldsymbol{w}_h$。定义基于残差和对偶加权的后验误差估计指示子为

$$\eta=\eta_e(\boldsymbol{u}_h)\eta_e(\boldsymbol{w}_h) \tag{7.35}$$

式中，$\eta_e(\boldsymbol{w}_h)$ 的表达式与式（7.32）类似，将 $\boldsymbol{u}_h$ 替换为 $\boldsymbol{w}_h$ 即可。

面向目标的自适应有限元方法的步骤如下：①给定一个初始网格，求解式（7.14）得到其有限元解；②求解式（7.33），得到对偶问题的有限元解；③根据式（7.35），计算每个单元的后验误差估计指示子，对一定比例（如总单元数的5%）后验误差估计指示子比较大的单元进行细化，得到新网格；④重复步骤①～③，直到网格细化前后有限元解的均方根误差满足精度要求或达到设定的最大网格细化次数为止。

7.5 算法验证

为了验证上述三维电阻率任意各向异性介质海洋可控源电磁场自适应有限元数值模拟算法的正确性及其精度，我们模拟了一维垂直各向异性模型海洋可控源电磁场响应，并与一维拟解析解进行了对比。

假定海水深度为1km，电阻率为$0.3\Omega\cdot\mathrm{m}$；垂直各向异性储层位于海底下方1km深度处，厚度为500m，其水平方向和垂直方向的电阻率分别为$50\Omega\cdot\mathrm{m}$和$100\Omega\cdot\mathrm{m}$；覆盖层和基底均为各向同性介质，电阻率为$1\Omega\cdot\mathrm{m}$。水平电偶极源位于海底上方50m高度处，其中心位置为$(0,0,50\mathrm{m})$，发射电流为1A，激发频率为0.25Hz；共40个电磁接收仪等间距地布放在0km到8km范围内的海底剖面上。有限元模拟区域为$30\mathrm{km}\times50\mathrm{km}\times40\mathrm{km}$（含20km厚的空气层），初始离散网格由103 633个非结构四面体构成，棱边总数为122 732条。考虑到模拟精度和计算效率之间的平衡，将自适应细化过程中网格细化比例设为5%，半径边缘比（radius-edge ratio）设为1.3。当接收点处二次电场在相邻两次网格迭代之间的变化小于1%或达到设定的网格细化迭代次数上限时，网格迭代终止并输出计算结果。在本算例中，经过9次迭代细化后获得用于计算二次电场的最终网格。它由1 022 867个四面体单元构成，棱边总数为1 186 613条。

图7.1展示了初始网格和最终网格的中间部分区域。初始网格较为粗糙，经过9次迭

代细化后，接收点附近区域的网格得到了很好的加密，且接收点下方的网格也有一定程度细化，从而确保了数值解的精度。计算一次场的背景模型由空气层、海水层和各向同性海底均匀半空间组成。图 7.2 为 Inline 模式和 Broadside 模式下 6 个电磁场分量的振幅和相位。为便于比较，同时给出了由一维垂直各向异性海洋可控源电磁场正演程序（刘颖和李予国，2015）计算所得的拟解析解，并计算了有限元数值解与拟解析解电磁场振幅的相对误差和相位的绝对误差。所有 6 个电磁场分量的振幅相对误差均小于 1%，相位绝对误差均小于 0.5°，表明前面所述三维电阻率各向异性海洋可控源电磁场自适应有限元数值模拟算法具有较高的精度。

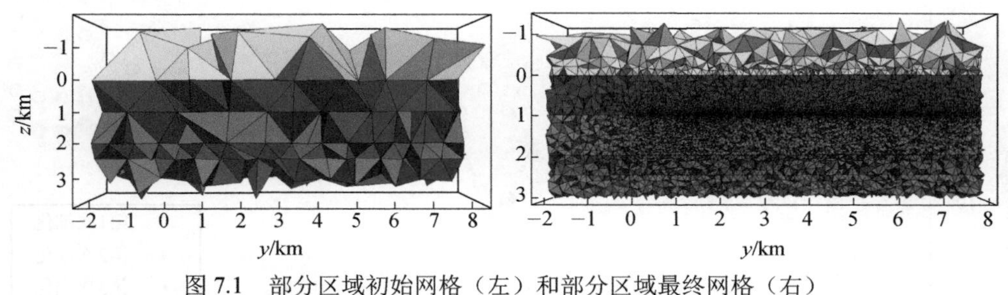

图 7.1　部分区域初始网格（左）和部分区域最终网格（右）

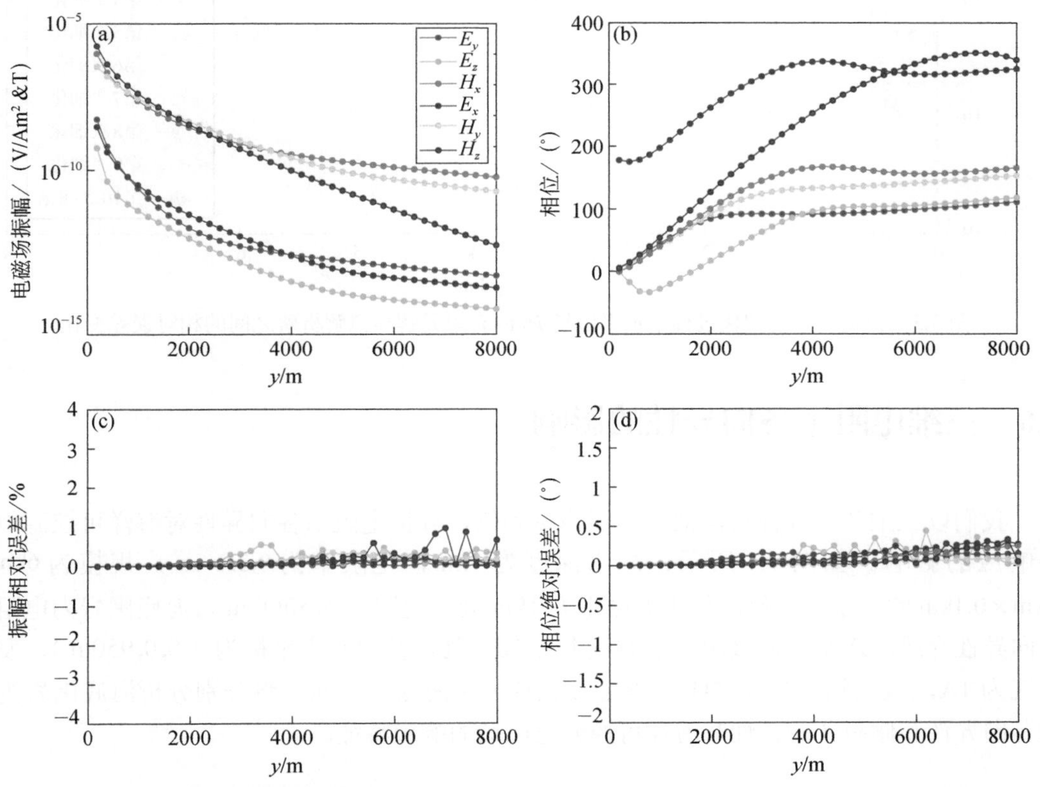

图 7.2　一维电阻率各向异性模型自适应有限元数值解（符号）与拟解析解（实线）对比

（a）振幅；（b）相位；（c）振幅相对误差；（d）相位绝对误差

我们以水平磁场分量 H_x 为例，说明随着网格细化有限元数值解的收敛情况。由图 7.3 可见，随着网格的不断细化，有限元数值解与拟解析解之间的相对误差明显减小。在初始网格上，磁场水平分量 H_x 振幅的相对误差大于 30%，而在第 10 次细化网格上，相对误差降低至 1%以下。

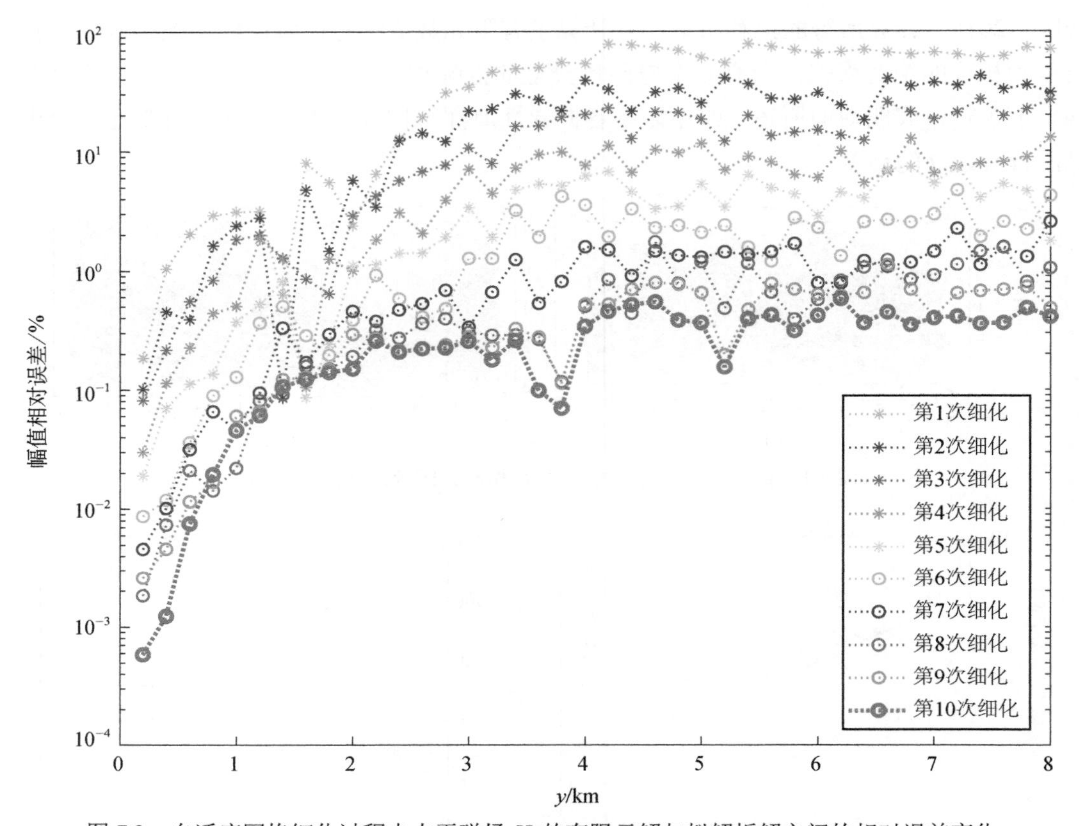

图 7.3 自适应网格细化过程中水平磁场 H_x 的有限元解与拟解析解之间的相对误差变化

7.6 三维电阻率各向异性的影响

我们以三维各向异性海洋油气储层模型为例，分析电阻率各向异性对海洋可控源电磁场响应的影响。如图 7.4 所示，海水深度为 1km，电阻率为 $0.3\Omega\cdot m$，规模为 6km×6km×0.1km 的三维高阻储层位于海底下方 1km 处，电阻率为 $50\Omega\cdot m$，海底围岩为电阻率各向异性介质。水平电偶极源位于海底上方 50m 处，其中心点坐标为（0,0,950m），发射电流为 1A，激发频率为 0.25Hz，电磁接收仪位于海底。下面，将分别分析海底围岩为方位各向异性和倾斜各向异性时海洋可控源电磁场的响应特征。

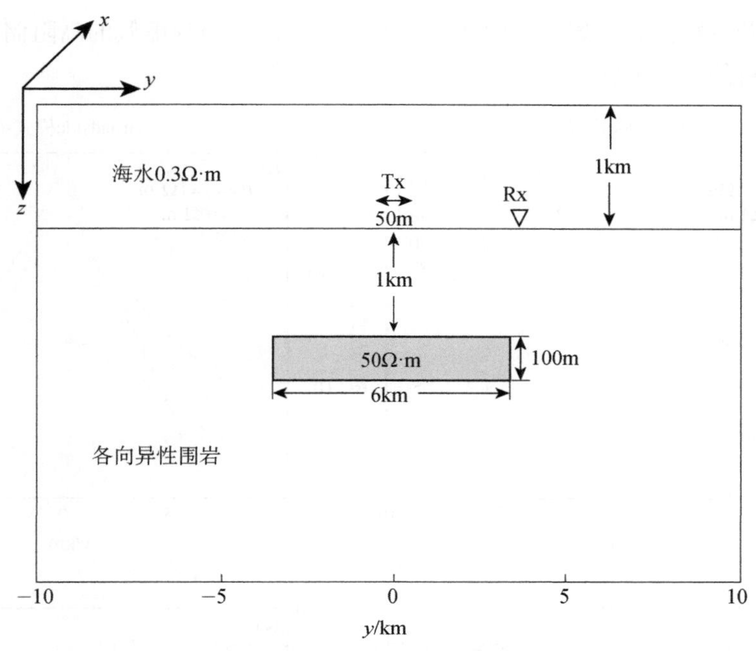

图 7.4　三维各向异性海洋油气储层模型垂直断面图

7.6.1　方位各向异性围岩

首先，我们考虑海底围岩为方位各向异性的情况。假设海底围岩的主轴电阻率为 $\rho_{x'}/\rho_{y'}/\rho_{z'}=1/10/1\Omega\cdot\text{m}$，各向异性方位角 α_s 依次设为 0°、30°、60°和 90°。利用自适应有限元方法分别计算了各种各向异性方位角情况下 Inline 模式和 Broadside 模式海洋可控源电磁场响应。

图 7.5 展示了围岩各向异性方位角在 0°到 90°之间变化时，Broadside 模式水平电场分量 E_x 和水平磁场分量 H_y 的振幅与相位曲线。为便于比较，同时给出了当海底围岩为各向同性介质（电阻率为$1\Omega\cdot\text{m}$）时的海洋可控源电磁场响应。由图 7.5 可以看出，Broadside 模式水平电场分量 E_x 和水平磁场分量 H_y 的振幅和相位均受到围岩方位各向异性的明显影响，随着各向异性方位角 α_s 的增加，电磁场振幅逐渐增大，而相位逐渐减小。

为进一步分析围岩电阻率各向异性的影响，我们将由空气层、海水层和均匀半空间构成的模型视为一维各向同性背景模型，将由空气层、海水层、均匀半空间和三维储层构成的模型视为三维各向同性背景模型，分别计算三维围岩各向异性模型对一维各向同性背景模型和三维各向同性背景模型的归一化振幅响应，如图 7.5（c）和图 7.5（f）所示。基于一维背景模型的归一化响应（实线）突出了围岩各向异性和三维高阻储层的综合影响，基于三维背景模型的归一化响应（符号）仅突出了围岩各向异性的影响。从图中可以看出，海底围岩各向异性对水平电磁场的影响随着各向异性方位角的增加而增大。围岩方位各向异性的影响在综合影响中占较大的比例，这表明方位各向异性海底围岩对 Broadside 模式海洋可控源电磁响应影响较大，且远大于三维高阻储层的影响。因此，在海洋可控源电磁资料解释中，若忽略海底围岩的电阻率各向异性，可能会得到虚假的高阻储层信息，导致对海洋电磁资料的错误解释。

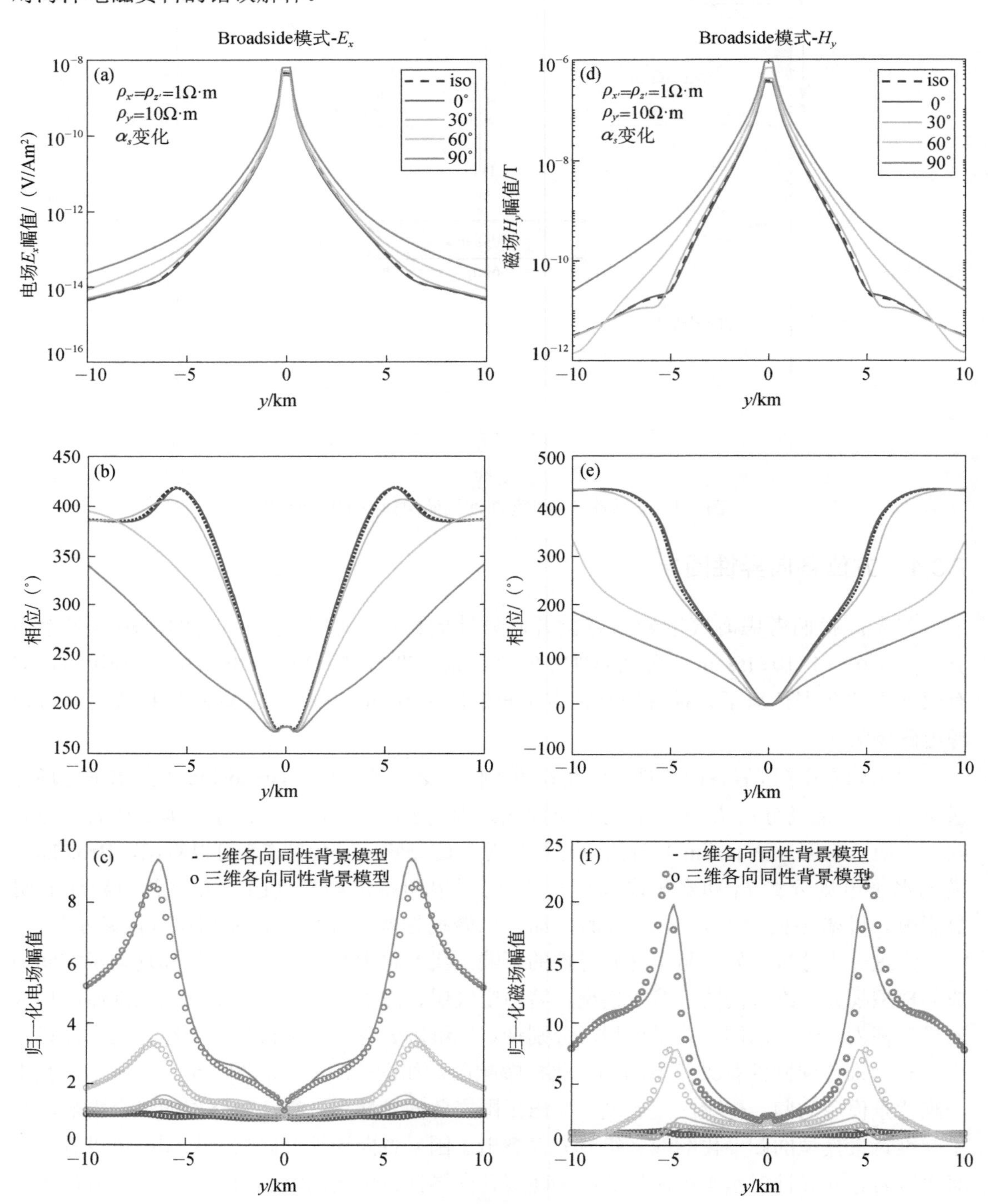

图 7.5 围岩各向异性方位角分别为0°、30°、60°和90°时 Broadside 模式水平电场 E_x（左）和水平磁场 H_y（右）曲线

振幅：(a)、(d)；相位：(b)、(e)；基于一维各向同性背景模型和三维各向同性模型的归一化振幅：(c)、(f)

在电阻率各向异性介质中，通过对电磁能量进行可视化分析可以解释前述电磁场响应的特征（图 7.5）。对于频率域海洋可控源电磁法，通常采用时间平均波印廷矢量来表示电磁能量

$$\boldsymbol{S}=\frac{1}{2\mu_0}\Re(\boldsymbol{E}\times\boldsymbol{B}^*) \tag{7.36}$$

式中，上标 * 表示复共轭，μ_0 为真空磁导率，$\boldsymbol{E}$ 和 $\boldsymbol{B}$ 分别为复数电场和磁场。

图 7.6 为围岩各向异性方位角分别为 0°、30°、60°和 90°时海底平面（x, y）上的时间平均波印廷矢量，颜色表示电磁能量强度的对数，箭头表示电磁能量的流向。由图 7.6 可见：①电磁能量分布随各向异性方位角的变化较为直观，沿方位角方向（图 7.6 中长箭头所指）电磁能量较高，这是由于沿各向异性方位角方向的电阻率较低，电磁能量沿该方向衰减速度最慢，而沿与该方向垂直的方向衰减速度最快；②沿中心剖面（$x=0$），电磁能量随着各向异性方位角的增加而增大，当 $\alpha_s=90°$ 时达到最大值，这清楚地解释了图 7.5 中当方位各向异性倾角取不同值时 Broadside 模式的电磁响应特征；③在各向异性方位

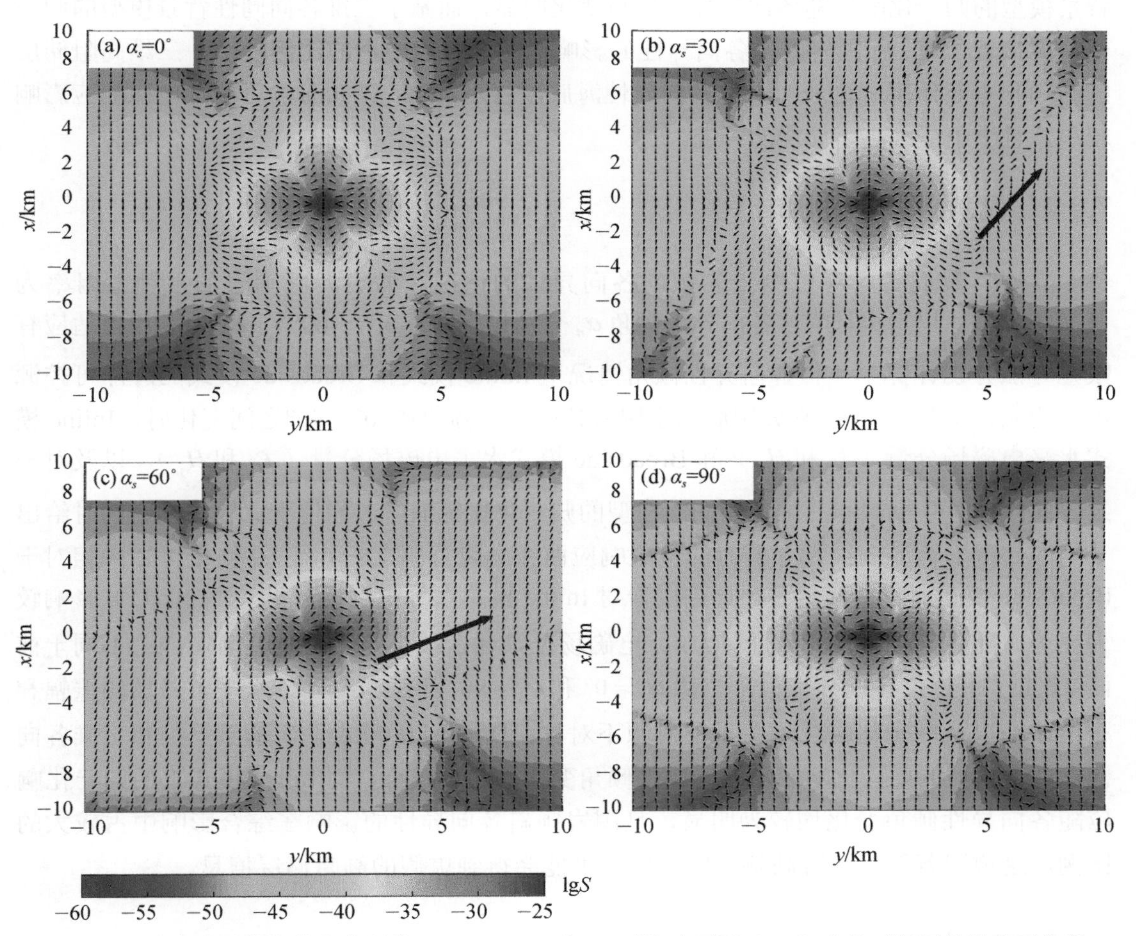

图 7.6　围岩各向异性方位角分别为 0°、30°、60°和 90°时海底平面（x, y）上的时间平均波印廷矢量

颜色和箭头分别表示电磁能量强度的对数和流向

角$\alpha_s \neq 0°$和$\alpha_s \neq 90°$情形下，电磁场能量在（x, y）平面上的分布关于y=0不对称。但是，无论α_s取值多少，电磁场能量始终关于发射源呈中心对称，即对于二维测线而言，只要测线穿过发射源中心在海底面上的投影（x=0，y=0），电磁场响应曲线则关于发射源中心是对称的。这与后面将讨论的倾斜各向异性情形不同。

下面，我们讨论方位各向异性围岩对 Inline 模式海洋可控源电磁响应的影响。图 7.7 展示了当围岩各向异性方位角在 0°～90° 之间变化时，Inline 模式的水平电场分量E_y和水平磁场分量H_x的振幅与相位曲线，以及对一维各向同性背景模型和三维各向同性模型的归一化振幅响应。为便于比较，图 7.7 中同样给出了当海底围岩为各向同性介质时的电磁响应曲线。由图 7.7 可见，Inline 模式水平电场分量E_y和水平磁场分量H_x的振幅与相位均依赖于各向异性方位角，但相对于上述 Broadside 模式而言，各向异性方位角α_s对 Inline 模式海洋可控源电磁响应的影响较小，这表明 Inline 模式海洋可控源电磁响应对围岩水平电阻率的变化不敏感。此外，从图 7.7（c）和（f）可以看出，基于一维各向同性背景模型的归一化响应随各向异性方位角变化明显，而基于三维各向同性背景模型的归一化响应接近于 1，即围岩方位各向异性的影响在综合影响中占的比例较小，三维高阻储层的影响起主要作用，这表明方位各向异性海底围岩对 Inline 模式海洋可控源电磁响应影响较小，且小于三维高阻储层的影响。

7.6.2 倾斜各向异性围岩

其次，我们考虑海底围岩为倾斜各向异性的情况。假设海底围岩的主轴电阻率为$\rho_{x'}/\rho_{y'}/\rho_{z'}=1/1/4\Omega\cdot\mathrm{m}$，各向异性倾角$\alpha_d$分别设为 0°、30°、60°和 90°。利用自适应有限元方法分别计算了 4 种各向异性倾角情况下 Inline 模式和 Broadside 模式的海洋可控源电磁响应。图 7.8 和图 7.9 分别展示了围岩各向异性倾角在 0°～90°之间变化时，Inline 模式水平电磁场分量（E_y和H_x）和 Broadside 模式水平电磁场分量（E_x和H_y），以及对一维各向同性背景模型和三维各向同性模型的归一化振幅响应。为便于比较，图中同时给出了当海底围岩为各向同性介质时的电磁响应曲线。综合图 7.8 和图 7.9 结果可知：相对于 Broadside 模式而言，倾斜各向异性围岩对 Inline 模式水平电磁场分量（E_y和H_x）影响较为显著，随各向异性倾角α_d的增加，电磁场振幅逐渐减小，相位则逐渐增加；不同于前面 7.6.1 节中方位各向异性情形，除$\alpha_d=0°$和$\alpha_d=90°$两种情况外，水平电磁场的振幅和相位曲线以及归一化响应均关于发射源不对称；Broadside 模式下，基于一维和三维各向同性背景模型的归一化响应随各向异性倾角变化均相对较小，而 Inline 模式下的归一化响应随各向异性倾角变化均较为明显，且围岩倾斜各向异性的影响在综合影响中占较大的比例，这说明若忽略围岩倾斜各向异性，可能会得到虚假的高阻储层信息。

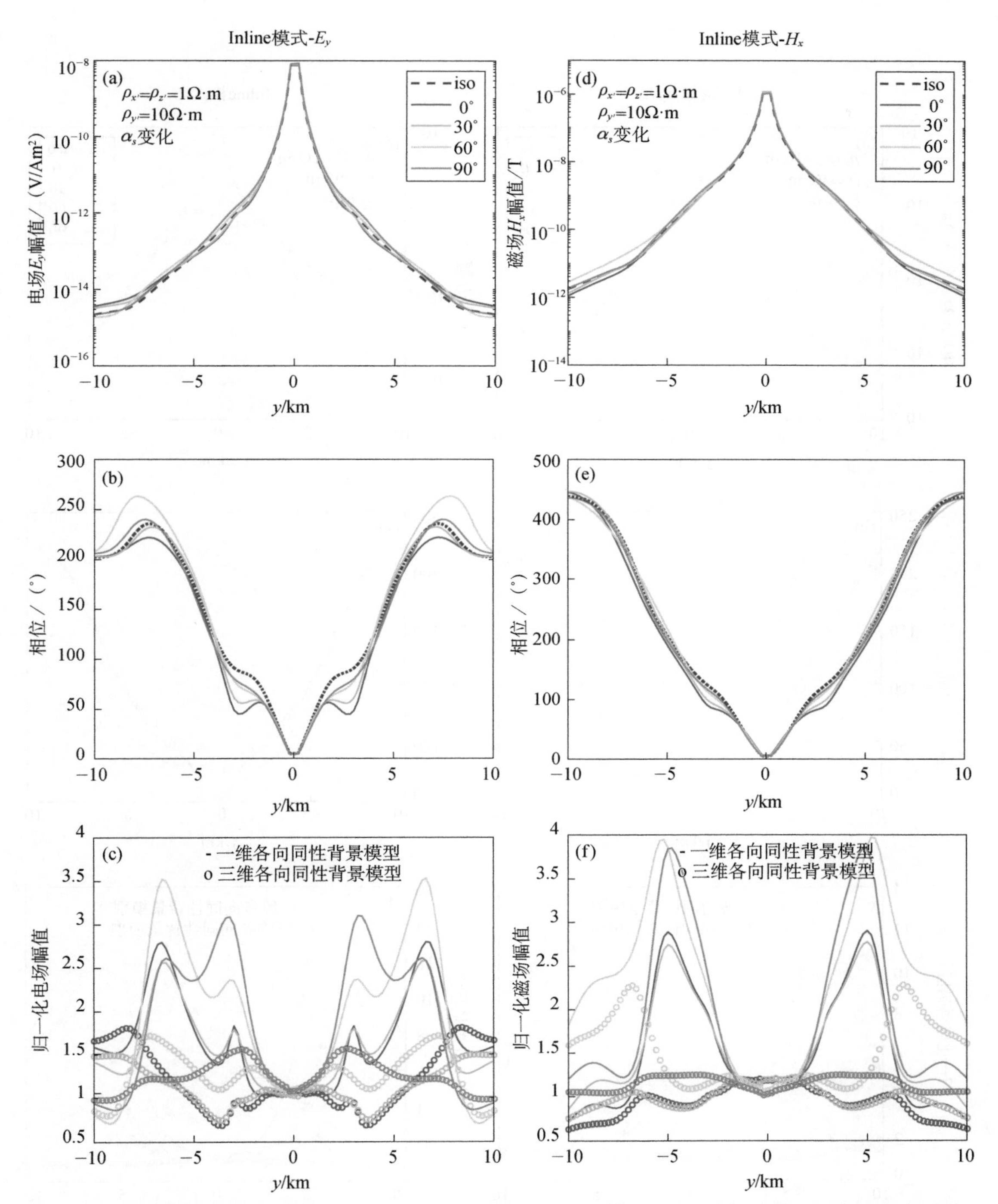

图 7.7　围岩各向异性方位角分别为 0°、30°、60°和 90°时 Inline 模式下水平电场分量 E_y（左）和水平磁场分量 H_x（右）曲线

振幅：(a)、(d)；相位：(b)、(e)；基于一维各向同性背景模型和三维各向同性模型的归一化振幅：(c)、(f)

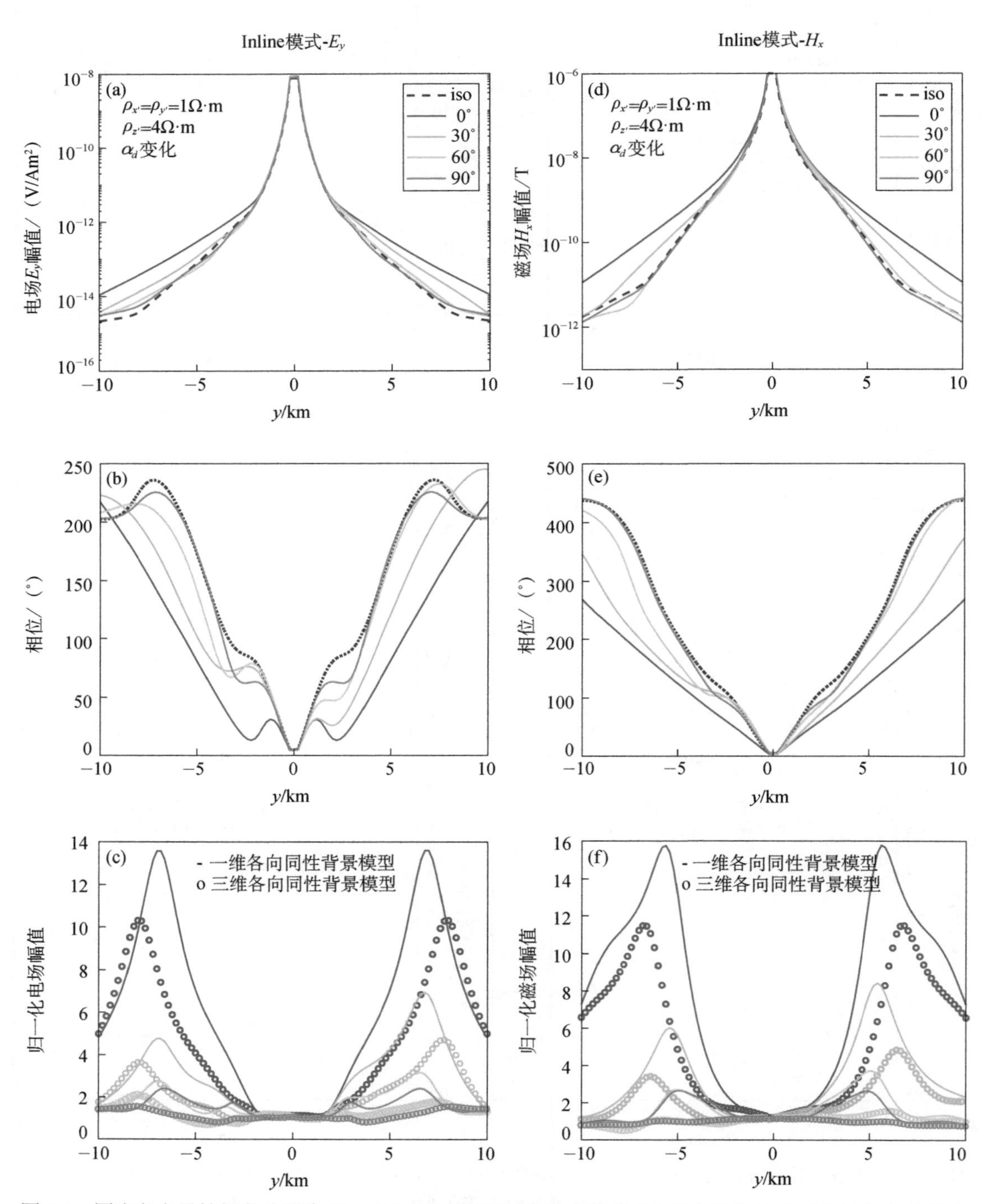

图 7.8 围岩各向异性倾角分别为 0°、30°、60°和 90°时 Inline 模式下水平电场分量 E_y（左）和水平磁场分量 H_x（右）曲线

振幅：(a)、(d)；相位：(b)、(e)；基于一维各向同性背景模型和三维各向同性模型的归一化振幅：(c)、(f)

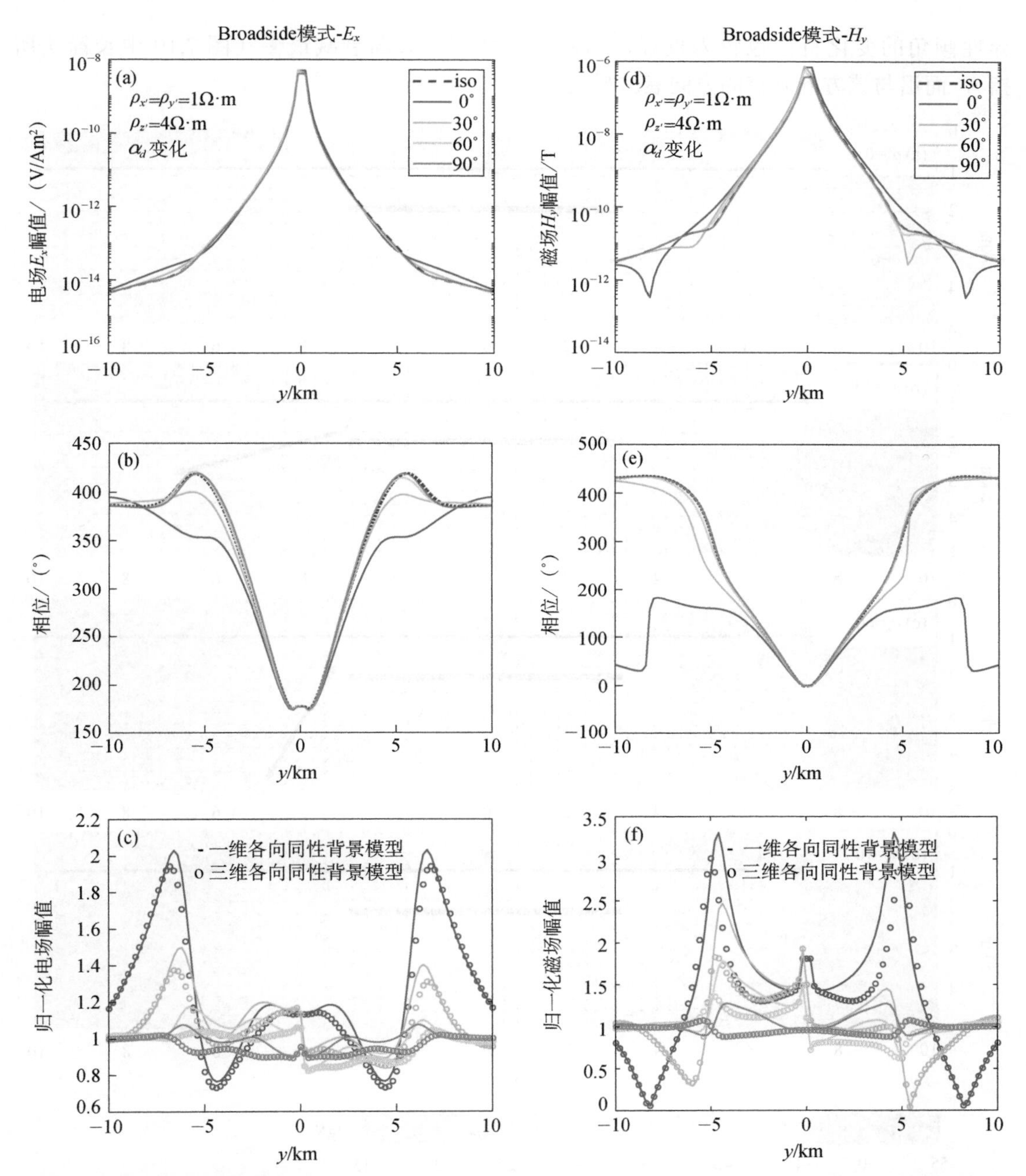

图 7.9　围岩各向异性倾角分别为 0°、30°、60°和 90°时 Broadside 模式下水平电场分量 E_x（左）和水平磁场分量 H_y（右）曲线

振幅：(a)、(d)；相位：(b)、(e)；基于一维各向同性背景模型和三维各向同性模型的归一化振幅：(c)、(f)

同样的，通过计算时间平均波印廷矢量对电磁能量进行可视化分析，解释不同倾斜各向异性围岩模型的电磁场响应特征。图 7.10 展示了各向异性倾角 α_d 分别为 0°、30°、60°和 90°时 (y,z) 垂直断面（x=0）内 Inline 模式下的时间平均波印廷矢量。从图 7.10 中可清楚的观察到电磁能量分布的非对称性（$\alpha_d=0°$ 和 $\alpha_d=90°$ 除外）。电磁能量的分布随各向

异性倾角的变化特征也较为直观，沿各向异性倾斜方向衰减最慢（图 7.10 中长箭头所指），而沿与该方向垂直的方向衰减最快。

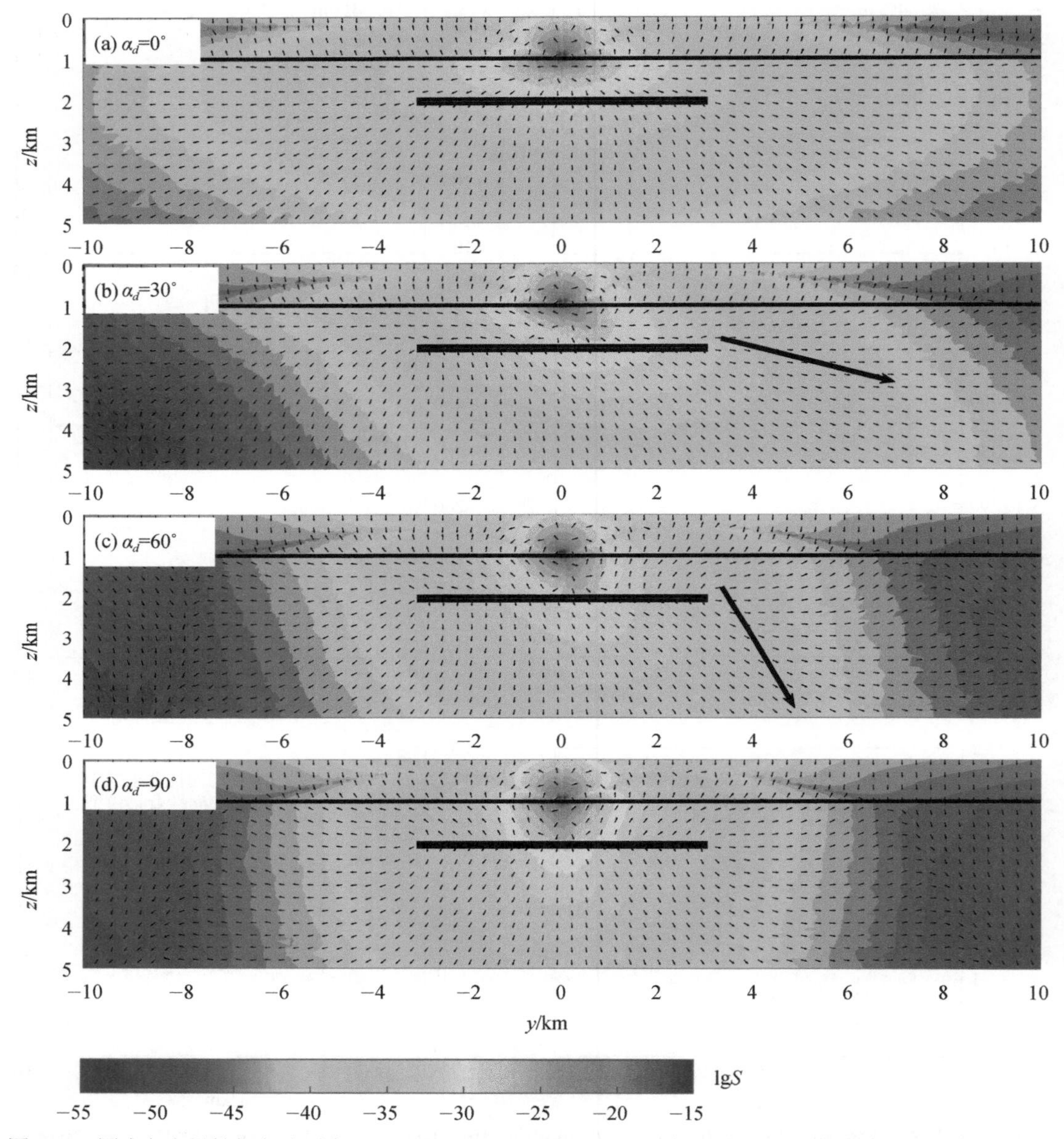

图 7.10 围岩各向异性倾角分别为 0°、30°、60°和 90°时（y, z）垂直断面（x=0）上的时间平均波印廷矢量

颜色和箭头分别表示电磁能量强度的对数和流向

7.7 本章小结

本章所述三维电阻率任意各向异性介质海洋可控源电磁场矢量有限元数值模拟方法有

如下特点：采用一次场和二次场分离的方法，避免了电偶极源点奇异性，提高了场源及其附近电磁场数值解的精度；采用矢量棱边元消除传统节点有限元法存在的伪解问题，提高了三维电磁场数值解精度；采用完全非结构四面体网格，可以模拟复杂地电模型，并采用基于后验误差估计的自适应网格细化技术指导网格细化，减少手动网格剖分带来的误差或不必要的计算量，确保在合理的网格数量和计算资源下获得满足精度要求的数值解。

模型模拟结果表明，海底围岩各向异性对 Inline 模式和 Broadside 模式海洋 CSEM 响应均有影响，但影响程度不同，即各向异性对海洋 CSEM 响应的影响程度与电偶源的取向有关；围岩方位各向异性和倾斜各向异性对海洋 CSEM 响应的影响规律不同；围岩倾斜各向异性对垂向剖面上电磁场分布有显著影响，而围岩方位各向异性对水平面上电磁场分布有重要影响。在解释海洋 CSEM 资料时，电阻率各向异性的影响不应被忽略，否则可能会得到错误的高阻储层模型。

第 8 章　二维和三维电阻率各向异性介质直流电场有限元正演

直流电阻率法是最古老的地球物理方法之一，已广泛应用于矿产资源勘查和水文、地质工程、环境地质调查以及地热探测等领域。沉积岩具有明显的层理构造，变质岩具有片理构造，在应力作用下岩石发生破裂而形成裂缝，这使得地下岩石的电阻率常常呈现出随空间方位不同而异的特征。在直流电阻率各向异性数值模拟算法研究方面，国内外学者已经取得了一定的研究成果。Wait（1990）、Li 和 Uren（1997）和 Pervago 等（2006）推导出了一维层状电阻率各向异性介质点电源电位的解析解，徐世浙（1988）、Verner 和 Pek（1998）分别利用有限单元法和有限差分法模拟二维电阻率各向异性介质直流电场。Yan 等（2016）实现了二维电阻率各向异性自适应有限元数值模拟，Li 和 Spitzer（2005）实现了三维直流电阻率任意各向异性有限元正演算法，Wang 等（2013）基于非结构四面体网格有限元法实现了三维直流电阻率任意各向异性正演。

在这一章中，我们首先给出电阻率各向异性均匀大地点电源的电位表达式，然后介绍二维和三维电阻率各向异性介质直流电场有限元数值模拟方法。

8.1　电阻率各向异性均匀大地的点电源电场

在电阻率各向同性介质中，根据欧姆定律，电流密度矢量 $\boldsymbol{j}$ 与电场强度矢量 $\boldsymbol{E}$ 在数量上成正比，且两者方向相同：

$$\boldsymbol{j} = \sigma \boldsymbol{E} \tag{8.1}$$

式中，σ 为电导率，它是观测点坐标的函数。

电场可以表示为电位 $v(x,y,z)$ 的负梯度，即

$$\boldsymbol{E}(x,y,z) = -\nabla v(x,y,z) \tag{8.2}$$

在导电介质中，稳定电流场除场源外任何一点的电流密度矢量 $\boldsymbol{j}$ 的散度恒等于零

$$\nabla \cdot \boldsymbol{j} = 0 \tag{8.3}$$

对于各向同性介质，由式（8.1）、式（8.2）和式（8.3），可得

$$\nabla \cdot (\sigma \nabla v) = 0 \tag{8.4}$$

或者

$$\nabla\sigma\cdot\nabla v+\sigma\nabla^2 v=0 \tag{8.5}$$

上式为直流电法的基本方程。如果导电介质是均匀的，即电导率σ是一个常数，则偏微分方程（8.5）简化为

$$\nabla^2 v=0 \tag{8.6}$$

上式表明，在均匀各向同性介质中，稳定直流场的电位满足拉普拉斯方程。

在电阻率各向异性介质中，电流密度矢量 $\boldsymbol{j}$ 与电场强度矢量 $\boldsymbol{E}$ 之间的关系遵循广义欧姆定律

$$\boldsymbol{j}=\underline{\underline{\sigma}}\boldsymbol{E}=\underline{\underline{\rho}}^{-1}\boldsymbol{E} \tag{8.7}$$

式中，$\underline{\underline{\sigma}}$ 和 $\underline{\underline{\rho}}$ 分别是电导率张量和电阻率张量。

在直角坐标系(x,y,z)中，上式左边等式可以写成为

$$\begin{cases} j_x=\sigma_{xx}E_x+\sigma_{xy}E_y+\sigma_{xz}E_z \\ j_y=\sigma_{yx}E_x+\sigma_{yy}E_y+\sigma_{yz}E_z \\ j_z=\sigma_{zx}E_x+\sigma_{zy}E_y+\sigma_{zz}E_z \end{cases} \tag{8.8}$$

借助于欧拉旋转，直角坐标系(x,y,z)中的电导率张量和电阻率张量可以转换到主轴坐标系(x',y',z')。在主轴坐标系中，电导率张量$\underline{\underline{\sigma}}'$和电阻率张量$\underline{\underline{\rho}}'$具有下列形式

$$\underline{\underline{\sigma}}'=\begin{pmatrix} \sigma_{x'} & 0 & 0 \\ 0 & \sigma_{y'} & 0 \\ 0 & 0 & \sigma_{z'} \end{pmatrix},\quad \underline{\underline{\rho}}'=\begin{pmatrix} \rho_{x'} & 0 & 0 \\ 0 & \rho_{y'} & 0 \\ 0 & 0 & \rho_{z'} \end{pmatrix},\quad \underline{\underline{\sigma}}'=\underline{\underline{\rho}}'^{-1} \tag{8.9}$$

式中，$\sigma_{x'}$、$\sigma_{y'}$、$\sigma_{z'}$分别为主轴方向x'、y'和z'上的电导率，$\rho_{x'}$、$\rho_{y'}$、$\rho_{z'}$为主轴电阻率。

在主轴坐标系（x',y',z'）中，方程（8.8）简化为

$$\begin{cases} j_{x'}=\sigma_{x'}E_{x'} \\ j_{y'}=\sigma_{y'}E_{y'} \\ j_{z'}=\sigma_{z'}E_{z'} \end{cases} \tag{8.10}$$

在主轴坐标系中，对于均匀各向异性介质，连续性方程（8.3）可以表示成为

$$\sigma_{x'}\frac{\partial^2 v}{\partial x'^2}+\sigma_{y'}\frac{\partial^2 v}{\partial y'^2}+\sigma_{z'}\frac{\partial^2 v}{\partial z'^2}=0 \tag{8.11}$$

选择一个新坐标系（ξ,η,ζ），使得

$$\xi=\frac{1}{\sqrt{\sigma_{x'}}}x',\quad \eta=\frac{1}{\sqrt{\sigma_{y'}}}y',\quad \zeta=\frac{1}{\sqrt{\sigma_{z'}}}z' \tag{8.12}$$

则，偏微分方程（8.11）简化成为拉普拉斯方程

$$\frac{\partial^2 v}{\partial \xi^2}+\frac{\partial^2 v}{\partial \eta^2}+\frac{\partial^2 v}{\partial \zeta^2}=0 \tag{8.13}$$

上述偏微分方程的通解为

$$v=\frac{c}{\sqrt{\xi^2+\eta^2+\zeta^2}} \tag{8.14}$$

式中，c 为待定常数。将式（8.12）代入上式，偏微分方程（8.11）的通解可以表示为

$$v=\frac{c}{\sqrt{\dfrac{x'^2}{\sigma_{x'}}+\dfrac{y'^2}{\sigma_{y'}}+\dfrac{z'^2}{\sigma_{z'}}}}=\frac{c}{\sqrt{\rho_{x'}x'^2+\rho_{y'}y'^2+\rho_{z'}z'^2}} \tag{8.15}$$

式中，$\rho_{x'}=1/\sigma_{x'}$，$\rho_{y'}=1/\sigma_{y'}$，$\rho_{z'}=1/\sigma_{z'}$ 分别为主轴方向 x'、y' 和 z' 上的电阻率，它们通常称为主轴电阻率。

由方程（8.15）可知，等势面方程为

$$\rho_{x'}x'^2+\rho_{y'}y'^2+\rho_{z'}z'^2=k^2 \tag{8.16}$$

此为椭球体，该椭球体的轴与电阻率各向异性介质的主轴一致。

三个主轴方向上的电流密度可以表示为

$$\begin{cases} j_{x'}=-\dfrac{1}{\rho_{x'}}\dfrac{\partial v}{\partial x'}=\dfrac{cx'}{(\rho_{x'}x'^2+\rho_{y'}y'^2+\rho_{z'}z'^2)^{\frac{3}{2}}} \\ j_{y'}=-\dfrac{1}{\rho_{y'}}\dfrac{\partial v}{\partial y'}=\dfrac{cy'}{(\rho_{x'}x'^2+\rho_{y'}y'^2+\rho_{z'}z'^2)^{\frac{3}{2}}} \\ j_{z'}=-\dfrac{1}{\rho_{z'}}\dfrac{\partial v}{\partial z'}=\dfrac{cz'}{(\rho_{x'}x'^2+\rho_{y'}y'^2+\rho_{z'}z'^2)^{\frac{3}{2}}} \end{cases} \tag{8.17}$$

上述方程满足下列关系式

$$\frac{j_{x'}}{x'}=\frac{j_{y'}}{y'}=\frac{j_{z'}}{z'} \tag{8.18}$$

这意味着电流线是从点电源处指向四周不同方向的直线，这与电阻率各向同性情形下一样。

由式（8.17）知，总的电流密度为

$$\boldsymbol{j}=(j_{x'}^2+j_{y'}^2+j_{z'}^2)^{\frac{1}{2}}=\frac{c(x'^2+y'^2+z'^2)^{\frac{1}{2}}}{(\rho_{x'}x'^2+\rho_{y'}y'^2+\rho_{z'}z'^2)^{\frac{3}{2}}} \tag{8.19}$$

为了求得常数 c，我们以点电源为中心构造一个半径为 R 的球体，计算从该球体表面流出的总电流。这显然等于点电源处的总电流。于是，有

$$\boldsymbol{I}=\oint_S \boldsymbol{j}\mathrm{d}s=\int_0^{2\pi}\int_0^{\pi}\boldsymbol{j}R^2\sin\theta\mathrm{d}\theta\mathrm{d}\phi \tag{8.20}$$

式中

$$R^2=x'^2+y'^2+z'^2,\quad x'=R\sin\theta\cos\phi,\quad y'=R\sin\theta\sin\phi,\quad z'=R\cos\theta \tag{8.21}$$

将式（8.19）和式（8.21）代入式（8.20），并计算定积分，得

$$
\begin{aligned}
\boldsymbol{I} &= c\int_0^{2\pi}\mathrm{d}\phi\int_0^{\pi}\frac{\sin\theta\mathrm{d}\theta}{(\rho_{x'}\sin^2\theta\cos^2\phi+\rho_{y'}\sin^2\theta\sin^2\phi+\rho_{z'}\cos^2\theta)^{\frac{3}{2}}} \\
&= \frac{4\pi c}{\sqrt{\rho_{x'}\rho_{y'}\rho_{z'}}}
\end{aligned} \tag{8.22}
$$

从而，得

$$
c = \frac{\boldsymbol{I}\sqrt{\rho_{x'}\rho_{y'}\rho_{z'}}}{4\pi} \tag{8.23}
$$

将式（8.23）代入式（8.15），得

$$
v = \frac{\boldsymbol{I}}{4\pi}\frac{\sqrt{\rho_{x'}\rho_{y'}\rho_{z'}}}{\sqrt{\rho_{x'}x'^2+\rho_{y'}y'^2+\rho_{z'}z'^2}} \tag{8.24}
$$

或者

$$
v = \frac{\boldsymbol{I}}{4\pi}\frac{\sqrt{\rho_{x'}\rho_{y'}\rho_{z'}}}{\sqrt{B}} \tag{8.25}
$$

式中

$$
B = \rho_{x'}x'^2+\rho_{y'}y'^2+\rho_{z'}z'^2 \tag{8.26}
$$

上式可以写成如下矩阵形式

$$
B = \begin{pmatrix} x' & y' & z' \end{pmatrix}\begin{pmatrix} \rho_{x'} & 0 & 0 \\ 0 & \rho_{y'} & 0 \\ 0 & 0 & \rho_{z'} \end{pmatrix}\begin{pmatrix} x' \\ y' \\ z' \end{pmatrix} \tag{8.27}
$$

在得到主轴电阻率各向异性均匀大地中点电源的电位表达式（8.25）后，借助于欧拉旋转可以得到电阻率任意各向异性均匀大地中的电位表达式。经过欧拉旋转后，主轴坐标系（x',y',z'）变成坐标系（x,y,z），主轴电阻率张量$\underline{\underline{\rho'}}$变成电阻率张量$\underline{\underline{\rho}}$。从而可得

$$
\begin{aligned}
B &= \begin{pmatrix} x & y & z \end{pmatrix}\begin{pmatrix} \rho_{xx} & \rho_{xy} & \rho_{xz} \\ \rho_{yx} & \rho_{yy} & \rho_{yz} \\ \rho_{zx} & \rho_{zy} & \rho_{zz} \end{pmatrix}\begin{pmatrix} x \\ y \\ z \end{pmatrix} \\
&= \rho_{xx}x^2+\rho_{yy}y^2+\rho_{zz}z^2+2\rho_{xy}xy+2\rho_{xz}xz+2\rho_{yz}yz
\end{aligned} \tag{8.28}
$$

这里，ρ_{xx}，ρ_{xy}，…，ρ_{zz}为均匀各向异性大地电阻率张量的 6 个元素。用式（8.28）替换式（8.25）中的B，即可得到点电源在电阻率任意各向异性大地中产生的电位。对于电阻率各向同性介质，$\rho_{x'}=\rho_{y'}=\rho_{z'}=\rho$，电位$v=\boldsymbol{I}\rho/4\pi R$。

现在，让我们假定电流强度为$\boldsymbol{I}$的点电源位于水平地表面上，地下介质是均匀的，但其电阻率是各向异性的。并假定地表以上的空气层是完全绝缘的，在空气中电流密度为零。地下半空间中地位和电流密度的表达式仍如式（8.15）和式（8.19）所示，但式中的常数c需要按照如下方法确定。在下半空间中，构造一个以点电源点为中心半径为R的半球体，计算流出该半球体表面的总电流，即用下式替换式（8.20）

$$I = \oint_S j\mathrm{d}s = \int_0^{2\pi}\int_0^{\pi/2} jR^2 \sin\theta \mathrm{d}\theta \mathrm{d}\phi \tag{8.29}$$

类似地，计算上述二维面积分，可得

$$c = \frac{I\sqrt{\rho_{x'}\rho_{y'}\rho_{z'}}}{2\pi} \tag{8.30}$$

由此可得，当点电源位于地表面时，主轴电阻率各向异性均匀大地中的电位表达式为

$$v = \frac{I}{2\pi}\frac{\sqrt{\rho_{x'}\rho_{y'}\rho_{z'}}}{\sqrt{\rho_{x'}x'^2 + \rho_{y'}y'^2 + \rho_{z'}z'^2}} \tag{8.31}$$

电阻率任意各向异性均匀大地中的电位表达式为

$$v = \frac{I}{2\pi}\frac{\sqrt{\rho_{x'}\rho_{y'}\rho_{z'}}}{\sqrt{B}} \tag{8.32}$$

这里 B 的表达式如式（8.28）所示。

8.2 二维电阻率各向异性介质直流电场正演

8.2.1 二维直流电场边值问题

考虑一个电阻率各向异性二维地电模型。采用笛卡儿直角坐标系，x 轴平行构造走向，z 轴正向垂直指向地下。假设电流强度为 I 的点电源位于地表面 A 点，其坐标为（$x_A, y_A, 0$），则电流连续性方程可以表示为

$$\nabla \cdot \boldsymbol{j}(x,y,z) = I\delta(x-x_A)\delta(y-y_A)\delta(z) \tag{8.33}$$

将式（8.2）和式（8.7）代入式（8.33），得

$$\nabla \cdot (\underline{\underline{\sigma}}(y,z)\nabla v(x,y,z)) = -I\delta(x-x_A)\delta(y-y_A)\delta(z) \tag{8.34}$$

或者

$$\begin{aligned}&\frac{\partial}{\partial y}(\sigma_{yy}\frac{\partial v}{\partial y}+\sigma_{yz}\frac{\partial v}{\partial z})+\frac{\partial}{\partial z}(\sigma_{zy}\frac{\partial v}{\partial y}+\sigma_{zz}\frac{\partial v}{\partial z})+\frac{\partial}{\partial x}(\sigma_{xx}\frac{\partial v}{\partial x}+\sigma_{xy}\frac{\partial v}{\partial y}+\sigma_{xz}\frac{\partial v}{\partial z})\\&+\frac{\partial}{\partial y}(\sigma_{yx}\frac{\partial v}{\partial x})+\frac{\partial}{\partial z}(\sigma_{zx}\frac{\partial v}{\partial x}) = -I\delta(x-x_A)\delta(y-y_A)\delta(z)\end{aligned} \tag{8.35}$$

上式是二维电阻率各向异性构造中点电源电位所满足的偏微分方程。

虽然地电模型是二维的，但电位偏微分方程（8.35）是三维的。对于电位 $v(x,y,z)$ 在走向方向 x 进行傅里叶变换

$$V(k,y,z) = \int_{-\infty}^{+\infty} v(x,y,z)e^{-ikx}\mathrm{d}x \tag{8.36}$$

可以将偏微分方程（8.35）转换为二维偏微分方程：

$$\nabla \cdot \left(\underline{\underline{\tau}}\nabla V\right) - \sigma_{xx}k^2V + ik\left(\sigma_{xy}\frac{\partial V}{\partial y}+\sigma_{xz}\frac{\partial V}{\partial z}\right) + ik\nabla \cdot \boldsymbol{p} = -I\delta(y-y_A)\delta(z)e^{-ikx_A} \tag{8.37}$$

式中

$$\underline{\underline{\tau}} = \begin{pmatrix} \sigma_{yy} & \sigma_{yz} \\ \sigma_{zy} & \sigma_{zz} \end{pmatrix}, \qquad \boldsymbol{p} = \sigma_{xy} V \boldsymbol{n}_y + \sigma_{xz} V \boldsymbol{n}_z \tag{8.38}$$

这里 k 表示沿走向方向 x 的波数，$\boldsymbol{n}_y$ 和 $\boldsymbol{n}_z$ 分别表示沿 y 轴和 z 轴的单位矢量。

为了求解偏微分方程（8.37），需要利用下列边界条件。

1. 内边界条件

在两种不同导电介质的分界面 Γ_I 上，电位 v 连续。在空间（x, y, z）和波数域（k_x, y, z）中，电位连续性条件可以分别表示成为

$$v_1(x, y, z) = v_2(x, y, z) \qquad \in \Gamma_I \tag{8.39}$$

和

$$V_1(k, y, z) = V_2(k, y, z) \qquad \in \Gamma_I \tag{8.40}$$

利用式（8.2），广义欧姆定律（8.7）可以写成为

$$\boldsymbol{j}(x, y, z) = -\left(\sigma_{xx}\frac{\partial v}{\partial x} + \sigma_{xy}\frac{\partial v}{\partial y} + \sigma_{xz}\frac{\partial v}{\partial z}\right)\boldsymbol{n}_x - \frac{\partial}{\partial x}(\sigma_{yx} v \boldsymbol{n}_y + \sigma_{zx} v \boldsymbol{n}_z) - \underline{\underline{\tau}}\nabla_2 v \tag{8.41}$$

式中，$\boldsymbol{n}_x$ 表示沿 x 轴的单位矢量，$\nabla_2 = \left(\frac{\partial}{\partial y}, \frac{\partial}{\partial z}\right)$。

利用式（8.36），将广义欧姆定律（8.41）转换到波数域

$$\boldsymbol{J}(k, y, z) = -ik\sigma_{xx} V \boldsymbol{n}_x - \left(\sigma_{xy}\frac{\partial V}{\partial y} + \sigma_{xz}\frac{\partial V}{\partial z}\right)\boldsymbol{n}_x - ik\boldsymbol{p} - \underline{\underline{\tau}}\nabla_2 V \tag{8.42}$$

在两种不同导电介质的分界面 Γ_I 上，电流密度的法向分量连续。

2. 外边界条件

在地表面 Γ_s 上，电流密度法向分量等于零，即有

$$\boldsymbol{J}(k, y, z) \cdot \boldsymbol{n} = 0, \qquad \in \Gamma_s \tag{8.43}$$

式中，$\boldsymbol{n}$ 表示边界面的外法向方向单位矢量。

将式（8.42）代入式（8.43），得

$$ik\boldsymbol{p} \cdot \boldsymbol{n} + \underline{\underline{\tau}}\frac{\partial V}{\partial \boldsymbol{n}} = 0, \qquad \in \Gamma_s \tag{8.44}$$

这是二维电阻率各向异性情形下波数域电流密度法向分量在地表面上的边界条件表达式。

在模拟域外边界 Γ_∞ 上，我们采用混合边界条件。Dey 和 Morrison（1979）给出了电阻率各向同性介质中的电位混合边界条件。Li 和 Spitzer（2005）导出了电阻率各向异性介质中的电位混合边界条件。

下面，我们将从电阻率任意各向异性均匀半空间中点电源电位表达式出发，推导出波数域电位混合边界条件表达式。

在 8.1 节中，我们已经导出了位于地面上的点电源在电阻率各向异性均匀大地中的电位表达式，即式（8.32）。需要指出的是，当时我们假定点电源 A 位于坐标原点处，而在这里它位于地面 $(x_A, y_A, 0)$ 处，故式（8.32）中 B 变成为

$$B(x,y,z)=\rho_{xx}(x-x_A)^2+\rho_{yy}(y-y_A)^2+\rho_{zz}z^2 \\ +2\rho_{xy}(x-x_A)(y-y_A)+2\rho_{xz}(x-x_A)z+2\rho_{yz}(y-y_A)z \tag{8.45}$$

经过一些代数运算后，式（8.45）可以改写成为

$$B(x,y,z)=\rho_{xx}(x+c_2)^2+c_1 \tag{8.46}$$

式中

$$\begin{cases} c_1=\rho_{xx}x_A^2+\rho_{yy}(y-y_A)^2+\rho_{zz}z^2+2x_A\left[\rho_{xy}(y_A-y)-\rho_{xz}z\right]+2\rho_{yz}(y-y_A)z-c_2^2\rho_{xx} \\ c_2=\dfrac{\rho_{xy}(y-y_A)+\rho_{xz}z-\rho_{xx}x_A}{\rho_{xx}} \end{cases}$$

将式（8.45）代入式（8.25），并利用式（8.36），可得到波数域电位表达式

$$V(k,y,z)=\frac{\boldsymbol{I}\sqrt{\rho_{x'}\rho_{y'}\rho_{z'}}}{2\pi\sqrt{\rho_{xx}}}K_0\left(k\sqrt{\frac{c_1}{\rho_{xx}}}\right)e^{ikc_2} \tag{8.47}$$

式中，$K_0\left(k\sqrt{\frac{c_1}{\rho_{xx}}}\right)$为第二类零阶修正贝塞尔函数。

利用式（8.47），可以计算得到波数域电位的偏导数$\frac{\partial V}{\partial y}$和$\frac{\partial V}{\partial z}$。经过一些代数运算后，可以得到波数域混合边界条件，其表达式为（Yan et al.，2016）

$$\frac{\partial V}{\partial y}+(\rho_{yy}|y-y_A|+\rho_{yz}|z|-\rho_{xy}x_A-c\rho_{xy})\beta_1 kV-ik\frac{\rho_{xy}}{\rho_{xx}}V=0, \quad \in\Gamma_\infty \tag{8.48}$$

$$\frac{\partial V}{\partial z}+(\rho_{zz}|z|+\rho_{yz}|y-y_A|-\rho_{xz}x_A-c\rho_{xz})\beta_1 kV-ik\frac{\rho_{xz}}{\rho_{xx}}V=0, \quad \in\Gamma_\infty \tag{8.49}$$

式中

$$\begin{cases} c=\dfrac{\rho_{xy}|y-y_A|+\rho_{xz}|z|-\rho_{xx}x_A}{\rho_{xx}} \\ \beta_1=\dfrac{K_1\left(k\sqrt{\frac{c_1}{\rho_{xx}}}\right)}{K_0\left(k\sqrt{\frac{c_1}{\rho_{xx}}}\right)}\dfrac{1}{\sqrt{\rho_{xx}c_1}} \end{cases}$$

这里，$K_1\left(k\sqrt{\frac{c_1}{\rho_{xx}}}\right)$为第二类一阶修正贝塞尔函数。

8.2.2 有限单元法

我们利用有限元法计算二维电阻率任意各向异性介质直流电场边值问题的数值解。下面，我们首先建立加权余量方程。为此，将方程（8.37）乘以波数域电位的任意变分δV，并在模拟区域Ω上积分

$$\int_\Omega [\nabla\cdot(\underline{\underline{\tau}}\nabla V)-\sigma_{xx}k^2V]\delta V\mathrm{d}\Omega+ik\int_\Omega\left[\nabla\cdot\boldsymbol{p}+\left(\sigma_{xy}\frac{\partial V}{\partial y}+\sigma_{xz}\frac{\partial V}{\partial z}\right)\right]\delta V\mathrm{d}\Omega$$
$$=-\int_\Omega \boldsymbol{I}\delta(y-y_A)\delta(z)e^{-ikx_A}\delta V\mathrm{d}\Omega \tag{8.50}$$

利用高斯公式

$$\int_\Omega \nabla\cdot\boldsymbol{u}v\mathrm{d}\Omega=\int_\Gamma \boldsymbol{u}\cdot\boldsymbol{n}v\mathrm{d}\Gamma-\int_\Omega \boldsymbol{u}\cdot\nabla v\mathrm{d}\Omega \tag{8.51}$$

方程（8.50）可以改写成为

$$\int_\Omega(\underline{\underline{\tau}}\nabla V\cdot\nabla\delta V+\sigma_{xx}k^2V\delta V)\mathrm{d}\Omega+ik\int_\Omega\left[\boldsymbol{p}\cdot\nabla\delta V-\left(\frac{\partial(\sigma_{xy}V)}{\partial y}+\frac{\partial(\sigma_{xz}V)}{\partial z}\right)\delta V\right]\mathrm{d}\Omega+\oint_\Gamma \boldsymbol{J}_n\delta V\mathrm{d}\Gamma$$
$$=\int_\Omega \boldsymbol{I}\delta(y-y_A)\delta(z)e^{-ikx_A}\delta V\mathrm{d}\Omega \tag{8.52}$$

式中，$\Gamma=\Gamma_s+\Gamma_\infty$ 为模拟区域 Ω 的边界，$\boldsymbol{J}_n=-ik\boldsymbol{p}\cdot\boldsymbol{n}-\underline{\underline{\tau}}\dfrac{\partial V}{\partial\boldsymbol{n}}$ 为电流密度的法向分量。

将模拟区域 Ω 剖分成 n_e 个三角形单元，于是方程（8.52）的积分转换为各个单元积分之和

$$\sum_{e=1}^{n_e}\int_e(\underline{\underline{\tau}}\nabla V\cdot\nabla\delta V+\sigma_{xx}k^2V\delta V)\mathrm{d}\Omega$$
$$+\sum_{e=1}^{n_e}\int_e ik\left[\boldsymbol{p}\cdot\nabla\delta V-\left(\frac{\partial(\sigma_{xy}V)}{\partial y}+\frac{\partial(\sigma_{xz}V)}{\partial z}\right)\delta V\right]\mathrm{d}\Omega+\sum_{\Gamma_\infty}\int_{\Gamma_e}\boldsymbol{J}_n\delta V\mathrm{d}\Gamma \tag{8.53}$$
$$=\boldsymbol{I}\int_{\Omega_A}\delta(y-y_A)\delta(z)e^{-ikx_A}\delta V\mathrm{d}\Omega$$

式中，Γ_e 表示三角形单元 e 的某条边落在模拟区域外边界 Γ_∞ 上，Ω_A 为包含点电源的三角形单元面积。在推导上式时，我们已经使用了边界条件。在地表上，电流密度的法向分量为零，故上式中不包含地表 Γ_s 上的线积分。在内边界上，电流密度的法向分量 $\boldsymbol{J}_n$ 连续，即属于自然边界条件，故也不包含内边界的线积分。于是，上式中只有模拟区域无穷远边界 Γ_∞ 上的线积分。

在三角形单元内，假定波数域电位是 y 和 z 的线性函数，并可近似为

$$V=\sum_{i=1}^{3}N_iV_i \tag{8.54}$$

式中，V_i（$i=1,2,3$）为三角形单元第 i 个顶点处的波数域电位。N_i（$i=1,2,3$）是三角形单元的线性形函数，即式（2.40）。

现在，我们计算单元矩阵。方程（8.53）左边第 1 个面积分为

$$\int_e\left(\underline{\underline{\tau}}\nabla V\cdot\nabla\delta V+\sigma_{xx}k^2V\delta V\right)\mathrm{d}\Omega=\delta\boldsymbol{V}_e^{\mathrm{T}}\boldsymbol{K}_{1e}\boldsymbol{V}_e \tag{8.55}$$

式中，$\boldsymbol{V}_e=(V_1,V_2,V_3)^{\mathrm{T}}$，$\delta\boldsymbol{V}_e=(\delta V_1,\delta V_2,\delta V_3)^{\mathrm{T}}$，$\boldsymbol{K}_{1e}$ 是一个 3×3 的实数对称矩阵，其元素为

$$\boldsymbol{K}_{1e}=\frac{1}{4\Delta}\begin{pmatrix}\alpha_1a_1+\beta_1b_1+2\alpha & \alpha_1a_2+\beta_1b_2+\alpha & \alpha_1a_3+\beta_1b_3+\alpha\\ \alpha_1a_2+\beta_1b_2+\alpha & \alpha_2a_2+\beta_2b_2+2\alpha & \alpha_2a_3+\beta_2b_3+\alpha\\ \alpha_1a_3+\beta_1b_3+\alpha & \alpha_2a_3+\beta_2b_3+\alpha & \alpha_3a_3+\beta_3b_3+2\alpha\end{pmatrix}$$

其中

$$\alpha_1=\sigma_{yy}a_1+\sigma_{zy}b_1,\qquad \alpha_2=\sigma_{yy}a_2+\sigma_{zy}b_2,\qquad \alpha_3=\sigma_{yy}a_3+\sigma_{zy}b_3$$

$$\beta_1=\sigma_{yz}a_1+\sigma_{zz}b_1,\qquad \beta_2=\sigma_{yz}a_2+\sigma_{zz}b_2,\qquad \beta_3=\sigma_{yz}a_3+\sigma_{zz}b_3$$

$$\alpha=\frac{\sigma_{xx}k^2\Delta^2}{3}$$

这里 Δ 为三角形单元的面积，a_i、b_i $(i=1,2,3)$ 为三角形单元顶点坐标有关的函数，其表达式已在 2.4 节给出。

方程（8.53）左边第 2 个面积分为

$$ik\int_e\left(\boldsymbol{p}\cdot\nabla\delta V-\left(\sigma_{xy}\frac{\partial V}{\partial y}+\sigma_{xz}\frac{\partial V}{\partial z}\right)\delta V\right)\mathrm{d}\Omega=i\delta\boldsymbol{V}_e^{\mathrm{T}}\boldsymbol{K}_{2e}\boldsymbol{V}_e \tag{8.56}$$

式中，$\boldsymbol{K}_{2e}$ 是一个 3×3 是实数反对称矩阵，其元素为

$$\boldsymbol{K}_{2e}=\frac{k}{6}\begin{pmatrix}0 & \sigma_{xy}(a_1-a_2)+\sigma_{xz}(b_1-b_2) & \sigma_{xy}(a_1-a_3)+\sigma_{xz}(b_1-b_3)\\ -\sigma_{xy}(a_1-a_2)-\sigma_{xz}(b_1-b_2) & 0 & \sigma_{xy}(a_2-a_3)+\sigma_{xz}(b_2-b_3)\\ -\sigma_{xy}(a_1-a_3)-\sigma_{xz}(b_1-b_3) & -\sigma_{xy}(a_2-a_3)-\sigma_{xz}(b_2-b_3) & 0\end{pmatrix} \tag{8.57}$$

方程（8.53）左端最后一项为模拟区域外边界 Γ_∞ 上的线积分。假定三角形单元的 $\overline{12}$ 边落在 Γ_∞ 上，且波数域电位在边 $\overline{12}$ 上线性变化，并可近似为

$$V=N_1V_1+N_2V_2 \tag{8.58}$$

式中，N_1 和 N_2 为一维线性单元上的形函数，其表达式参见式（2.29）。

$$\begin{aligned}&\int_{\overline{12}}\left(-ik\boldsymbol{p}\cdot\boldsymbol{n}-\underline{\underline{\tau}}\frac{\partial V}{\partial \boldsymbol{n}}\right)\delta V\mathrm{d}\Gamma\\ &=\int_{\overline{12}}[-ik(\sigma_{xy}V\cos(\boldsymbol{n},\boldsymbol{n}_y)+\sigma_{xz}V\cos(\boldsymbol{n},\boldsymbol{n}_z))]\delta V\mathrm{d}\Gamma\\ &\quad-\int_{\overline{12}}\left[\left(\sigma_{yy}\frac{\partial V}{\partial y}+\sigma_{yz}\frac{\partial V}{\partial z}\right)\cos(\boldsymbol{n},\boldsymbol{n}_y)+\left(\sigma_{zy}\frac{\partial V}{\partial y}+\sigma_{zz}\frac{\partial V}{\partial z}\right)\cos(\boldsymbol{n},\boldsymbol{n}_z)\right]\delta V\mathrm{d}\Gamma\\ &=-\int_{\overline{12}}ik\left[\left(\sigma_{xy}+\sigma_{yy}\frac{\rho_{xy}}{\rho_{xx}}+\sigma_{yz}\frac{\rho_{xz}}{\rho_{xx}}\right)\cos(\boldsymbol{n},\boldsymbol{n}_y)+\left(\sigma_{xz}+\sigma_{zy}\frac{\rho_{xy}}{\rho_{xx}}+\sigma_{zz}\frac{\rho_{xz}}{\rho_{xx}}\right)\cos(\boldsymbol{n},\boldsymbol{n}_z)\right]V\delta V\mathrm{d}\Gamma\\ &\quad+\int_{\overline{12}}[\sigma_{yy}\cos(\boldsymbol{n},\boldsymbol{n}_y)+\sigma_{zy}\cos(\boldsymbol{n},\boldsymbol{n}_z)](\rho_{yy}|y-y_A|+\rho_{yz}|z|-\rho_{xy}x_A-C\rho_{xy})\beta_1kV\delta V\mathrm{d}\Gamma\\ &\quad+\int_{\overline{12}}[\sigma_{yz}\cos(\boldsymbol{n},\boldsymbol{n}_y)+\sigma_{zz}\cos(\boldsymbol{n},\boldsymbol{n}_z)](\rho_{zz}|z|+\rho_{yz}|y-y_A|-\rho_{xz}x_A-C\rho_{xz})\beta_1kV\delta V\mathrm{d}\Gamma\end{aligned} \tag{8.59}$$

在推导上式的过程中，我们利用了模拟区域的外边界条件，即式（8.48）和式（8.49）。

外边界上线段 $\overline{12}$ 的线积分可以近似为

$$\int_{\overline{12}}\left(-ik\boldsymbol{p}\cdot\boldsymbol{n}-\underline{\underline{\tau}}\frac{\partial V}{\partial \boldsymbol{n}}\right)\delta V\mathrm{d}\Gamma=\delta\boldsymbol{V}_e^{\mathrm{T}}\boldsymbol{K}_{3e}\boldsymbol{V}_e \tag{8.60}$$

式中，$\boldsymbol{K}_{3e}$ 是一个 3×3 对称矩阵，该矩阵只有 4 个元素为非零元素，它们是 k_{11}、k_{12}、

k_{21}、k_{22}。当三角形单元的边$\overline{13}$和边$\overline{23}$落在Γ_∞上时，可以采用类似方法计算线积分。

方程（8.53）右边包含点电源三角形单元的面积分可以近似为

$$\boldsymbol{I}\int_{\Omega_A}\delta(y-y_A)\delta(z)e^{-ikx_A}\delta V\mathrm{d}\Omega=\delta\boldsymbol{V}_e^{\mathrm{T}}\boldsymbol{P}_e \tag{8.61}$$

式中

$$\boldsymbol{P}_e=\frac{\boldsymbol{I}e^{-ikx_A}}{2\Delta}\begin{pmatrix}a_1y_A+c_1\\a_2y_A+c_2\\a_3y_A+c_3\end{pmatrix} \tag{8.62}$$

在求得各个三角形单元矩阵后，将方程（8.53）中所有三角形单元积分求和，可得

$$(\delta V)^{\mathrm{T}}\left(\boldsymbol{K}_1+i\boldsymbol{K}_2\right)V=(\delta V)^{\mathrm{T}}\boldsymbol{P} \tag{8.63}$$

式中

$$\boldsymbol{K}_1=\sum_{e=1}^{n_e}\overline{\boldsymbol{K}}_{1e}+\overline{\boldsymbol{K}}_{3e},\qquad \boldsymbol{K}_2=\sum_{e=1}^{n_e}\overline{\boldsymbol{K}}_{2e},\quad \boldsymbol{P}=\sum_{e=1}^{n_e}\overline{\boldsymbol{P}}_e$$

这里，$\boldsymbol{K}_1$为n_d阶实数对称矩阵，$\boldsymbol{K}_2$为n_d阶实数反对称矩阵，$\boldsymbol{P}$为已知的n_d阶列向量。

考虑到变分δV的任意性，由式（8.63）得到下列n_d阶线性方程组

$$\left(\boldsymbol{K}_1+i\boldsymbol{K}_2\right)V=\boldsymbol{P} \tag{8.64}$$

或者

$$\boldsymbol{K}V=\boldsymbol{P} \tag{8.65}$$

式中，$\boldsymbol{K}$为n_d阶复数矩阵，该矩阵的实部$\mathrm{Re}(\boldsymbol{K})=\boldsymbol{K}_1$是对称的，且不依赖于波数$k$，而其虚部$\mathrm{Im}(\boldsymbol{K})=\boldsymbol{K}_2$是反对称的，且线性依赖于波数$k$。转换后的复数电位具有如下性质：$V(-k,y,z)=V^*(k,y,z)$，这里*表示复共轭。

利用直接法或迭代法解线性方程组（8.65），可以得到波数域电位$V(k,y,z)$。然后，再利用傅里叶逆变换可以获得空间域中的电位。

8.2.3 傅里叶逆变换

利用傅里叶逆变换，可以将波数域中的电位转换到空间域

$$v(x,y,z)=\frac{1}{\pi}\int_0^\infty\left(\mathrm{Re}[V(k,y,z)]\cos kx-\mathrm{Im}[V(k,y,z)]\sin kx\right)\mathrm{d}k \tag{8.66}$$

在通常情况下，我们只需要计算通过点电源位置剖面（即$x=x_q=0$剖面）上的电位。在这种情形下，方程（8.66）简化为

$$v(0,y,z)=\frac{1}{\pi}\int_0^\infty\mathrm{Re}[V(k,y,z)]\mathrm{d}k \tag{8.67}$$

通常采用数值方法计算上述方程中的积分。

在各向同性情况下，波数域电位是实数且是波数k的单调函数。Xu 等（2000）和 Pidlisecky（2008）采用最优化方法选择傅里叶逆变换的波数k，只用几个波数就可以获得高精度的解。然而，在各向异性情形下，波数域中的电位不再是波数k的单调函数（Yan et al.，2016）。

图 8.1 显示均匀各向异性半空间波数域电位的实部 $\mathrm{Re}[V(k,y,z)]$ 随波数 k 的变化特性。各向异性半空间的主轴电阻率为 $\rho_{x'}=\rho_{z'}=10\Omega\cdot\mathrm{m}$，$\rho_{y'}=1000\Omega\cdot\mathrm{m}$，各向异性方位角为 $\alpha_s=45^\circ$。图中总共绘出了 4 个收发距所对应的电位实部曲线，这些收发距 r 分别是 1m、10m、100m、1000m。

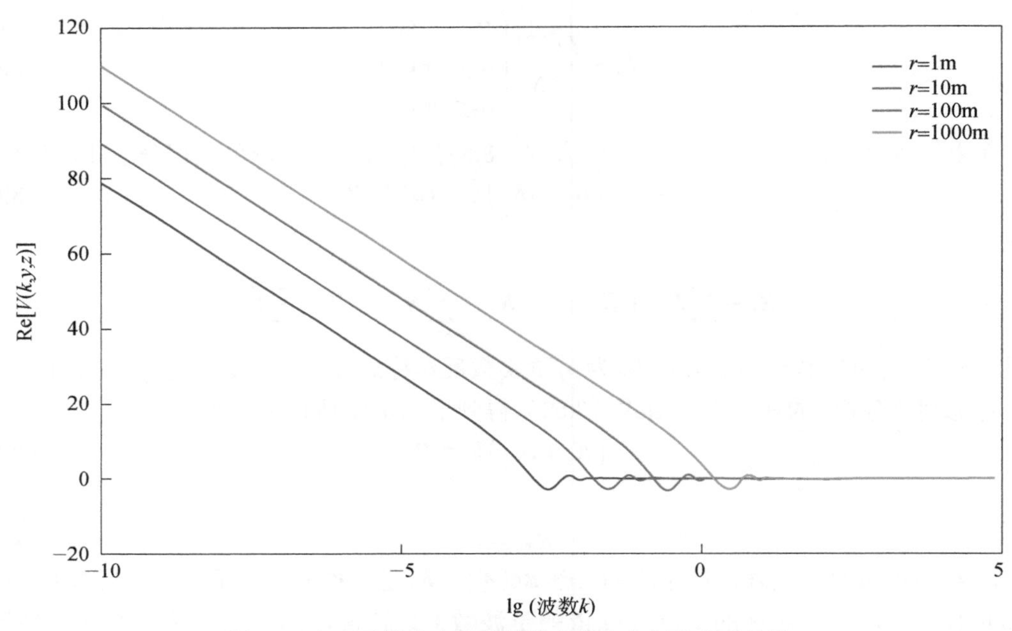

图 8.1 各向异性半空间波数域电位实部振荡衰减特性

由图 8.1 可以看出，波数域电位的实部 $\mathrm{Re}[V(k,y,z)]$ 随着波数的对数（即 $\lg k$）的增加先单调减小，然后振荡衰减到零，且振荡衰减范围与收发距 r 和各向异性参数有关。在利用方程（8.67）计算电位时，需考虑波数域电位实部的振荡衰减特性。

对于任意各向异性二维地电模型，波数域电位的振荡特征比较复杂。众所周知，接收点离场源越远，需要的波数越多。然而，使用的波数越多，计算需求就越大。考虑到这些因素，我们选择了一组介于 $10^{-8}\,\mathrm{m}^{-1}\sim 50\,\mathrm{m}^{-1}$ 之间的 92 个波数，其中 32 个波数均匀分布在 $10^{-8}\,\mathrm{m}^{-1}\sim 10^{-3}\,\mathrm{m}^{-1}$，而其余的 60 个波数分布在 $10^{-3}\,\mathrm{m}^{-1}\sim 50\,\mathrm{m}^{-1}$ 区间内。

方程（8.67）可以近似表示为

$$v(0,y,z)=\frac{1}{\pi}\sum_{i=1}^{n}\int_{k_i}^{k_{i+1}}\mathrm{Re}[V(k,y,z)]\mathrm{d}k \tag{8.68}$$

假定在区间 $(\lg k_i,\lg k_{i+1})$ 内，$\mathrm{Re}[V(k,y,z)]$ 为波数 k 的线性函数，并让 $t=\lg k$，则方程（8.68）变成为

$$v(0,y,z)=\frac{1}{\pi}\sum_{i=1}^{n}\int_{\lg k_i}^{\lg k_{i+1}}\mathrm{Re}[V(10^t,y,z)]10^t\ln 10\mathrm{d}k \tag{8.69}$$

利用梯度积分法，可得

$$v(0,y,z)=\frac{1}{2\pi}\sum_{i=1}^{n}[\mathrm{Re}[V(k_{i+1},y,z)]k_{i+1}+\mathrm{Re}[V(k_i,y,z)]k_i](\lg k_{i+1}-\lg k_i)\ln 10 \tag{8.70}$$

为了检验公式（8.70）的准确性和所选择波数的效果，利用公式（8.47）计算得到全部 92 波数所对应的电位，然后再利用公式（8.70），可以得到点电源产生的电阻率各向异性大地中的电位，并与解析解（8.25）进行了对比。在计算中，我们假定各向异性半空间的主轴电阻率为 $\rho_{x'}=\rho_{z'}=10\,\Omega\cdot\text{m}$ ，$\rho_{y'}=1000\,\Omega\cdot\text{m}$ 。我们计算了均匀半空间具有各种各向异性方位角（ $\alpha_s=0°,15°,30°,45°,60°,75°,90°$ ）或各向异性倾角（ $\alpha_d=0°,15°,30°,45°,60°,75°,90°$ ）时点电源产生的电位。图 8.2 展示数值计算的电位与解析解的相对误差。对于所有电阻率各向异性情形，相对误差均小于 0.6%，这说明利用梯形法则和所选择的波数可以得到高精度的结果。

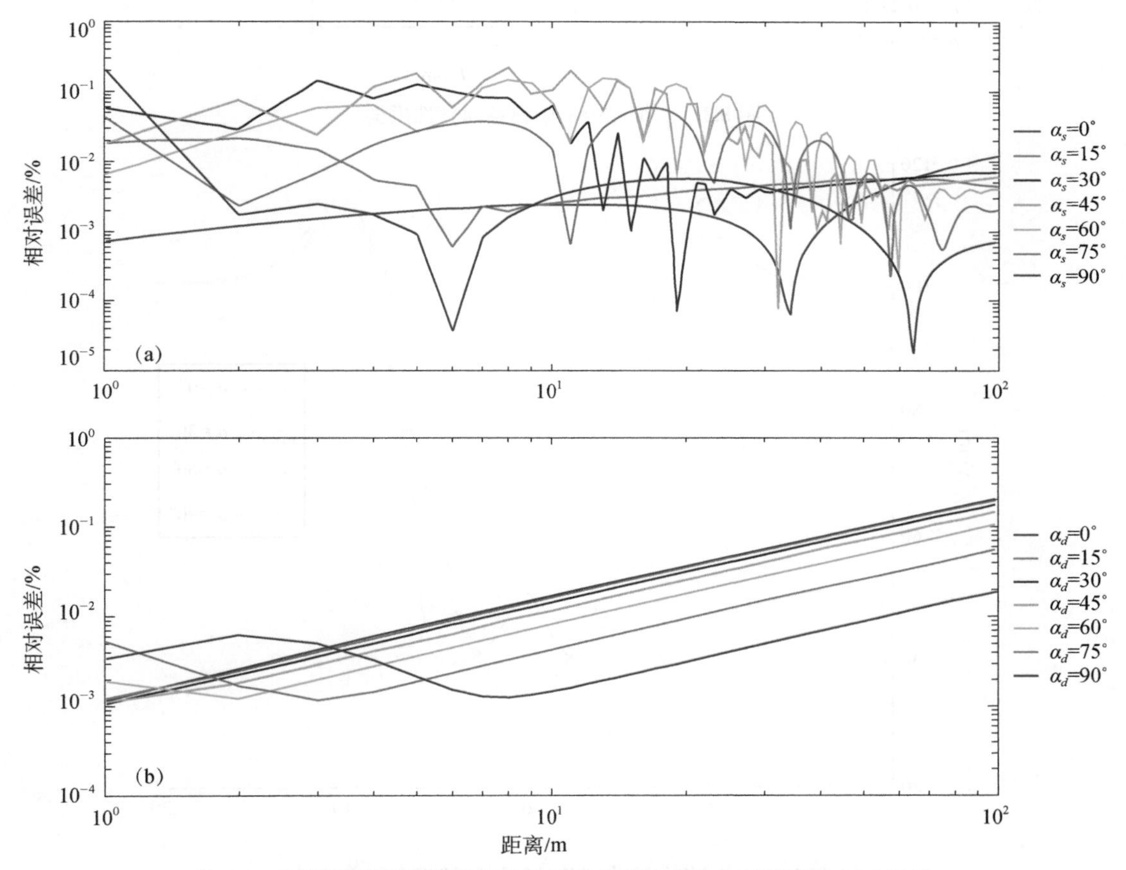

图 8.2　用梯形法则和所选择波数计算得到的电位与解析解的相对误差

如图 8.3 所示，一个二维低阻倾斜各向异性长方体嵌入在电阻率为$100\Omega\cdot\text{m}$ 的各向同性大地中。假设各向异性体在走向 x 方向上无限延伸，它的宽和高分别为6m 和2m ，其顶部埋深为2m 。各向异性二维体的主轴电阻率为 $\rho_{x'}/\rho_{y'}/\rho_{z'}=4/4/25\Omega\cdot\text{m}$ ，电源偶极和测量偶极的极距 $\text{AB}=\text{MN}=2\text{m}$ ，电极的间隔系数 $n=5$ 。图 8.4 展示了 4 个各向异性倾角（ $\alpha_d=0°,30°,60°,90°$ ）情形下偶极–偶极装置视电阻率曲线。从图 8.4 可以看出，各向异性倾角对视电阻率产生了明显的影响。当各向异性倾角 $\alpha_d=0°$ 和 $90°$ 时，视电阻率曲线关于模型中心对称。而当 $\alpha_d = 30°$ 和 $60°$ 时，尽管二维模型是对称的，但视电阻率曲线却是不对称的，视电阻率极小值偏离了模型中心位置，并偏向了左边，这与向右倾斜的各向同性板体的视电阻率曲线类似。

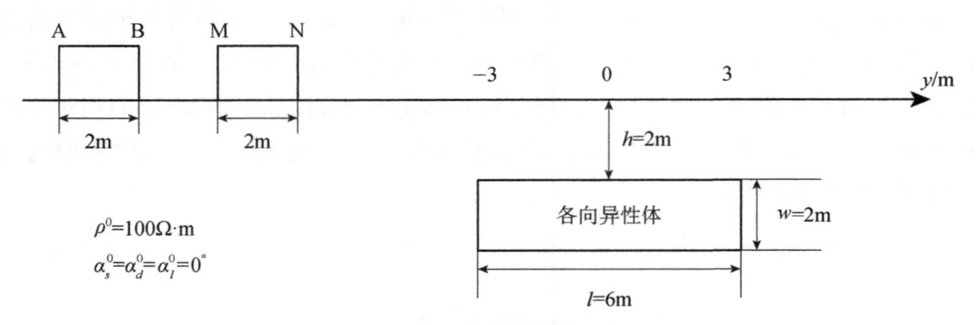

图 8.3 二维电阻率倾斜各向异性模型

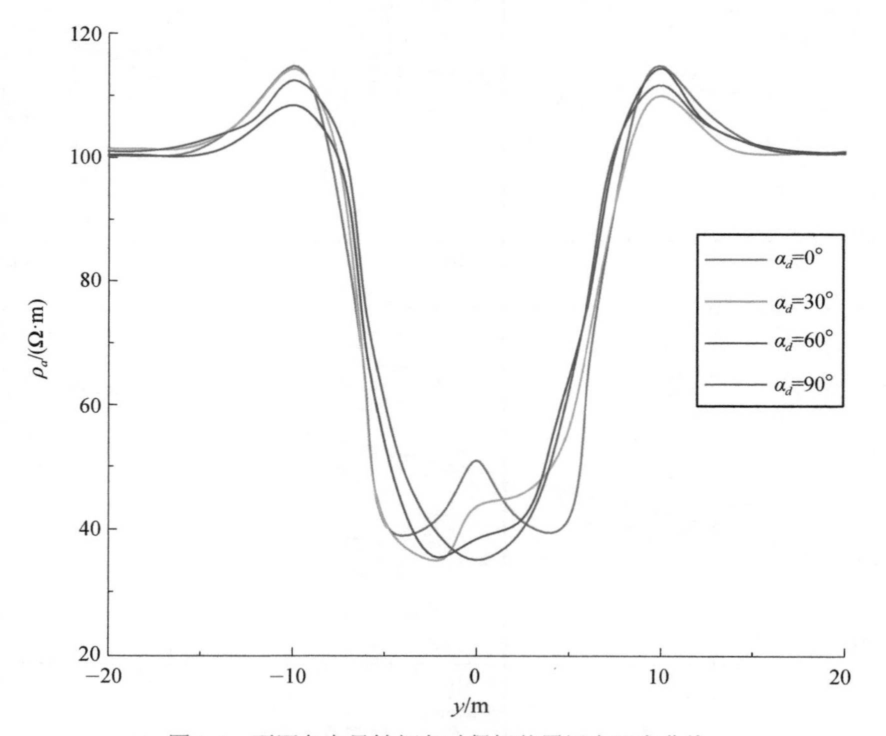

图 8.4 不同各向异性倾角时偶极装置视电阻率曲线

8.3 三维电阻率各向异性介质直流电场正演

8.3.1 控制方程和边界条件

考虑一个电阻率各向异性三维地电模型。假设电流强度为 I 的点电源位于地表面（$x_A, y_A, 0$）处，该点电源产生的电位满足如下偏微分方程

$$\nabla \cdot (\underline{\underline{\sigma}}(x,y,z)\nabla v(x,y,z)) = -\boldsymbol{I}\delta(x-x_A)\delta(y-y_A)\delta(z) \tag{8.71}$$

在点电源附近，电位变化剧烈，这常常造成场源附近数值模拟结果存在很大的误差。为了消除场源的奇异性，利用迭加原理，将电位分解为点电源在均匀大地中产生的一次电位 v_p 和由三维异常体产生的异常电位 v_s：

$$v(x,y,z) = v_p(x,y,z) + v_s(x,y,z), \quad \underline{\underline{\rho_s}}^{-1}(x,y,z) = \underline{\underline{\rho}}^{-1}(x,y,z) - \underline{\underline{\rho_p}}^{-1} \tag{8.72}$$

式中，$\underline{\underline{\rho_p}}^{-1}$ 和 $\underline{\underline{\rho_s}}^{-1}$ 分别为均匀大地的电导率张量和三维体的异常电导率张量。

一次电位 v_p 满足下列偏微分方程

$$\nabla \cdot (\underline{\underline{\rho_p}}^{-1}(x,y,z)\nabla v_p(x,y,z)) = -\boldsymbol{I}\delta(x-x_A)\delta(y-y_A)\delta(z) \tag{8.73}$$

上述偏微分方程的解析解为

$$v_p = \frac{\boldsymbol{I}}{2\pi}\frac{\left(\rho_{x'}^p \rho_{y'}^p \rho_{z'}^p\right)^{1/2}}{B_p^{\ 1/2}} \tag{8.74}$$

式中

$$B_p = \rho_{xx}^p (x-x_A)^2 + 2\rho_{xy}^p (x-x_A)(y-y_A) + 2\rho_{xz}^p (x-x_A)z + \rho_{yy}^p (y-y_A)^2 + 2\rho_{yz}^p (y-y_A)z + \rho_{zz}^p z^2$$

这里 $\rho_{x'}^p$，$\rho_{y'}^p$ 和 $\rho_{z'}^p$ 为均匀各向异性大地的三个主轴电阻率，$\rho_{xx}^p, \rho_{xy}^p, \cdots, \rho_{zz}^p$ 为均匀各向异性大地电阻率张量 $\underline{\underline{\rho_p}}$ 的 6 个元素。

将式（8.72）和式（8.73）代入式（8.71），得到二次电位 v_s 所满足的偏微分方程

$$\nabla \cdot (\underline{\underline{\rho}}^{-1}(x,y,z)\nabla v_s(x,y,z)) + \nabla \cdot (\underline{\underline{\rho_s}}^{-1}(x,y,z)\nabla v_p(x,y,z)) = 0 \tag{8.75}$$

为了求解偏微分方程（8.75），首先需要确定边界条件。

1. 内边界条件

在两种不同导电介质的分界面上，电位 v 连续，一次电位 v_p 和二次电位 v_s 均连续。

在两种不同导电介质的分界面上，电流密度的法向分量连续。在各向异性介质中，电流密度法向分量的表达式为

$$\boldsymbol{j}_n = \boldsymbol{j} \cdot \boldsymbol{n} = -\underline{\underline{\sigma}}\nabla v \cdot \boldsymbol{n} = -\underline{\underline{\sigma}}\frac{\partial v}{\partial \boldsymbol{n}} \tag{8.76}$$

式中，$\boldsymbol{n}$ 表示外法向方向单位矢量。

2. 外边界条件

在地表面 Γ_s 上，电流沿地表流动，故电流密度的法向分量为零。于是，由式（8.72）和式（8.76）可知，一次电位和二次电位的梯度为零，即

$$\frac{\partial v_p}{\partial \boldsymbol{n}} = 0, \quad \frac{\partial v_s}{\partial \boldsymbol{n}} = 0, \quad \in \Gamma_s \tag{8.77}$$

在模拟域外边界 Γ_∞ 上，我们采用混合边界条件。假如模拟域外边界 Γ_∞ 离场源和不均匀异常体足够远，三维不均匀体产生的异常电位在 Γ_∞ 处可以近似为零。于是，总电位可以近似由式（8.32）和式（8.45）给出。

将式（8.32）代入式（8.76），并利用式（8.45），得

$$j_n = -\underline{\underline{\rho}}^{-1}\frac{\partial v}{\partial \boldsymbol{n}} = -\underline{\underline{\sigma}}\nabla v \cdot \boldsymbol{n}$$

$$= \frac{\boldsymbol{I}(\rho_{x'}\rho_{y'}\rho_{z'})^{1/2}}{2\pi B^{3/2}}\begin{pmatrix}\sigma_{xx} & \sigma_{xy} & \sigma_{xz}\\ \sigma_{xy} & \sigma_{yy} & \sigma_{yz}\\ \sigma_{xz} & \sigma_{yz} & \sigma_{zz}\end{pmatrix}\begin{pmatrix}\rho_{xx}(x-x_A)+\rho_{xy}(y-y_A)+\rho_{xz}z\\ \rho_{xy}(x-x_A)+\rho_{yy}(y-y_A)+\rho_{yz}z\\ \rho_{xz}(x-x_A)+\rho_{yz}(y-y_A)+\rho_{zz}z\end{pmatrix}\cdot \boldsymbol{n}$$

这里Γ_∞是无穷远边界，$\boldsymbol{n}$是外法向分量单位矢量。

经过一些代数运算后，可得

$$\underline{\underline{\rho}}^{-1}\frac{\partial v}{\partial \boldsymbol{n}} = -\frac{\boldsymbol{I}(\rho_{x'}\rho_{y'}\rho_{z'})^{1/2}}{2\pi B^{3/2}}\boldsymbol{r}\cdot\boldsymbol{n} = -\frac{r\cos(\boldsymbol{r},\boldsymbol{n})}{B}v$$

或者

$$\underline{\underline{\rho}}^{-1}\frac{\partial v}{\partial \boldsymbol{n}} + \frac{r\cos(\boldsymbol{r},\boldsymbol{n})}{B}v = 0 \tag{8.78}$$

这里$r=|\boldsymbol{r}|=\sqrt{(x-x_A)^2+(y-y_A)^2+z^2}$为从场源到无穷远边界的距离。类似地，可以得到一次电位的边界条件表达式

$$\underline{\underline{\rho_p}}^{-1}\frac{\partial v_p}{\partial \boldsymbol{n}} + \frac{r\cos(\boldsymbol{r},\boldsymbol{n})}{B_p}v_p = 0 \tag{8.79}$$

将式（8.72）代入式（8.78），并利用式（8.79），可得到电阻率各向异性情形下的混合边界条件

$$\underline{\underline{\rho}}^{-1}\frac{\partial v_s}{\partial \boldsymbol{n}} + \underline{\underline{\rho_s}}^{-1}\frac{\partial v_p}{\partial \boldsymbol{n}} = -\frac{r\cos(\boldsymbol{r},\boldsymbol{n})}{B}v_s + r\cos(\boldsymbol{r},\boldsymbol{n})v_p\left(\frac{1}{B_p}-\frac{1}{B}\right), \quad \in \Gamma_\infty \tag{8.80}$$

8.3.2 有限单元法

我们利用有限元法计算三维电阻率任意各向异性介质直流电场边值问题的数值解。

下面，我们首先建立加权余量方程。为此，将方程（8.75）乘以二次电位的任意变分δv_s，并在模拟区域Ω上积分，利用高斯公式后，可得

$$\begin{aligned}&\int_\Omega \nabla\delta v_s\cdot(\underline{\underline{\rho}}^{-1}\nabla v_s)\mathrm{d}\Omega + \int_{\Gamma_\infty}\frac{r\cos(\boldsymbol{r},\boldsymbol{n})}{B}v_s\delta v_s\mathrm{d}\Gamma\\ &= -\int_\Omega \nabla\delta v_s\cdot(\underline{\underline{\rho_s}}^{-1}\nabla v_p)\mathrm{d}\Omega + \int_{\Gamma_\infty} r\cos(\boldsymbol{r},\boldsymbol{n})v_p\left(\frac{1}{B_p}-\frac{1}{B}\right)\delta v_s\mathrm{d}\Gamma\end{aligned} \tag{8.81}$$

在推导上式的过程中，我们利用了模拟区域无穷远边界Γ_∞上的边界条件（8.80）。

将模拟区域Ω剖分成长方体单元，则方程（8.81）的积分变成为各个单元的积分之和

$$\begin{aligned}&\sum_{e=1}^{n_e}\int_e \nabla\delta v_s\cdot(\underline{\underline{\rho}}^{-1}\nabla v_s)\mathrm{d}\Omega + \sum_{\Gamma_\infty}\int_{\Gamma_e}\frac{r\cos(\boldsymbol{r},\boldsymbol{n})}{B}v_s\delta v_s\mathrm{d}\Gamma\\ &= -\sum_{e=1}^{n_e}\int_{\Omega_e}\nabla\delta v_s\cdot(\underline{\underline{\rho_s}}^{-1}\nabla v_p)\mathrm{d}\Omega + \sum_{\Gamma_\infty}\int_{\Gamma_e} r\cos(\boldsymbol{r},\boldsymbol{n})\left(\frac{1}{B_p}-\frac{1}{B}\right)v_p\delta v_s\mathrm{d}\Gamma\end{aligned} \tag{8.82}$$

式中，Γ_e为模拟区域外边界Γ_∞上的面元，n_e为长方体单元的总数。假定在每个单元内，

一次电位和二次电位是线性变化的，且可以近似为

$$v_p = \sum_{i=1}^{8} N_i v_{p,i}, \qquad v_s = \sum_{i=1}^{8} N_i v_{s,i} \tag{8.83}$$

式中，N_i 为长方体单元的线性形函数，其表达式参见第 2.4 节式（2.47），$v_{p,i}$ 和 $v_{s,i}$ 分别为长方体单元第 i 个顶点上的一次电位和二次电位，这里 $i = 1,\cdots,8$ 。

如果将 8 个形函数和 8 个节点上的一次电位及二次电位值写成矩阵形式

$$\boldsymbol{v}_{se} = (v_{s,1},\cdots,v_{s,8})^{\mathrm{T}}, \qquad \boldsymbol{v}_{pe} = (v_{p,1},\cdots,v_{p,8})^{\mathrm{T}}, \qquad \boldsymbol{N}_e = (N_1,\cdots,N_8)^{\mathrm{T}} \tag{8.84}$$

则单元内的一次电位和二次电位及其变分可以表示为

$$v_p = \boldsymbol{N}_e^{\mathrm{T}} \boldsymbol{v}_{pe}, \qquad v_s = \boldsymbol{N}_e^{\mathrm{T}} \boldsymbol{v}_{se}, \qquad \delta v_s = \boldsymbol{N}_e^{\mathrm{T}} \delta \boldsymbol{v}_{se} \tag{8.85}$$

类似地，一次电位的梯度和二次电位及其变分的梯度也可以写成矩阵形式

$$\nabla v_p = \boldsymbol{P}^{\mathrm{T}} \boldsymbol{v}_{pe}, \qquad \nabla v_s = \boldsymbol{P}^{\mathrm{T}} \boldsymbol{v}_{pe}, \qquad \nabla \delta v_s = \boldsymbol{P}^{\mathrm{T}} \delta \boldsymbol{v}_{se} \tag{8.86}$$

式中

$$\boldsymbol{P}^{\mathrm{T}} = \begin{pmatrix} \left(\dfrac{\partial N_e}{\partial x}\right)^{\mathrm{T}} \\ \left(\dfrac{\partial N_e}{\partial y}\right)^{\mathrm{T}} \\ \left(\dfrac{\partial N_e}{\partial z}\right)^{\mathrm{T}} \end{pmatrix} = \begin{pmatrix} \dfrac{\partial N_1}{\partial x} & \cdots & \dfrac{\partial N_8}{\partial x} \\ \dfrac{\partial N_1}{\partial y} & \cdots & \dfrac{\partial N_8}{\partial y} \\ \dfrac{\partial N_2}{\partial z} & \cdots & \dfrac{\partial N_8}{\partial z} \end{pmatrix}, \qquad \delta \boldsymbol{v}_{se} = \left(\delta v_{s,1},\cdots,\delta v_{s,8}\right)^{\mathrm{T}} \tag{8.87}$$

下面，我们计算各个单元的体积分和面积分。方程（8.82）中左端单元体积分为

$$\int_e \nabla \delta v_s \cdot (\underline{\underline{\rho}}^{-1} \nabla v_s) \mathrm{d}\Omega = (\delta \boldsymbol{v}_{se})^{\mathrm{T}} \boldsymbol{K}_{1e} \boldsymbol{v}_{se} \tag{8.88}$$

式中，

$$\boldsymbol{K}_{1e} = \int_e \boldsymbol{P} \underline{\underline{\rho}}^{-1} \boldsymbol{P}^{\mathrm{T}} \mathrm{d}\Omega \tag{8.89}$$

是一个 8×8 的对称矩阵，其元素的计算式如下

$$\begin{aligned}
&k_{11} = k_{77} = 4(f_1 + f_2 + f_3 + f_4 + f_5 + f_6) && k_{21} = k_{87} = 2(f_1 + f_2 - 2f_3 + f_4) \\
&k_{31} = k_{75} = f_1 - 2(f_2 + f_3 + 2f_6) && k_{41} = k_{76} = 2(f_1 - 2f_2 + f_3 + f_5) \\
&k_{51} = k_{73} = 2(-2f_1 + f_2 + f_3 + f_6) && k_{61} = k_{74} = -2f_1 + f_2 - 2f_3 - 4f_5 \\
&k_{71} = -f_1 - f_2 - f_3 - 2(f_4 + f_5 + f_6) && k_{81} = k_{72} = -2(f_1 + f_2) + f_3 - 4f_4 \\
&k_{22} = k_{88} = 4(f_1 + f_2 + f_3 + f_4 - f_5 - f_6) && k_{32} = k_{85} = 2(f_1 - 2f_2 + f_3 - f_5) \\
&k_{42} = k_{86} = f_1 - 2(f_2 + f_3 - 2f_6) && k_{52} = k_{83} = -2f_1 + f_2 - 2f_3 + 4f_5 \\
&k_{62} = k_{84} = 2(-2f_1 + f_2 + f_3 - f_6) && k_{82} = -f_1 - f_2 - f_3 - 2(f_4 - f_5 - f_6) \\
&k_{33} = k_{55} = 4(f_1 + f_2 + f_3 - f_4 - f_5 + f_6) && k_{43} = k_{65} = 2(f_1 + f_2 - 2f_3 - f_4) \\
&k_{53} = -f_1 - f_2 - f_3 + 2(f_4 + f_5 - f_6) && k_{63} = k_{54} = -2(f_1 + f_2) + f_3 + 4f_4 \\
&k_{44} = k_{66} = 4(f_1 + f_2 + f_3 - f_4 + f_5 - f_6) && k_{64} = -f_1 - f_2 - f_3 + 2(f_4 - f_5 + f_6) \\
&k_{ij} = k_{ji} && i, j = 1,2,\cdots,8
\end{aligned} \tag{8.90}$$

其中

$$f_1=\frac{\sigma_{xx}bc}{36a},\quad f_2=\frac{\sigma_{yy}ac}{36b},\quad f_3=\frac{\sigma_{zz}ab}{36c},\quad f_4=\frac{\sigma_{yx}c}{24},\quad f_5=\frac{\sigma_{zx}b}{24},\quad f_6=\frac{\sigma_{zy}a}{24}$$

方程（8.82）中右端单元体积分为

$$-\int_e \nabla\delta v_s\cdot(\underline{\underline{\rho_s}}^{-1}\nabla v_p)\mathrm{d}\Omega=(\delta\boldsymbol{v}_{se})^{\mathrm{T}}\boldsymbol{K}_{2e}\boldsymbol{v}_{pe} \tag{8.91}$$

式中

$$\boldsymbol{K}_{2e}=-\int_e \boldsymbol{P}\underline{\underline{\rho_s}}^{-1}\boldsymbol{P}^{\mathrm{T}}\mathrm{d}\Omega \tag{8.92}$$

是一个 8×8 的对称矩阵，其元素的计算公式与式（8.90）相同，但 $f_i\,(i=1,\cdots,6)$ 的表达式如下

$$f_1=-\frac{\sigma_{xx}^s bc}{36a},\quad f_2=-\frac{\sigma_{yy}^s\, ac}{36b},\quad f_3=-\frac{\sigma_{zz}^s\, ab}{36c}$$

$$f_4=-\frac{\sigma_{yx}^s c}{24},\quad f_5=-\frac{\sigma_{zx}^s b}{24},\quad f_6=-\frac{\sigma_{zy}^s a}{24}$$

这里，上标 s 表示异常电导率张量的元素，如 $\sigma_{xx}^s=\sigma_{xx}-\sigma_{xx}^p$ 。

方程（8.82）中左端无穷远边界面积分为

$$\int_{\Gamma_e}\frac{r\cos(\boldsymbol{r},\boldsymbol{n})}{B}v_s\delta v_s\mathrm{d}\Gamma=(\delta\boldsymbol{v}_{se})^{\mathrm{T}}\boldsymbol{K}_{3e}\boldsymbol{v}_{se} \tag{8.93}$$

式中，$\boldsymbol{K}_{3e}$ 是一个 8×8 的对称矩阵，但其中仅有 16 个非零元素。假设长方体单元的四个角点（1,2,3,4）构成的矩形落在外边界 Γ_∞ 上，则 $\boldsymbol{K}_{3e}$ 的非零元素为

$$k_{21}=k_{32}=k_{41}=k_{43}=2g,\qquad k_{31}=k_{42}=g$$

$$k_{ii}=4g,\quad k_{ij}=k_{ji},\qquad i\neq j,\quad i,j=1,2,3,4$$

这里，$g=\dfrac{bc}{36}\dfrac{r\cos(\boldsymbol{r},\boldsymbol{n})}{B}$ ，b 和 c 分别为长方形单元的宽和高。当长方体单元的其他表面落在无穷远边界 Γ_∞ 上时，可以采用类似方法计算面积分。

方程（8.82）中右端无穷远边界面积分为

$$\int_{\Gamma_e} r\cos(\boldsymbol{r},\boldsymbol{n})\left(\frac{1}{B_p}-\frac{1}{B}\right)v_p\delta v_s\mathrm{d}\Gamma=(\delta\boldsymbol{v}_{se})^{\mathrm{T}}\boldsymbol{P}_{1e} \tag{8.94}$$

式中，$\boldsymbol{P}_{1e}$ 是一个 8 阶列向量，但其中仅有 4 个非零元素。同样地，假设长方体单元的四个角点(1,2,3,4)构成的长方形表面落在 Γ_∞ 上时，则

$$\boldsymbol{P}_{1e}=r\cos(\boldsymbol{r},\boldsymbol{n})\left(\frac{1}{B_p}-\frac{1}{B}\right)\frac{bc}{36}\begin{pmatrix}4v_{p,1}+2v_{p,2}+v_{p,3}+2v_{p,4}\\2v_{p,1}+4v_{p,2}+2v_{p,3}+v_{p,4}\\v_{p,1}+2v_{p,2}+4v_{p,3}+2v_{p,4}\\2v_{p,1}+v_{p,2}+2v_{p,3}+4v_{p,4}\\0\\0\\0\\0\end{pmatrix}$$

当长方体单元的其他表面落在 Γ_∞ 上时，可以采用类似方法计算相应的面积分。

在求得各个长方体单元体积分和面积分后，将方程（8.82）中所有单元积分求和，可得

$$(\delta v_s)^{\mathrm{T}} \boldsymbol{K} \boldsymbol{V}_s = (\delta v_s)^{\mathrm{T}} \boldsymbol{P} \tag{8.95}$$

式中

$$\boldsymbol{K} = \sum_{e=1}^{n_e} \boldsymbol{K}_{1e} + \sum_{\Gamma_\infty} \boldsymbol{K}_{3e}, \qquad \boldsymbol{P} = \sum_{e=1}^{n_e} \boldsymbol{K}_{3e} \boldsymbol{v}_{se} + \sum_{\Gamma_\infty} \boldsymbol{P}_{1e}$$

这里，$\boldsymbol{K}$ 为 n_d 阶对称稀疏矩阵，$\boldsymbol{V}_s$ 为由各节点的二次电位构成的未知向量，$\boldsymbol{P}$ 为已知的 n_d 阶列向量。

考虑到变分 δV 的任意性，由式（8.95）得到下列 n_d 阶线性方程组

$$\boldsymbol{K} \boldsymbol{V}_s = \boldsymbol{P} \tag{8.96}$$

求解上述线性方程组，可以得到所有节点上的二次电位，再与一次电位相加求和，最终得到各个节点上的总电位。

8.3.3 算法验证

为了验证前面几节中所述有限元算法的正确性和精度，我们模拟了具有水平轴对称横向各向同性两层地电模型，如图 8.5 所示。在第一层和下半空间中，电阻率张量的三个主轴方向均与坐标轴（x, y, z）一致。第一层的主轴电阻率为 $\rho_x = \rho_z = 100\,\Omega\cdot\mathrm{m}$，$\rho_y = 10\,\Omega\cdot\mathrm{m}$，厚度为 5m 下覆均匀半空间的主轴电阻率为 $\rho_x = \rho_z = 10\,\Omega\cdot\mathrm{m}$，$\rho_y = 1\,\Omega\cdot\mathrm{m}$。采用二极装置，设点电源位于坐标原点。接收电极沿着 x 轴或 y 轴正方向布置。模拟区域的外边界在水平方向（x 和 y）上位于 ±500m 处，它在垂直方向上位于地下 500m 处。将有限元网格剖分成 78×78×45 个长方体单元。在有限元模拟中，我们将主轴电阻率为 $\rho_x = \rho_z = 100\,\Omega\cdot\mathrm{m}$，$\rho_y = 10\,\Omega\cdot\mathrm{m}$ 的均匀半空间看作为背景模型，点电源在该模型上产生的电位看作为一次电位。我们分别采用基于混合边界条件和狄利克雷边界条件的有限元方法进行了数值模拟。图 8.6 和图 8.7 分别绘出了利用有限元法得到的两条视电阻率曲线。为了比较起见，图中也绘出了利用解析法计算得到的视电阻率测深曲线以及有限元解与解析解的相对误差。从图 8.6 和图 8.7 中，我们可以得到如下几点认识：

（1）基于混合边界条件的有限元结果与解析解在所有节点上都非常接近，相对误差小于 1.2%。特别是在场源附近和模拟区域边界附近，基于混合边界条件的有限元算法提供了高精度的数值结果。

（2）基于狄利克雷边界条件的有限元结果仅在收发距较小时与解析解吻合，但随着收发距离的增大，二者差别逐渐增大。特别是在靠近模拟区域边界附近，二者相差甚远。

（3）当测点沿 x 方向布置时，视电阻率测深曲线显示出如下特征：在小极距时，视电阻率趋于 $31.6\,\Omega\cdot\mathrm{m}$，即第一层的几何平均电阻率（$\rho_m = \sqrt{\rho_y \rho_z} = 31.6\Omega\cdot\mathrm{m}$）；在大极距时，视电阻率趋于 $3.16\,\Omega\cdot\mathrm{m}$，即下覆半空间的几何平均电阻率（$\rho_m = \sqrt{\rho_y \rho_z} = 3.16\Omega\cdot\mathrm{m}$）。

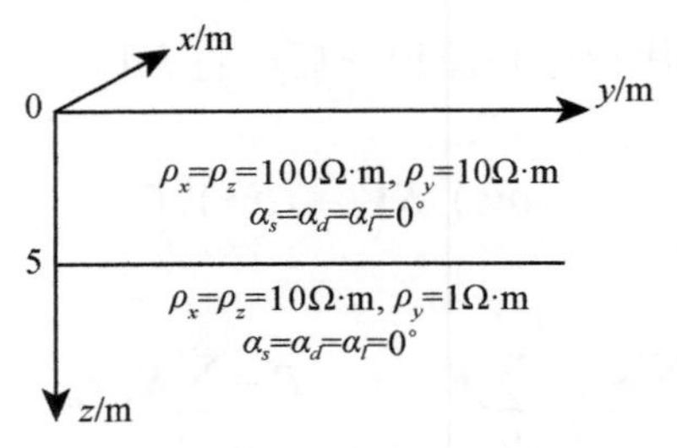

图 8.5　电阻率各向异性二层模型

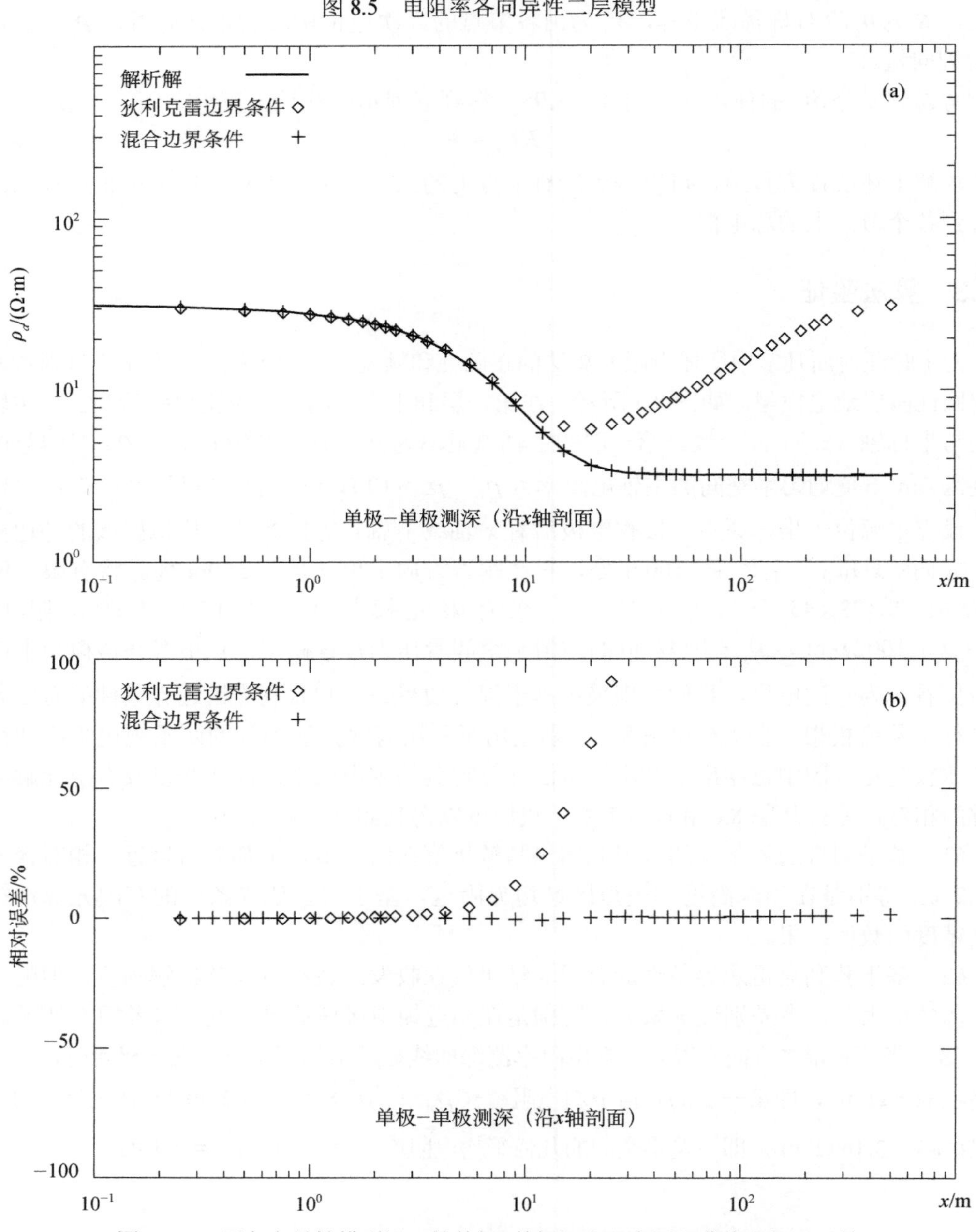

图 8.6　二层各向异性模型沿 x 轴单极−单极视电阻率测深曲线和相对误差

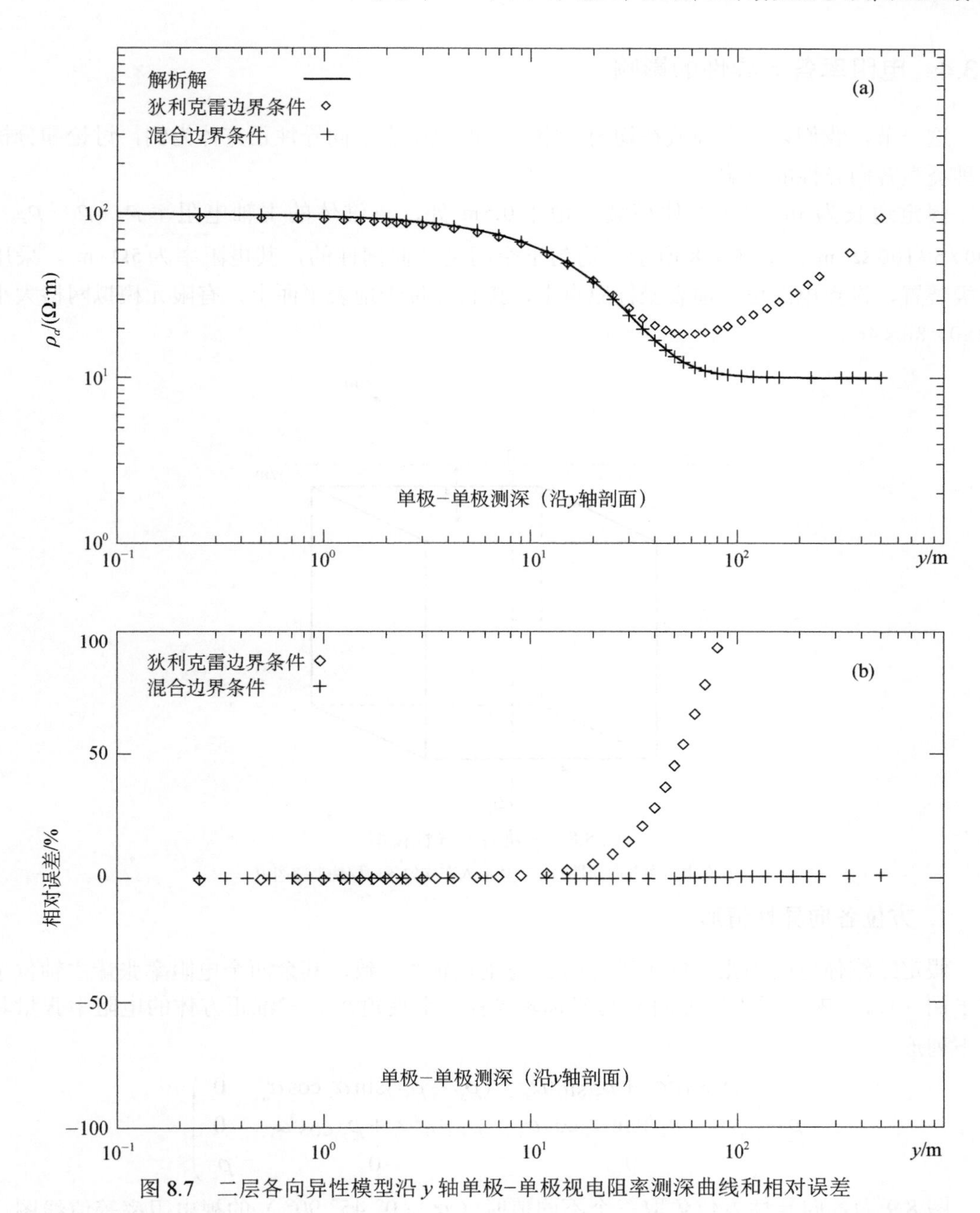

图 8.7　二层各向异性模型沿 y 轴单极–单极视电阻率测深曲线和相对误差

（4）当测点沿 y 方向布置时，视电阻率测深曲线显示出如下特征：①在小极距时，视电阻率趋于 $100\Omega\cdot m$，即第一层 x 方向的真电阻率；②在大极距时，视电阻率趋于 $10\Omega\cdot m$，即下覆半空间沿 x 方向的真电阻率。这就是所谓的各向异性佯谬。沿 y 方向布置的电测深剖面获得了沿 x 方向的地下电阻率信息。

8.3.4 电阻率各向异性的影响

这一节，我们以一个埋藏在均匀半空间中的电阻率各向异性正方体为例，讨论和分析各种类型各向异性的影响。

假定边长为5m的正方体埋藏在地下0.5m处，三维体的主轴电阻率 $\rho_{x'}/\rho_{y'}/\rho_{z'}=100/5/100\ \Omega\cdot\text{m}$，如图8.8所示。均匀半空间是各向同性的，其电阻率为 $5\Omega\cdot\text{m}$。采用二极装置，设点电源位于地表坐标原点上，接收点位于地表平面上，有限元模拟网格大小为 $80\times80\times46$。

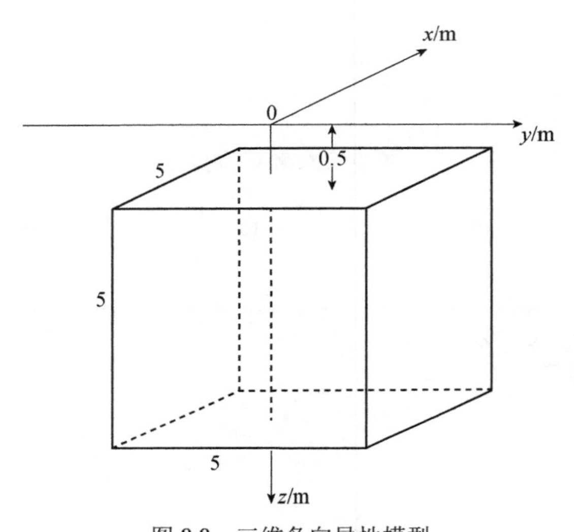

图8.8 三维各向异性模型

具有电阻率各向异性的正方体嵌入在均匀各向同性半空间中

1. 方位各向异性情形

假定三维体电阻率张量的主轴方向 z' 与垂直轴 z 一致，其余两个电阻率张量主轴位于水平面（x, y）内，但主轴方向 x' 与坐标轴 x 有一个夹角 α_s。三维正方体的电阻率张量具有下列形式

$$\underline{\underline{\rho}}=\begin{pmatrix}\rho_{x'}\cos^2\alpha_s+\rho_{y'}\sin^2\alpha_s & (\rho_{x'}-\rho_{y'})\sin\alpha_s\cos\alpha_s & 0\\(\rho_{x'}-\rho_{y'})\sin\alpha_s\cos\alpha_s & \rho_{x'}\sin^2\alpha_s+\rho_{y'}\cos^2\alpha_s & 0\\0 & 0 & \rho_{z'}\end{pmatrix}$$

图8.9为各向异性方位角取三个不同值时（$\alpha_s=0°,45°,90°$）的视电阻率等值线图。由图8.9可见，当接收点距电源较近时，电阻率等值线呈圆形，三维体各向异性的影响尚未显现出来。但随着与点电源距离的增大，三维体各向异性的影响越来越明显，电阻率等值线呈椭圆状，且其最长轴和最短轴分别指向低电阻率方向和高电阻率方向，这又是各向异性佯谬。随着收发距的继续增大，接收点距离场源和三维不均匀体足够远，异常场衰减到很小，视电阻率趋于下半空间各向同性介质的真电阻率。

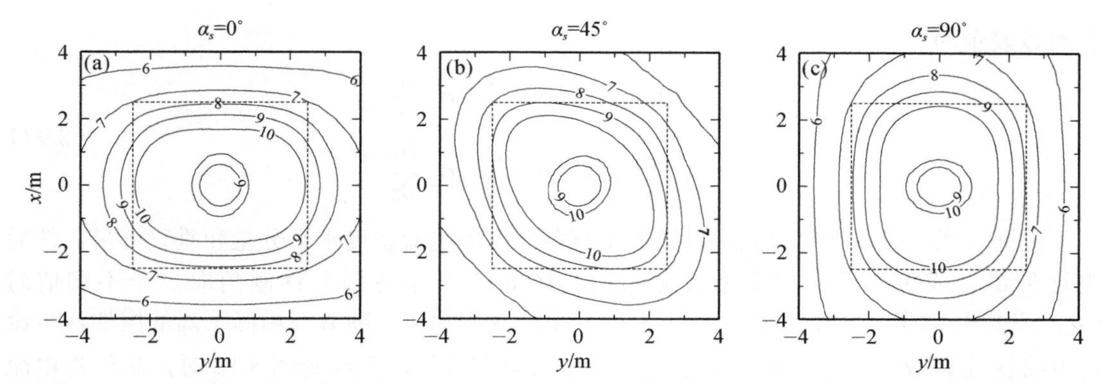

图 8.9　水平各向异性方位角取三个不同值（$\alpha_s = 0°,45°,90°$）时单极-单极装置视电阻率等值线图

2. 倾斜各向异性

假定三维不均匀体电阻率张量的主轴方向 x' 与坐标轴 x 一致，其余两个电阻率张量主轴位于垂直截面（y, z）内，但主轴方向 y' 与坐标轴 y 有一个夹角 α_d。三维正方体的电阻率张量具有下列形式

$$\underline{\underline{\rho}} = \begin{pmatrix} \rho_{x'} & 0 & 0 \\ 0 & \rho_{y'}\cos^2\alpha_d + \rho_{z'}\sin^2\alpha_d & (\rho_{y'} - \rho_{z'})\sin\alpha_d\cos\alpha_d \\ 0 & (\rho_{y'} - \rho_{z'})\sin\alpha_d\cos\alpha_d & \rho_{y'}\sin^2\alpha_d + \rho_{z'}\cos^2\alpha_d \end{pmatrix}$$

图 8.10 为各向异性倾角取三个不同值时（$\alpha_d = 30°,45°,60°$）视电阻率等值线图。由图 8.10 可见，当接收点距点电源较近时，电阻率等值线呈圆形，三维体各向异性的影响同样尚未显现出来。但随着与点电源距离的增大，视电阻率等值线不再关于 x 轴（y=0）对称，而是在图的右侧向 x 方向和 y 方向拉长。在场源的左侧和右侧，分别存在一个高电阻率异常，且这两个异常的峰值随着各向异性倾角 α_d 的变化而变化。这些特征可以由图 8.11 所示的沿 y 轴视电阻率曲线看得更加明显。这些特征可以通过电流密度分布得到合理解释。

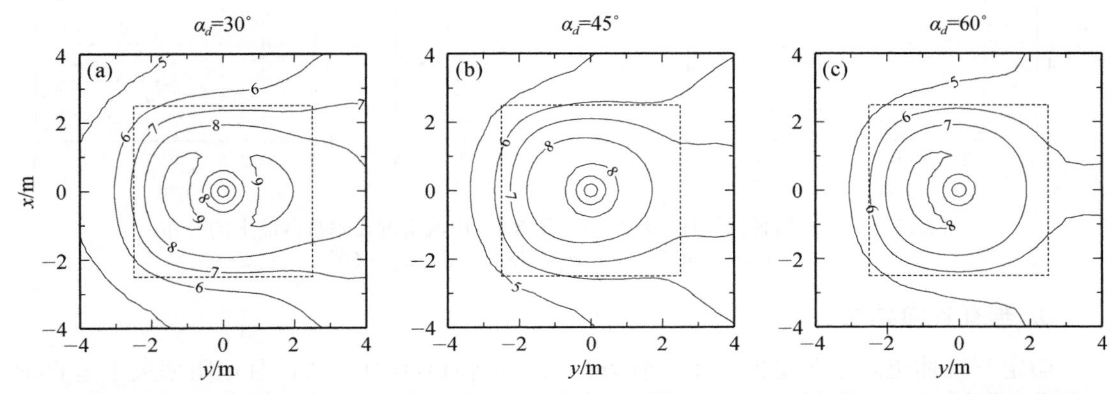

图 8.10　水平各向异性倾角取三个不同值（$\alpha_d = 30°,45°,60°$）时单极-单极装置视电阻率等值线图

在电阻率各向异性介质中，电流密度通常可以看作为电场强度三个分量的线性组合。由式（8.2）和式（8.7）可知，在（y, z）垂直截面上，电流密度的水平分量 j_y 和垂直分量

j_z 可以表示为

$$\begin{cases} j_y(0,y,z) = -\sigma_{yy}\dfrac{\partial v}{\partial y} - \sigma_{yz}\dfrac{\partial v}{\partial z} \\ j_z(0,y,z) = -\sigma_{yz}\dfrac{\partial v}{\partial y} - \sigma_{zz}\dfrac{\partial v}{\partial z} \end{cases} \tag{8.97}$$

根据上式，可以计算得到通过场源垂直截面上的电流密度水平分量和垂直分量，然后进行矢量合成可以绘制电流密度分布图。图 8.12 显示各向异性倾角取三个不同值时（$\alpha_d = 30°, 45°, 60°$）垂直截面上电流密度分布。我们知道，随着与场源距离的增加，电流密度将快速衰减。为了更好地显示电流密度的分布特征，在绘制图 8.12 时，我们将电流密度用 r^2 进行了归一化。由图 8.12 可以清楚地看到，电流密度的方向和幅值随着各向异性倾角 α_d 的变化而变化，并且电流主要沿着低电阻率的方向流动。

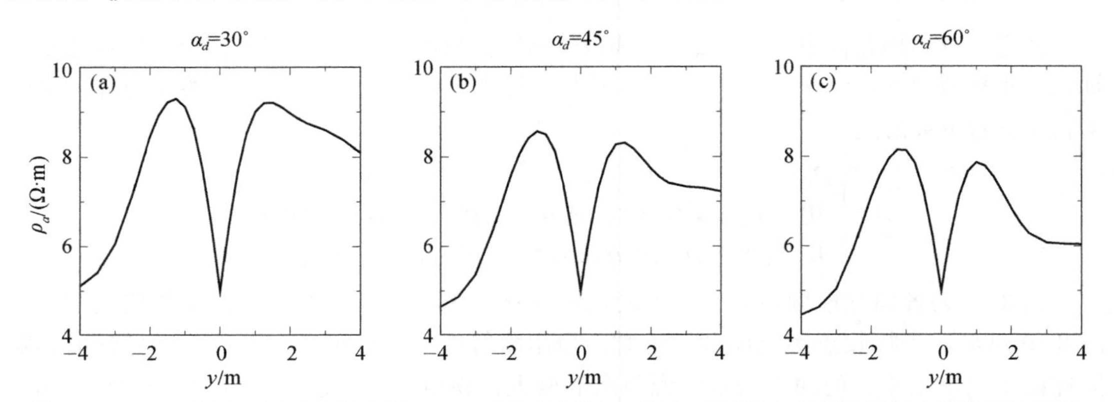

图 8.11　三个不同水平各向异性倾角（$\alpha_d = 30°, 45°, 60°$）的沿 y 轴单极-单极装置视电阻率测深曲线

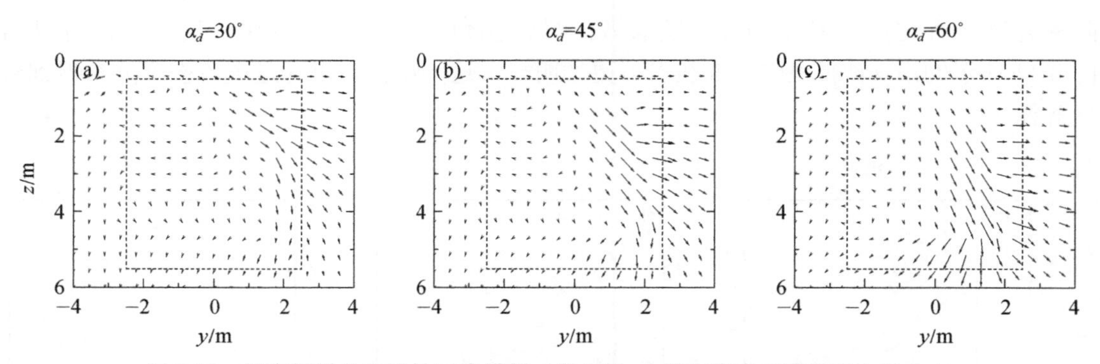

图 8.12　具有倾斜各向异性三维模型（图 8.8）电流密度在垂直截面上的分布

（a）$\alpha_d = 30°$，（b）$\alpha_d = 45°$，（c）$\alpha_d = 60°$

3. 垂直各向异性

假定三维体电阻率张量的三个主轴方向与坐标轴 (x, y, z) 一致，且电阻率关于垂直轴对称，即在水平面上电阻率保持不变，但其与垂直方向的电阻率值不同。图 8.13 显示垂直各向异性情形视电阻率等值线，该情形与各向异性倾角 $\alpha_d = 90°$ 时一致。视电阻率等值线几乎呈圆形，这意味着利用地面电阻率测深方法无法分辨地下介质的电阻率垂直各

向异性。

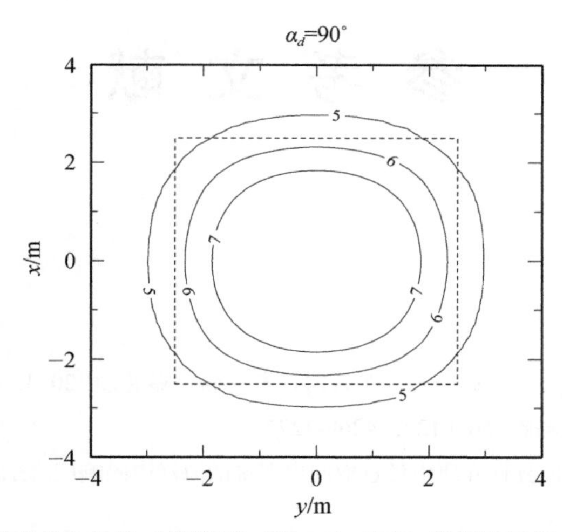

图 8.13　具有垂直各向异性三维模型（图 8.8）单极-单极装置视电阻率等值线图

8.4 本章小结

本章主要介绍了二维和三维电阻率任意各向异性介质直流电场有限元数值模拟方法，并分析了电阻率各向异性对直流电法视电阻率的影响。

从电流连续性定律出发，推导出点电源供电任意各向异性均匀半空间的电位表达式，该表达式相比于各向同性介质的电位表达式要复杂得多。基于此表达式，我们导出了二维和三维电阻率任意各向异性介质直流电场边值问题的混合边界条件。在各向异性介质直流电场正演中，使用混合边界条件可以提高有限元数值模拟结果的精度。

与二维各向同性介质直流电场正演方法类似，在求解各向异性介质直流电场二维正演问题时，先沿着构造走向方向做傅里叶变换，将 2.5 维问题（二维电导率模型，三维场源）变换为波数域二维正演问题。选取一定数量的波数，求解波数域二维正演问题获得波数域电位，再通过傅里叶逆变换得到空间域的电位。需要特别指出的是，在各向异性情形下，波数域中的电位是复数，且其实部随着波数对数的增加先单调减小，然后振荡衰减到零。在进行傅里叶逆变换时，波数域电位实部的振荡衰减特性必须考虑在内。通过研究和比较分析，我们选择了一组介于 10^{-8}m^{-1}～50m^{-1} 之间的 92 个波数。

前面几章所述面向目标的自适应有限元方法可以很容易地扩展到二维和三维各向异性介质直流电场正演计算中。

参 考 文 献

胡祥云，霍光谱，高锐，王海燕，黄一凡，张云霞，左博新，蔡建超. 2013. 大地电磁各向异性二维模拟及实例分析. *地球物理学报*，56（12）：4268-4277

刘颖，李予国. 2015. 层状各向异性介质中任意取向电偶源的海洋电磁响应. *石油地球物理勘探*，50（04）：755-765+7-8.

刘勇，吴小平，林品荣，韩思旭，李荡，刘卫强. 2017. 电导率任意各向异性海洋可控源电磁三维矢量有限元数值模拟. *地球物理学报*，60（5）：1955-1978

罗鸣，李予国. 2015. 一维层电阻率各向异性对海洋可控源电磁响应的影响研究. *地球物理学报*，58（8）：2581-2861

徐世浙. 1988. 点源二维各向异性地电断面直流电场的有限元解法. *山东海洋学院学报*，18（1）：81-90

徐世浙. 1994. 地球物理中的有限元法. 北京：科学出版社

赵慧，刘颖，李予国. 2014. 自适应有限元海洋大地电磁场二维正演模拟. *石油地球物理勘探*，49（3）：578-585

Abramovici F. 1974. The forward magnetotelluric problem for an inhomogeneous and anisotropic structure. *Geophysics*, 39: 56-68

Amestoy P R, Guermouche A, L'Excellent J Y, Pralet S. 2006. Hybrid scheduling for the parallel solution of linear systems. *Parallel Computing*, 32(2): 136-156

Anderson W L. 1982. Fast hankel-transforms using related and lagged convolutions. *ACM Transactions on Mathematical Software*, 8: 344-368

Ayachit U. 2015. The ParaView Guide: A Parallel Visualization Application, Kitware, Inc., NC

Babuska I, Ihlenburg F, Strouboulis T, Gangaraj S. 1997. A posteriori error estimation for finite element solution of Helmholtz equation. II. Estimation of the pollution error. *International Journal for Numerical Methods in Engineering*, 41: 3883-3900

Bahr K, Simpson F. 2002. Electrical anisotropy below slow-and fast-moving plates: paleoflow in the upper mantle? *Science*, 295(5558): 1270-1272

Bank R E, Xu J C. 2003. Asymptotically exact a posteriori error estimators, Part II: General unstructured grids. *SIAM Journal on Numerical Analysis*, 41: 2313-2332

Brasse H, Soyer W. 2001. A magnetotelluric study in the Southern Chilean Andes. *Geophysical Research Letters*, 28: 3757-3760

Brasse H, Kapinos G, Li Y, Muetschard L,Soyer W, Eydam D. 2009. Structural electrical anisotropy in the crust at the south-central chilean continental margin as inferred from geomagnetic transfer functions, *Physics of the Earth and Planetary Interiors*, 173: 7-16

Brown V, Hoversten M, Key K, et al. 2012. Resolution of reservoir scale electrical anisotropy from marine CSEM data. *Geophysics*, 77(2): E147-E158

Chave A, Cox C. 1982. Controlled electromagnetic sources for measuring electrical-conductivity beneath the oceans 1. Forward problem and model study. *Journal of Geophysical Research*. 87: 5327-5338

Cheesman S J, Edwards R N, Chave A D. 1987. On the theory of seafloor conductivity mapping using transient electromagnetic systems. *Geophysics*, 52: 204-217

Chouteau M, Tournerie B. 2000. Analysis of magnetotelluric data showing phase rolling out of quadrant (PROQ), *SEG Expanded Abstracts*

Coggon J H, 1971. Electromagnetic and electrical modeling by the finite element method. *Geophysics*, 36(1): 132-155

Constable S. 2010. Ten years of marine CSEM for hydrocarbon exploration. *Geophysics*, 75(5): A67-A81

Cowper, G. R., 1973. Gaussian quadrature formulas for triangles. *International Journal or Numerical Methods in Engineering*., 7(3): 405-408

Cree M J, Bones P J. 1993. Algorithms to numerically evaluate the Hankel transform. *Computers & Mathematics with Applications*, 26:1-12

Dey A, Morrison, H F. 1979. Resistivity modelling for arbitrarily shaped two dimensional structures. *Geophysical Prospecting*. ,27, 106-136

Edwards R N. 2005. Marine controlled source electromagnetics: principles, methodologies, future commercial applications. *Surveys in Geophysics*, 26: 675-700

Eisel, M., Haak, V.,1999, Macro-anisotropy of the electrical conductivity of the crust: a magnetotelluric study of the German Continental Deep Drilling site (KTB), *Geophysical Journal International*, 136: 109-122

Evans R L, Hirth G, Baba K, Forsyth D, Chave A, Mackie R. 2005. Geophysical evidence from the MELT area for compositional controls on oceanic plates. *Nature*, 437(7056): 249-252

Everett M, Edwards R N. 1992. Transient marine electromagnetics: The 2. 5-D forward problem. *Geophysical Journal International*, 113: 545-561

Goldstein H. 1985. Klassische Mechanik. AVLA-Verlag, Wiesbaden

Haeuserer M, Junge A. 2011. Electrical mantle anisotropy and crustal conductor: a 3D conductivity model of the Rwenzori Region in western Uganda. *Geophysical Journal International*, 185(3): 1235-1242

Han B, Li Y, Li G. 2018. 3D forward modeling of magnetotelluric fields in general anisotropic media and its numerical implementation in Julia. *Geophysics*, 83(4): F29-F40

Heise W, Pous J. 2003. Anomalous phases exceeding 90 degrees in magnetotellurics: anisotropic model studies and a field example. *Geophysical Journal International*, 155(1), 308-318

Hesthammer J, Fanavoll S, Stefators A, Danislsen J E, Boulaenko M. 2010. CSEM performance in light of well results. *The leading Edge*, 29: 34-41

Jin J M. 2002. The Finite Element Method in Electromagnetics. 2nd ed. Wiley-IEEE Press, New York

Jones F W, Pascoe L J. 1972. The perturbation of alternating geomagnetic fields by three-dimensional conductivity inhomogeneties. *Geophysical Journal Royal Astronomical Society*, 27: 479-485

Jones A G, Kurtzt R D, Oldenburg D W, Boerner D E, Ellis R. 1988. Magnetotellurlc observations along the lithoprobe southeastern canadian cordilleran transect. *Geophysical Research Letters*, 15(7): 677-680

Key K. 2009. 1D inversion of multicomponent, multifrequency marine CSEM data: methodology and synthetic studies for resolving thin resistive layers. *Geophysics*, 74: F9-20

Kong J. A. 1972. Electromagnetic fields due to dipole antennas over stratified anisotropic media. *Geophysics*, 37, 985-996

Lezaeta P, Haak V. 2003. Beyond magnetotelluric decomposition: induction, current channeling, and magnetotelluric phases over 90 degrees. *Journal of Geophysical Research-Solid Earth*, 108(B6): 1-20

Li P, Uren N F. 1997. Analytical solution for the point source potential in an anisotropic 3-D half-space I: two-horizontal-layer case. *Mathematical and Computer Modelling*, 26: 9-27

Li Y. 2000. *Numerische Modellierungen von elektromagnetischen Feldern in 2-und 3-dimensionalen anisotropen Leitfaehigkeitsstrukturen der Erde nach der Methode der Finite Elemente*, PhD thesis, University of Goettingen

Li Y. 2002. A finite-element algorithm for electromagnetic induction in two-dimensional anisotropic conductivity structures. *Geophysical Journal International*, 148(3): 389-401

Li Y, Constable S. 2007. 2D marine controlled-source electromagnetic modeling: part2-The effect of bathymetry. *Geophysics*, 72(2): WA63-WA71

Li Y, Key K. 2007. 2D marine controlled-source electromagnetic modeling: part 1-an adaptive finite-element algorithm. *Geophysics*, 72(2): WA51-WA62

Li Y, Pek J. 2008. Adaptive finite element modelling of two-dimensional magnetotelluric fields in general anisotropic media. *Geophysical Journal International*, 175(3): 942-954

Li Y, Dai S. 2011. Finite element modeling of marine controlled-source electromagnetic responses in two-dimensional dipping anisotropic conductivity structures. *Geophysical Journal International*, 185(2): 622-636

Li Y, Luo M, Pei J. 2013. Adaptive finite element modeling of marine controlled-source electromagnetic fields in two-dimensional general anisotropic conductivity media. *Journal of Ocean University of China*, 12(1): 1-5

Li Y, Li G. 2016. Electromagnetic field expressions in the wavenumber domain from both the horizontal and vertical electric dipoles. *Journal of Geophysics and Engineering*, 13: 505-515

Li Y, Spitzer K. 2005. Finite element resistivity modelling for three-dimensional structures with arbitrary anisotropy. *Physics of the Earth and Planetary Interiors*, 150(1-3): 15-27

Liu Y, Xu Z, Li Y. 2018. Adaptive finite element modelling of three-dimensional magnetotelluric fields in general anisotropic media. *Journal of Applied Geophysics*, 151: 113-124

Livelybrooks D, Mareschal M, Blais E, Smith J T. 1996. Magnetotelluric delineation of the trillabelle massive sulfide body in Sudbury, Ontario. *Geophysics*, 61(4): 971-986

Loewenthal D, Landisman, M. 1973. Theory for magnetotelluric observation on the surface of a layered anisotropic half-space. *Geophysical Journal Royal Astronomical Society*, 35: 195-214

Løseth L, Ursin B. 2007. Electromagnetic fields in planarly layered anisotropic medias. *Geophysical Journal International*, 170: 44-80

Mackie R L, Madden T R, Wannamaker P E. 1993. Three-dimensional magnetotelluric modeling using difference equations-Theory and comparisons to integral equation solutions. *Geophysics*, 58: 215-226

Maillet, R., 1947. The fundamental equations of electrical prospecting. *Geophysics*,12: 529-556

Marti A., 2014. The role of electrical anisotropy in magnetotelluric responses: from modelling and dimensionality analysis to inversion and interpretation. *Surveys in Geophysics*, 35: 179-218

Newman G A, Alumbaugh. 1997. Frequency-domain modeling of airborne electromagnetic responses using staggered finite differences. *Geophysical Prospecting*, 43(8): 1021-1042

Oden J, Feng Y, Prudhomme S. 1998. Locan and pollution error estimation for stokesian flows. *International Journal for Numerical Methods in Fluids*, 27: 33-39

Osella A M, Martinelli P. 1993. Magnetotelluric response of aniostropic 2D structures. *Geophysical Journal International*, 115: 819-828

Ovall J S. 2004. Duality-based adaptive refinement for elliptic PDEs: Ph. D. thesis, University of California, San Diego

Ovall J S. 2006. Asymptotically exact functional error estimators based on superconvergent gradient recovery. *Numerische Mathematik*, 102: 543-558

Pek J,Verner T. 1997. Finite-difference modeling of magnetotelluric fields in two-dimensional anisotropic media. *Geophysical Journal International*, 128: 505-521

Pek J, Toh H. 2000. Numerical modeling of MT fields in 2D anisotropic structures with topography and bathymetry considede, in *Protokoll Kolloquium Elektromagnetische Tiefenforschung*, 190-199, eds Hoerdt A. and Stoll, J., Germany

Pellerin L, Hohmann G W. 1995. A parametric study of the vertical electric source. *Geophysics*, 60: 43-52

Pervago E, Mousatov A, Shevnin V. 2006. Analytical solution for the electric potential in arbitrary anisotropic layered media applying the set of Hankel transforms of integer order. *Geophysical Prospecting*, 54: 651-661

Pidlisecky A, Knight R., 2008. FW2_5D: A MATLAB 2. 5-D electrical resistivity modeling code. *Computer and Geosciences*, 34(12): 1645-1654

Prudhomme S, Oden K. 1999. On goal-oriented error estimation for eliptic problems: Application to the control of pointwise errors. *Computer Methods in Applied Mechanics and Engineering*, 176: 313-331

Rannacher R, Stuttmeier F. 1998. A posteriori error control in finite element methods via duality techniques: Application to perfect plasticity. *Computational Mechanics*, 21: 123-133

Raiche A P. 1974. An integral equation approach to three-dimensional modelling. *Geophysical Journal Royal Astronomical Society*, 36: 363-376

Reddy I K, Rankin D. 1975. Magnetotelluric response of laterally inhomogeneous and anisotropic media. *Geophysics*, 40(6): 1035-1045

Ren Z, Kalscheuer T, Greenhalgh S, Maurer H. 2013. A goal-oriented adaptive finite element approach for plane wave 3-D electromagnetic modelling. *Geophysical Journal International*, 192: 473-499

Schmucker U. 1994. 2D-modellrechnungen zur Induktion in inhomogenen duennen Deckschichten ueber anisotropen geschichteten Halbraeumen, in *Protokoll Kolloquium Elektromagnetische Tiefenforschung*, 3-26, eds Bahr, K. and Junge, A., Germany

Schwarz H R. 1991. *Methode der finiten Elemente*. Teubner Verlag, Stuttgart

Scholl C, Edwards R N. 2007. Marine downhole to seafloor dipole-dipole electromagnetic methods and the resolution of resistive target. *Geophysics*, 72: WA39-49

Schwalenberg K, Wood W, Pecher I, et al. 2010. Preliminary interpretation of electromagnetic, heat flow, seismic, and geochemical data for gas hydrate distribution across the Porangahau Ridge, New Zealand. *Marine Geology*, 272(1-4): 89-98

Si H. 2015. Tetgen, a delaunay-based quality tetrahedral mesh generator. *ACM Transactions on Mathematical Software*, 41(2): 1-36

Siemon B. 1997. An interpretation technique for superimposed induction anomalies. *Geophysical Journal International*, 130: 73-88

Späth H. 1995. *Two dimensional spline interpolation algorithms.* A K Peters, Wellesley

Stoyer C H. 1977. Electromagnetic fields of dipoles in stratified media. *IEEE Transactions on Antennas and Propagation*, 25: 547-552

Streich R, Becken M. 2011. Electromagnetic fields generated by finite-length wire sources: comparison with point dipole solutions. *Geophysical Prospecting*, 74: 361-374

Streich R, Becken M, Ritter O. 2011. 2. 5D controlled-source EM modeling with general 3D source geometries. *Geophysics*, 76: F387-393

Tang C M. 1979. Electromagnetic fields due to dipole antennas embedded in stratified anisotropic media. *IEEE Transactions on Antennas and Propagation*, 27: 665-670

Ting, S. C. and Hohmann, G. W., 1981, Integral equation modeling of three-dimensional magnetotelluric response. *Geophysics*, 46: 182-197

Tompkins M. 2005. The role of vertical anisotropy in interpretating marine controlled-source electromagnetic data, *SEG Technical Program Expanded Abstracts*

Unsworth M J, Travis B J, Chave A D. 1993. Electromagnetic inducion by a finite electric dipole source over a 2-D earth. *Geophysics*, 58: 198-214

Verner T, Pek J, 1998. Numerical modelling of direct current in 2-D anisotropic structures, in *Protokoll Kolloquium Elektromagnetische Tiefenforschung*, 228-237, edited by Bahr, K. and Junge, Germany

Wait J R. 1990. Current flow into a 3-dimensionally anisotropic conductor. *Radio Science*, 25: 689-694

Wang W, Wu X P, Spitzer K. 2013. Three-dimensional DC anisotropic resistivity modelling using finite elements on unstructured grids. *Chinese Journal of Geophysics-Chinese Edition*, 193(2): 734-746

Wannamaker P E, Hohmann G W, Ward S H. 1984. Magnetotelluric responses of three-dimensional bodies in layered earths. *Geophysics*, 49: 1517-1533

Wannamaker P E, Hohmann G W, Filipo W A S. 1984. Electromagnetic modeling of three-dimensional bodies in layered earths using integral equations. *Geophysics*, 49: 60-74

Wannamaker P E. 1991. Advances in three-dimensional magnetotelluric modeling using integral equations. *Geophysics*, 56: 1716-1728

Wannamaker P E, Doerner W M. 2002. Crustal structure of the Ruby Mountains and southern Carlin Trend region, Nevada, from magnetotelluric data. *Ore Geology Reviews*, 21(3-4): 185-210

Ward S H, Hohmann G W. 1988. *Electromagnetic methods in Applied Geophsics*, eds Nabighian, M. N., Tulsa, OK, *Society of Exploration Geophysicists*, 131-312

Weidelt P. 1975. Electromagnetic induction in three-dimensional structures. *Journal of Geophysics*, 41: 85-109

Weidelt P. 1996. Elektromagnetische Induktion in dreidimensional anisotropen Leitern, in *Protokoll Kolloq. Elektromagnetische Tiefenforschung*, *Burg Ludwigstei*n, 60-73, edited by Bahr, K. and Junge, A

Weitemeyer K, Constable S. 2010. Mapping shallow geology and gashydrate with marine CSEM surveys. *Optoelectronics Instrumentation and Data Processing*, 28: 97-102

Xiong Z, Lou Y, Wang S, Wu G. 1986. Induced-polarization and electromagnetic modelling of a three-dimensional body buried in a two-layer anisotropic earth. *Geophysics*, 51: 2235-2246

Xu S Z, Duan B C, Zhang D H,2000. Selection of the wavenumber *k* using an optimization method for the inverse Fourier transform in 2. 5D electrical modeling. *Geophysical Prospecting*, 48: 789-796

Yan B, Li Y, Liu Y, 2016. Adaptive finite element modeling of direct current resistivity in 2-D generally anisotropic structures. *Journal of Applied Geophysics*, 130: 169-176

Yang C F, Qin L J,2020. Graphical Representation and Explanation of the Conductivity Tensor of Anisotropic Media. Surverys in Geophysics, 41: 249-281

Zhong L, Chen L, Shu S, Wittum G, Xu J. 2012. Convergence and optimality of adaptive edge finite element methods for time-harmonic Maxwell equations. *Mathematics of Computation*, 81(278): 623-642